U0331870

苏南现代化研究丛书

丛书主编：宋林飞

Construction of Ecological Civilization

Zhenjiang Practice and Its Characteristics

生态文明建设

——镇江实践与特色

马志强　江心英　/主编

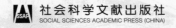

社会科学文献出版社

SOCIAL SCIENCES ACADEMIC PRESS (CHINA)

镇江低碳工作做得不错，有成效，走在了全国前列。

——中共中央总书记习近平，2014 年 12 月 13 日

镇江是应对气候变化的先锋城市，如果其他城市都能像镇江一样作出努力，那么我们的未来将会完全不同。

——联合国城市与气候变化特使布隆伯格，2015 年 12 月 8 日

在低碳城市建设方面镇江做得非常好，这些经验完全可以进行介绍和推广，不只是在中国推广，在全球都很有借鉴意义。

——原国家环保总局局长解振华，2015 年 12 月 8 日

总　序

宋林飞

未来四年，我国将全面建成小康社会，实现振兴中华的第一个百年目标。2020 年以后，我国将全面进入基本实现现代化的新阶段，即再经过 30 年的奋斗，实现振兴中华的第二个百年目标。

当前，我们的中心任务是扬长补短，扶贫攻坚，突破资源环境的约束，推进可持续发展，全面建成小康社会。这是不是意味着，我们只需关注小康社会，四年后再关注现代化？不是的，我们现在必须关注现代化，因为小康社会本身就是现代化的一个阶段。

一　中国特色社会主义现代化包括三个阶段

第一阶段，初步现代化，即全面建成小康社会，迈入发达国家门槛；第二阶段，中度现代化，即基本实现现代化，进入中等发达国家行列；第三阶段，高度现代化，即进入最发达国家行列。小康社会是中国特色社会主义现代化的第一个阶段，全面建成小康社会是实现初步现代化。

实现中国现代化是中国共产党与全国人民的共同理想与目标。1964 年12 月 21 日，根据毛泽东的提议，周恩来在全国三届人大一次会议上宣布，我国今后的战略目标是：“要在不太长的历史时期内，把我国建设成为一个具有现代农业、现代工业、现代国防和现代科学技术的社会主义强国，赶上和超过世界先进水平。”[①]　这是我们党第一次完整科学地提出“四个现

---

① 《周恩来选集》（下卷），人民出版社，1984，第 439 页。

代化"，并将之确立为党的战略目标。

确立这个战略目标是完全正确的，但缺乏阶段性划分，时序也不可行。由于国内自然灾害、"文化大革命"干扰与国外封锁，要在20世纪末实现四个现代化，赶上发达国家水平，并不可能。改革开放初期，邓小平实事求是看待现代化，对于中国现代化进程做了阶段性的科学划分。

二　全面建成小康社会是实现初步现代化

邓小平使用"小康""小康之家""小康水平""小康社会"的概念，都是为了探讨符合中国国情的"四个现代化"。1979年3月21日，邓小平第一次提出了"中国式的四个现代化"的全新概念。他说："我们定的目标是在20世纪末实现四个现代化。我们的概念与西方不同，我姑且用个新说法，叫做中国式的四个现代化。"[①] 不久他又将刚刚提出的"中国式的四个现代化"表述为"中国式的现代化""小康之家"。达到"小康"那样的水平，同西方来比，也还是落后的。显然，现在我们应将"小康"理解为"四个现代化的最低目标"，中国人还不富裕，但日子好过，社会上存在的问题能比较顺利地解决。

小康社会是动态的、开放的发展目标。1980年12月25日，邓小平第一次对实现小康目标后的发展战略作了设想，他提出，经过20年的时间，我国现代化经济建设的发展达到小康水平后，还要"继续前进，逐步达到更高程度的现代化"。[②]

三　基本实现现代化目标是达到中等发达国家的水平

1984年4月18日，邓小平明确提出：我们的第一个目标就是到20世纪末达到小康水平，第二个目标就是要在30～50年达到或接近发达国家的水平。这样，我国经济发展目标的时限就由20世纪末延伸到21世纪中叶，目标定在"接近发达国家的水平"[③]。1987年2月18日，邓小平对21世纪中叶的发展目标作了一个调整，把以前提出的"接近发达国家的水平"改

---

① 《邓小平年谱（1975—1997）》（上），中央文献出版社，1998，第496页。
② 《邓小平文选》第2卷，人民出版社，1994，第356页。
③ 《邓小平选集》第3卷，人民出版社，1993，第79页。

为"达到中等发达国家的水平"①。

党的十五大报告首次提出，21 世纪初开始"进入和建设小康社会"；以后，"第一个十年实现国民生产总值比二〇〇〇年翻一番，使人民的小康生活更加宽裕，形成比较完善的社会主义市场经济体制；再经过十年的努力，到建党一百年时，使国民经济更加发展，各项制度更加完善；到二十一世纪中叶建国一百年时，基本实现现代化，建成富强民主文明的社会主义国家"。党的十六大、十七大、十八大都将基本实现现代化列为战略目标，并且明确为"第二个百年目标"，令人鼓舞。

四　实现高度现代化是中国特色社会主义现代化的最高目标

现代化国家与地区，是由联合国宣布的，使用"人类发展指数"（人均 GDP、平均受教育年限、平均预期寿命）来测定。目前，从联合国公布的发达国家或地区来看，人均 GDP 达到 1 万多美元是发达国家的门槛；中等发达国家水平为 3 万美元左右；还有达到 5 万美元左右的最发达国家。为此，应设置"全面建设高度发达国家"的长远目标。

2015 年，我在《全面建成小康社会》一书中提出"中国现代化三阶段说"。第一阶段，到 2020 年，人均 GDP 达到 1 万美元，人民生活比较富裕，实现初步现代化，即全面建成小康社会。第二阶段，到 2050 年，人均国民生产总值 30 年翻一番以上，为 3 万美元左右，达到中等发达国家水平，人民生活比较富有，基本实现现代化，即实现中度现代化。第三阶段，到 2080 年，人均国民生产总值 30 年翻一番，为 5 万美元以上，达到高度发达国家水平，人民生活普遍富有，实现高度现代化。②

中国特色社会主义现代化战略，是要在 21 世纪先后实现全面建成小康社会、基本实现现代化、实现高度现代化三大目标。中国崛起，已经成为世界经济的引擎，以后将继续拉动世界经济发展，以及全球政治社会秩序的构建，给中国与世界各国人民带来发展与繁荣。

当今世界，是不是所有的国家都欢迎中国作为一个新兴大国崛起？不，总有一些国家看到中国发展就不舒服，总要折腾与遏制，并且花样不

---

① 《十三大以来重要文献选编》（上），人民出版社，1991，第 16 页。
② 宋林飞：《全面建成小康社会》，江苏人民出版社，2015，第 405 页。

断翻新。树欲静而风不止。对此，我们必须保持清醒的头脑。

2014年1月22日，习近平总书记在美国《世界邮报》的专访中，谈到当今处理大国关系时说，我们都应该努力避免陷入"修昔底德陷阱"[①]。这表明，我们面临巨大的风险，应坚持积极避免的正确态度，努力防止中国现代化进程被打断。

我们相信，只要我们不动摇、不懈怠、不折腾，坚定不移地推进改革开放，坚定不移地走中国特色社会主义道路，就一定能够胜利实现振兴中华的宏伟蓝图和奋斗目标，早日把祖国建设成为"富强、民主、文明、和谐"的社会主义现代化国家。

五　区域率先符合现代化规律

基本实现现代化是否要等到我国全面建成小康社会以后才启动？不是的，我国基本实现现代化已经在路上。区域率先是世界现代化的一般规律。

由于区域发展的不平衡，我国东部沿海有条件的地区，应建设更高水平的小康社会，同时推进基本现代化进程。创新是世界现代化不断丰富和深化的原动力，创新者也成为现代化的率先者。经济、政治、文化、社会的现代化发展，总是首先在一定的区域取得进展和突破，继而影响或带动周边地区的现代化。

党的十六大明确提出，为完成党在新世纪新阶段的奋斗目标，有条件的地方可以发展得更快一些，在全面建设小康社会的基础上率先基本实现现代化。党的十八大也鼓励"有条件的地方在现代化建设中继续走在前列，为全国改革发展做出更大贡献"。有条件的地方率先迈开基本实现现代化的步伐，是我们党在准确把握社会主义现代化建设的一般规律与基本特征基础上做出的科学判断，是对全面小康理论的科学发展。率先基本实现现代化也是历史赋予先行地区的光荣使命。

过去与现在，我国先发地区在全面建成小康社会的进程中，率先迈上了基本现代化的新征程。2014年12月，习近平总书记在视察江苏时指出，

---

① 《习近平：中国崛起应避免陷"修昔底德陷阱"》，2014年1月24日，来源：环球网、中国青年网，http：//news. youth. cn/sz/201401/t20140124_ 4581940. htm。

要紧紧围绕率先全面建成小康社会、率先基本实现现代化的光荣使命，努力建设经济强、百姓富、环境美、社会文明程度高的新江苏。①

六　苏南现代化建设示范区主要进展与评估

2013年4月，经国务院同意，国家发改委印发了《苏南现代化建设示范区规划》。该规划明确，到2020年，苏南人均地区生产总值达到18万元，这一预期目标达到中等发达国家的水平。目前，苏南现代化示范区已进入现代化国家与经济体的门槛。2014年，苏州市人均GDP为13.15万元，无锡市人均GDP为12.69万元，南京市人均GDP为10.77万元，常州市人均GDP为10.67万元，镇江市人均GDP为10.46万元，均超过了联合国公布的现代化国家与地区的人均GDP 1万多美元的最低水平。

近几年来，苏南现代化建设示范区各级党政部门学习与践行习近平总书记的系列重要讲话精神，根据《苏南现代化建设示范区规划》提出的要求，先行先试、高端引领、扬长补短，努力推进全面建成小康社会与基本现代化的进程，努力建设自主创新先导区、现代产业集聚区、城乡发展一体化先行区、开放合作引领区与富裕文明宜居区，朝着这些目标推进现代化建设，同时积极探索政府治理体系、治理能力现代化的路径，取得了重要进展。

2015年，江苏省发改委、江苏省经信委、江苏省住建厅、江苏省政府研究室、江苏省政府参事室与南京大学、苏州大学、江南大学、常州大学、江苏大学，联合组建了苏南现代化研究协同创新中心。这个中心由常州大学负责推进日常工作，第一项工作是开展苏南现代化示范区进展研究，出版"苏南现代化研究丛书"。现在与读者见面的，是第一辑六本书，包括两大内容。

第一，总结苏南现代化建设示范区初步形成的主要特色。一是南京市推进科技体制综合改革，先后出台了关于科技人才创业特别社区、众创空间、知识产权、战略性新兴产业创新中心等方面的法规与政策文件。建设科技创新创业平台，促进科技成果转化。二是无锡市推进"两型社会"建

---

① 《习近平：主动把握和积极适应经济发展新常态》，《新华每日电讯》2014年12月15日，第1版。

设。构建能源资源节约利用新机制，无锡市相继列入国家首批工业能耗在线监控试点城市、国家可再生能源建筑应用示范城市、国家光伏分布式能源示范区、全国绿色低碳交通运输体系区域性试点城市、全国国土资源节约集约模范市。三是常州市推进产城融合综合改革。开展市级产城融合示范区试点工作，培育产城融合发展的典型。推进以智能装备制造为重点的十大产业链建设，推进传统优势产业转型升级。四是苏州市推进城乡发展一体化。统筹城乡基本公共服务，初步形成广覆盖的公共服务体系，全市城乡低保、养老、医疗保障制度实现"三大并轨"，城乡居民养老保险和医疗保险覆盖率均保持在99%以上。五是镇江市推进生态文明建设，在全国率先推行固定资产投资项目碳排放影响评估制度，以县域为单位实施碳排放总量和强度的双控考核。2014年获得中国人居环境奖，成为全国第5家国家生态市、全国首批生态文明先行示范区。其中，每个特色都形成了一本书，分别由蒋伏心、刘焕明、芮国强、夏永祥、马志强教授主编。

第二，评估苏南现代化示范区建设的主要进展。2016年4~5月，经江苏省委主要领导同意，我组织部分省政府参事与学者，对苏南现代化示范区各市建设情况进行了一次调查。依据调查得来的苏南地区党政部门提供的有关资料，以及江苏省统计局、江苏省教育厅提供的有关数据，我们对苏南现代化示范区建设进展做了定性与定量评估。

测评1：苏南地区现代化指标达标率。我们对"苏南地区现代化建设指标体系（试行）"进行测评。2015年，在"经济现代化、城乡现代化、社会现代化、生态文明、政治文明"一级指标的44个三级指标中，苏南地区已经有29个三级指标达标，达标率为65.91%；7个指标实现程度在90%以上，接近达标；2个指标实现程度在80%~90%；6个指标实现程度在80%以下，差距较大。分市来看，苏州市、无锡市有26个指标已达标，达标率为59.09%；南京市和常州市有25个指标已达标，达标率为56.82%；镇江市有19个指标达标，达标率为43.18%。

测评2：苏南地区现代化建设综合得分。经对"苏南地区现代化建设指标体系（试行）"进行百分制测评，2015年苏南地区现代化综合得分为90.15。分类来看，2015年苏南地区经济现代化综合得分为86.54，城乡现代化综合得分为83.54，社会现代化综合得分为97.69，生态文明综合得分为85.23；政治文明的综合群众满意度达到90.15%。分市来看，现代化综合得分南京市为 89.27，无锡市为 89.25，常州市为 88.37，苏州市为 91.00，镇江市为 87.38。

测评 3：联合国人类发展指数（HDI）得分。经对人均 GDP、平均受教育年限与预期寿命三大指数的综合测算，2015 年苏南地区人类发展指数为 0.935。其中，南京市为 0.927，无锡市为 0.943，常州市为 0.928，苏州市为 0.945，镇江市为 0.923。联合国曾根据人类发展指数将世界各国分为四类：极高人类发展水平（0.900 及以上）、高人类发展水平（0.800～0.899）、中等人类发展水平（0.500～0.799）、低人类发展水平（低于0.500）。2015 年苏南地区总体人类发展指数为 0.935，属于极高人类发展水平（0.900 及以上），相当于 2005 年德国的发展水平（第 22 位）。2015年苏南五市人类发展指数分布在 0.923～0.945，即相当于 2005 年卢森堡（0.944，第 18 位）、希腊、以色列、德国、香港地区、意大利、新西兰及新加坡（0.922，第 25 位）的发展水平。

我们测算使用的"预期寿命"数据是 2010 年人口普查数据，因此2015 年苏南地区人类发展水平与 2005 年世界极高人类发展水平的国家与地区相比，实际差距没有 10 年。到 2030 年，苏南地区人类发展指数进行当年国际比较时，将有较大幅度进位，有望达到或者接近主要发达国家的水平。

苏南现代化建设示范区正在继续推进，生机勃勃，这一伟大而精彩的实践深深地吸引着我们。我们将组织专家进行继续追踪观察与调研，每年出版一辑多本著作，记录与分析苏南现代化建设示范区的进展与面临的挑战，探索现代化的重大理论与实践问题，为中国特色社会主义理论研究与创新做出一份贡献。

是为序。

2016 年 12 月

前　言

　　18 世纪工业革命以来，人类社会由农业文明发展为工业文明，工业文明创造了人类社会空前的物质财富。与此同时，人类中心主义达到了顶峰，追求经济增长成为核心目标，生态危机频繁出现，并逐渐成为全球的共同挑战。1972 年 6 月 5 日联合国人类环境会议通过的《人类环境宣言》明确指出，"保护和改善人类环境是关系到全世界各国人民的幸福和经济发展的重要问题，也是全世界各国人民的迫切希望和各国政府的责任"，该宣言被誉为"第二个人权宣言"。21 世纪人类社会正处于由工业文明向生态文明转变的伟大历史时期。生态文明的兴起，是对主观价值论的颠覆和超越。生态文明建设，是一场涉及思想观念、经济发展、体制机制、政策法规、行为方式以及技术创新等方面的系统性的社会变革。

　　建设生态文明，是实现中华民族伟大复兴的应有之义。生态兴则文明兴，生态衰则文明衰。2013 年 11 月党的十八届三中全会提出"深化生态文明体制改革"，用制度保护生态环境，构建了"源头严防、过程严管和后果严惩"的"三严"制度体系，为实现"美丽中国梦"提供了制度保障。2015 年 3 月，习近平主席指出，要把生态环境保护放在更加突出的位置，像保护眼睛一样保护生态环境，像对待生命一样对待生态环境。2016 年初国务院发布的《关于深入推进新型城镇化建设的若干意见》（国发〔2016〕8 号）中，再次明确提出加快推进绿色城市建设的意见。2016 年 12 月，习近平主席对生态文明建设做出重要指示，强调生态文明建设是"五位一体"总体布局和"四个全面"战略布局的重要内容，要树立"绿水青山就是金山银山"的强烈意识，努力走向社会主义生态文明新时代，要深化生态文明体制改革，尽快把生态文明制度的"四梁八柱"建立起来，把生态文明建设纳入制度化、法治化轨道。

生态优势是镇江经济社会发展的"金字招牌"。镇江市历届政府都高度重视生态文明建设。2014年12月，镇江市委六届九次全会鲜明提出"生态领先、特色发展"的战略定位，明确实施"绿色镇江"战略，编制了《镇江市生态文明建设规划》（2015～2020年）等系列规划，对生态文明建设进行顶层设计，有序开展生态文明区域实践；实施主体功能区规划，强化生态红线，优化国土空间配置；发展循环经济，推动产业循环低碳发展，推动产业园区循环化改造；创新低碳城市建设路径，构建绿色创新体系，"四碳创新"成为全国样板；推动开放经济绿色发展，科学应对国际绿色贸易壁垒；加强生态文明宣传教育，开展生态文明建设全民行动等。久久为功，镇江市生态文明建设取得了显著成效，2014年中国社科院发布的全国宜居城市排名中镇江位列第九；2015年镇江市成功创成国家森林城市和荣获"中国人居环境奖"，"多评合一"在全国推广，明确提出2020年左右率先达到碳排放峰值，协同推进新城建设和生态文明建设，先后成为国家生态文明先行示范区、国家生态市和江苏省唯一的生态文明建设综合改革试点城市；2016年11月28日，镇江举办了自巴黎协议签订（或实施）以来全球影响范围最广、规模最大的低碳技术展示交易会，率先打造低碳建设的先行区，重点推动一区、一园、一岛、一镇、一云、一院、一所、一行动的"八个一"建设，打造可观、可感、可复制的低碳样板示范区。实践证明，镇江市生态文明建设的制度建设具有创新性，发展路径具有可操作性，实践模式具有典型性，走出了一条符合市情特点、彰显区域特色、体现城乡特质的生态文明建设之路，形成了独具特色的"镇江模式"，积累了一系列可供我国其他中小城市借鉴的"镇江经验"。因此，深入研究和解读生态文明建设的"镇江模式"和"镇江经验"，对于促进我国生态文明建设具有重大的现实意义和理论意义。基于此，本书在概述生态文明理论和国内外实践的基础上，从区域、城乡、产业、生产、生活、流通等方面全方位梳理镇江生态文明建设的实践探索，总结镇江生态文明建设的经验，以期对2015年占全国经济总量84.7%的中小城市发挥引导作用，并丰富国内外生态文明建设实践案例。

本书是"镇江市生态文明建设实践与启示"项目的研究成果。在结构上，本书共计十二章，各章节主要内容如下。

第一章概述了人类社会生态文明建设的过程、动力和实践模式，研究了人与自然关系的历史变迁，概述了我国五代领导集体的生态文明思想，说明生态文明建设是人类社会的必然选择。

第二章论述了生态文明建设的内涵、内容、路径和基本要求，提出了我国生态文明包含物质文明、精神文明、法治文明和行为文明，构建了生态文明建设的理论框架。

第三章至第十一章，全方位解读了镇江生态文明建设的具体实践。第三章应用生态足迹方法评估了镇江市1993～2015年生态环境的变化，解读了《镇江市生态文明建设规划》（2015～2020年）的核心内容、重要任务以及重点行动。第四章为规划镇江，从空间规划的角度，研究了镇江构建"一区两带两轴"的空间开发格局和"一廊一带两片"的空间保护格局推动生态文明建设的实践探索。第五章为低碳镇江，研究了镇江低碳城市建设模式，探讨了镇江低碳城市建设路径、创新低碳城市运行机制等内容，重点分析了镇江"四碳创新"、碳排放峰值和低碳"九大行动"等内容。第六章为循环镇江，研究了镇江发展循环经济的实践，具体总结了"十二五"时期镇江循环经济的发展路径和成效，研究了"十三五"时期镇江循环经济的发展探索。第七章为转型镇江，从产业生态化的角度，研究了镇江工业绿色转型、现代服务业生态化发展、促进现代生态农业发展等内容。第八章为创新镇江，研究了镇江生态文明建设的绿色创新体系、创新实践路径以及绿色创新保障等。第九章为开放镇江，探讨了绿色外资战略和优化贸易结构等内容。第十章为文化镇江，研究了以生态文化引领生态文明建设，塑造生态价值观，完善生态文化保障机制等内容。第十一章为美丽镇江，探讨了建立美丽智慧城区、美丽和谐乡村发展等。第十二章总结镇江生态文明建设的四大经验：规划引领，谋划生态文明建设新格局；先行先试，探索生态文明建设新路径；机制变革，培育生态文明建设新动能；立体保障，强化生态文明建设新支撑。同时，指出镇江生态文明建设发展局限为，法治环境仍需强化，行政主导模式需要转型等。

虽然课题组成员自始至终以严谨的学习态度、求实的科学精神，认真探讨书中的相关问题，但受多种因素的影响，本书依然存在不少问题，研究水平仍需提高，所提观点有待检验等。但因时间所限，只能暂时搁笔。
课题组成员深知，对镇江生态文明建设实践经验的总结和探索才刚刚
开始。

马志强　江心英 等

2016 年 12 月于镇江

目　录

第一章
生态文明建设的历史抉择

21 世纪人类社会正处于由工业文明向生态文明转变的历史时期。生态文明对于实现中华民族的伟大复兴具有重要的战略意义，生态文明建设是关系人民福祉、国家命运、民族未来的根本大计，已成为世界各国和地区社会经济发展的必然选择。

第一节 生态文明与生态文明建设

生态文明与生态文明建设有其特定的发展背景，体现了人与自然和谐发展的哲学理念。

一 生态文明的内涵

"生态"一词，最初源于古希腊，是环境的意思，其范畴不仅包括生命世界，还包括非生命世界，即自然中的一切生物和非生物均包含在生态的范畴之内。在现代汉语词典中，"文明"一词代表一种社会进步状态。生态文明有广义和狭义之分。从广义上讲，生态文明是指"人类在改造自然的过程中，遵循人、自然、社会和谐发展这一客观规律所取得的富有创造性的物质、精神和制度成果的总和；它是一种以人与自然、人与人、人与社会的和谐共生、良性循环、全面发展、持续繁荣为基本宗旨的文化伦理形态"。① 廖福霖认为，"生态文明是指人类在物质生产和精神生产中充分发挥人的主观能动性，按照自然生态系统和社会生态系统运转的客观规

---

① 姬振海：《生态文明论》，人民出版社，2007，第 2 页。

律建立起来的人与自然、人与社会的良性运行机制，是协调发展的社会文明形式"。① 从狭义上讲，生态文明作为社会文明体系的重要内容，是相对于物质文明、精神文明、政治文明和社会文明而言的。它是指人类为改善人与自然的关系、实现人与自然之间的和谐所取得的全部成果的总和。党的十七届四中全会第一次把生态文明建设与经济建设、政治建设、文化建设和社会建设并列提出，正式确立了"五位一体"的现代化建设布局。廖曰文认为我国在国家层面采用的是狭义的生态文明概念，主要处理的是人与自然的关系，关注的是人与自然的和谐发展。② 本书认为我国生态文明建设与经济建设、政治建设、文化建设和社会建设融为一体，建设生态文明必然要系统地处理"人、自然和社会"之间的关系。因此，"生态文明"的内涵需要从广义上来理解。

对生态文明内涵的理解，不同的学者从不同角度给出了不同的界定。廖福霖认为生态文明是人类物质、精神和制度成果的总和，包括物质生产、机制和制度以及思想观念三个层面。石红梅认为社会主义生态文明包括生态意识文明、生态制度文明和生态行为文明，生态意识文明是社会主义生态文明的第一个层次；社会主义生态文明的第二个层次是生态制度文明；社会主义生态文明的第三个层次是生态行为文明。③ 廖曰文认为生态文明的内涵可以从自然观、价值观、生产方式、生活方式四个方面来把握。④ 综合以上观点，本书认为生态文明包括生态精神文明、生态法治文明、生态行为文明和生态物质文明四个层次。生态精神文明是生态文明的第一个层次，位于核心层；生态法治文明是生态文明的第二个层次，属于保护层；生态行为文明是生态文明的第三个层次，属于实践层；生态物质文明是生态文明的第四个层次，属于结果层。其中，生态精神文明处于核心地位，对生态法治文明、生态行为文明和生态物质文明具有统领和指导作用，生态精神文明可以从生态自然观、生态价值观、生态产业观和生态生活观四个方面来理解。

---

① 廖福霖：《生态文明建设理论与实践（第2版）》，中国林业出版社，2003，第26～27页。
② 廖曰文、章燕妮：《生态文明的内涵及其现实意义》，《中国人口·资源与环境》2011年第S1期。
③ 石红梅：《生态文明建设需要系统支撑》，《中国环境报》2011年1月5日。
④ 廖曰文、章燕妮：《生态文明的内涵及其现实意义》，《中国人口·资源与环境》2011年第S1期。

生态自然观。自然观是人们在处理人与自然关系中所形成的总的看法和基本观点，属于世界观的组成部分。人类中心主义的自然观，将人和自然割裂开来，将人类看成是自然的主宰，这种观念，必然带来人与自然的尖锐矛盾，不利于人类与自然的和谐发展。生态自然观要求人类在改造自然的过程中，要尊重自然的发展规律，并按照自然规律规范人类行为，强调的是人与自然的和谐发展，体现的是天人合一的哲学思想。

生态价值观。生态文明的兴起，是对主观价值论的颠覆和超越，"自然界不仅对人有价值，而且它自身也具有价值"。[①] 生态自然观明确了人与自然是和谐发展的关系，人与自然的地位是平等的，都有各自存在的价值。生态价值观肯定了自然的内在价值，人类在实现自身价值的过程中，要尊重自然本身价值的实现，人类在实现自身发展的同时，必须尊重自然的发展规律。

生态产业观。传统的线性经济发展方式，给生态环境带来了巨大的损害，是生态危机产生的直接原因。生态文明要求人类发展的是生态产业，产业发展要生态化。生态产业的基本特征是绿色、低碳、循环。因此，产业生态化，要求人们转变生产方式，由灰色生产转向绿色生产，由线性经济转向循环经济，由粗放经济转向集约经济。

生态生活观。传统的生活方式强调以人为中心，物质至上，这必然对自然环境造成严重破坏。生态文明要求人们的消费方式、生活方式均要生态化，倡导适度消费和低碳生活。适度消费要求人们适度控制消费欲望，低碳生活要求人们形成低碳、绿色的生活方式，保护生态环境，节约资源，使生态环境能够保持自我修复能力。

二　生态文明建设的背景

自18世纪工业革命开始，人类社会经济由农业经济走向工业经济，相应的人类文明由农业文明走向工业文明。工业文明为人类带来物质财富的快速增长。与此同时，人类中心主义和功利主义也不断强化，人与自然的关系产生矛盾与不和谐，生态危机由此产生。20世纪中叶，生态危机已成

---

① 张慕萍等主编《中国生态文明建设的理论与实践》，清华大学出版社，2008，第70页。

为全球性问题，是人类面临的共同挑战。钱易院士在《科技知识讲座文集》① 一书中，列举了当今世界面临的十大生态环境问题，包括：全球气候变暖、臭氧层破坏、生物多样性减少②、酸雨蔓延、森林锐减③、土地荒漠化④、资源短缺⑤、水污染严重、大气污染肆虐和固体废弃物成灾。改革开放 30 多年来，中国的工业化和城市化水平不断提升，但在发展过程中也产生了水资源污染、工业废弃物剧增、大气污染、海水污染、酸雨危害等生态危机问题。⑥ 据《全国生态保护与建设规划（2013～2020 年）》统计，2013 年全国水土流失面积达到 295 万平方公里，沙化土地面积达到 173 万平方公里，人均森林面积只有世界平均水平的 23%，90% 以上的天然草场存在不同程度退化，野生动植物种类受威胁比例达 15%～20%。⑦

生态危机的出现给人类敲响了警钟，以破坏自然环境为代价的粗放的线性发展模式已不符合时代发展需求。治理生态危机的根本出路，需要通过转变人类社会的发展理念、发展方式来实现，建设生态文明成为解决生态危机的必然选择。

三 生态文明建设的意义

生态文明建设是实现人与自然和谐发展的必由之路。生态文明建设的最终目标是促进人类社会的和谐发展。⑧ 生态文明体现了人类尊重自然、保护自然的文明理念。建设生态文明，以生态文化价值观引导人类社会经济生态发展，促进人类生活方式生态化，有助于唤醒人们的生态意识，加强对生态环境的保护。可见，生态文明建设是实现人与自然和谐发展的必然要求。

---

① 国家科技教育领导小组办公室编《科技知识讲座文集》，中共中央党校出版社，2003，第49～51 页。
② 世界银行编《2005 年世界发展指标》，中国财政经济出版社，2005，第126 页。
③ 王雪枫：《环境不能承受之重》，《环境教育》2006 年第7 期。
④ 祝怀新主编《环境教育的理论与实践》，中国环境科学出版社，2005，第4 页。
⑤ 王雪枫：《环境不能承受之重》，《环境教育》2006 年第7 期。
⑥ 段蕾、康沛竹：《走向社会主义生态文明新时代——论习近平生态文明思想的背景、内涵与意义》，《科学社会主义》2016 年第2 期。
⑦ 国家发展改革委、科技部等编《全国生态保护与建设规划（2013～2020 年）》，2013 年10 月。
⑧ 哈丽旦木：《我国生态文明建设的必要性及发展方式》，《现代农业科技》2015 年第15 期。

　　生态文明是人类文明发展的必然结果。当前，人类文明正处于由工业文明向生态文明转变的关键时期。人类文明的发展具有历史必然性，这种必然性是人与自然矛盾运动的结果。18 世纪开始的工业文明是与工业经济相互适应的文明形态，体现了人类发展科学、改造自然、实现财富迅速增长的内在需求。然而，工业文明在处理人与自然环境的关系中，忽视了自然环境的价值实现，使得人与自然关系不和谐，这种文明必将为生态文明所取代。

　　生态文明建设是实现经济社会可持续发展的内在要求。可持续发展是经济社会实现长期良性发展的必由之路。良好的生态环境是经济社会可持续发展的前提，可持续发展要求人类经济与社会的发展与自然环境的发展相互协调，经济的发展不能以牺牲自然环境为代价，要以自然的发展规律为依据，要从长远的角度考虑自然环境的自我修复能力。因此，加快推进生态文明建设，保护人类赖以生存和发展的生态环境，是实现人类社会经济可持续发展的必然要求。

　　生态文明建设是现代化建设的核心内容。现代化建设涵盖了经济、政治、文化、社会、生态多个方面。生态文明和物质文明、精神文明、政治文明、社会文明共同构成现代化建设的重要内容。在五个文明建设中，生态文明建设是现代化建设的核心内容，要将生态文明建设摆在突出地位。物质文明、精神文明、政治文明和社会文明的建设离不开生态文明建设，生态文明建设要融入物质文明、精神文明、政治文明和社会文明的建设之中。

　　建设生态文明是实现中华民族伟大复兴中国梦的坚实基础。中国梦是习近平总书记提出的重要执政目标，习总书记指出，"实现中华民族伟大复兴，就是中华民族近代以来最伟大梦想"。推进政治、经济、文化、社会、生态文明五位一体建设是实现中国梦的主要手段。生态文明建设是五位一体建设的核心内容之一，是实现中华民族伟大复兴中国梦的关键。一部人类文明的发展史，就是一部人与自然的关系史。自然生态的变迁，决定着人类文明的兴衰。[①] 生态问题是关系到一个国家生存与可持续发展的至关重要的问题。2015 年，我国人口达到 13.74 亿人，人均资源占有

----

① 孟璠：《浅谈生态文明建设的内涵及意义》，《西部皮革》2016 年第 14 期。

率在全球中处于较低位序，同时东部和中西部资源配置不均衡，东部地区资源较为稀缺。伴随着我国快速工业化和城市化的发展，生态破坏、环境污染等问题日益显现，这决定了我国的经济发展不能再走高消耗、高破坏的粗放式发展之路。大力推进生态文明建设，实现人与自然和谐发展，是我国实现可持续发展的必由之路，是中华民族伟大复兴的基本支撑和根本保障。只有以生态文明建设为抓手，转变发展方式，推动生态环境由"先污染后治理"、"先破坏后修复"向保护优先、自然恢复为主转变，才能建成美丽中国。[①]

建设生态文明是发展中国特色社会主义的战略选择。我国目前处于社会主义初级阶段，建设中国特色社会主义，实现社会主义现代化和中华民族的伟大复兴是我国国家战略发展的总目标和总任务。中共十八大报告将生态文明建设提到与经济建设、政治建设、文化建设、社会建设并列的位置，形成了中国特色社会主义"五位一体"的总体布局。由此可见，生态文明建设已成为建设中国特色社会主义的核心战略。

建设生态文明是落实科学发展观的必由之路。科学发展观坚持的是全面、协调、可持续的发展观。伴随着工业化与城市化的快速发展，资源短缺、环境污染、生态退化等生态问题十分严峻，经济发展与生态环境之间的矛盾日益突出。科学发展观要求人与自然要协调发展，必须树立尊重自然、顺应自然、保护自然的生态文明理念。通过建设生态文化，发展绿色、低碳、循环经济，大力保护和修复自然生态系统，加快转变经济发展方式，倡导绿色生活方式，全面改善我国生态环境，是实现我国经济社会科学发展的唯一途径。

建设生态文明是促进发展方式转型的必然要求。建设生态文明，须从改变全社会的生产方式、消费方式等方面入手，树立生态文明，绿色可持续的生产、消费理念。[②]我国传统粗放式、线性式的经济方式，使得日趋强化的资源环境约束成为制约我国经济社会可持续发展的瓶颈。将生态文明建设融入我国经济建设，转变经济发展方式是实现我国经济、环境协调

① 杜祥琬、温宗国、王宁、曹馨：《生态文明建设的时代背景与重大意义》，《中国工程学》2015年第8期。
② 温宗国：《可持续生产和消费促进国家生态文明建设的机制与方案研究报告》，清华大学环境学院，2015。

发展的必然选择。通过发展低碳循环经济和绿色环保产业，保护生态环境，可以加快我国经济发展方式由粗放、线性、灰色向集约、循环、绿色转变。长期以来，在消费主义价值观的驱动之下，高消费、过度消费、一次性消费等成了部分人的生活方式。① 浪费现象、劣质消费、生活环境污染等是制约人们生活方式转变的重要因素。倡导生态文化理念，鼓励绿色消费、低碳出行、绿色办公，是促进人们生活方式、消费方式转变的必然途径。

第二节　国外生态文明建设概述

国外生态文明的理论研究经历了由可持续发展理论、风险社会理论、生态伦理学、生态马克思主义到生态现代化理论的发展，生态文明建设的经验主要包括生态立法、环境教育、循环经济、生态科技、智慧城市等方面。

一　国外生态文明建设的理论基础

国外生态文明的相关研究源于人们对日益严重的生态环境问题的关注。20 世纪 60 年代以来，随着资源枯竭、森林退化、土地沙漠化、臭氧层破坏、温室效应等生态危机日益凸显，人们开始反思工业化和现代化给人类带来的负面代价，为解决日益凸显的世界性生态危机，出现了各种生态理论和学派。具有代表性的思想观点主要有可持续发展理论、风险社会理论、生态伦理学、生态马克思主义和生态现代化理论。

（一）可持续发展理论

可持续发展理论起源于人们对生态危害的研究。1962 年，美国海洋生物学家蕾切尔·卡森历时 4 年深入调查化学杀虫剂对环境的危害，出版了《寂静的春天》②，书中全面揭露和剖析了滥用农药带来的生态危害，促使美国政府对相关问题进行调查。1972 年，罗马俱乐部发表《增长的极

---

① 杜祥琬、温宗国、王宁、曹馨：《生态文明建设的时代背景与重大意义》，《中国工程学》2015 年第 8 期。

② 〔美〕蕾切尔·卡森：《寂静的春天》，吕瑞兰、李长生译，上海译文出版社，2007。

限——罗马俱乐部关于人类困境的报告》①，该报告从人口、农业生产、自然资源、工业生产和环境污染几个方面阐述了工业革命以来，经济增长模式给地球和人类自身带来的毁灭性的灾害，有力证明了传统经济发展模式不但使人类与自然处于尖锐的矛盾之中，还将会使人类继续不断受到大自然的报复。高消耗、高消费、高排放的经济发展模式首次得到认真反思，该报告为后来的环境保护与可持续发展奠定了理论基础。1972 年，联合国第一次人类环境会议上通过的《人类环境宣言》，标志着可持续发展思想的萌芽。

1987 年，世界环境与发展委员会发布了《我们共同的未来》②，该报告集中分析了全球人口、粮食、物种和遗传资源、能源、工业和人类居住等方面的情况，系统探讨了人类面临的一系列重大经济、社会和环境问题，第一次提出了可持续发展的概念，促使人们把环境保护与人类发展结合起来思考，实现了人类有关环境与发展思想的重要飞跃。可持续发展理论是对现代化进程中追求经济无限增长的反思和批判，强调的是环境与经济的协调发展，追求的是人与自然的和谐，其目标是既要使人类需要得到满足，经济社会得到充分发展，又要使资源和生态环境得到保护，不对后代的生存和发展构成威胁。③

（二）风险社会理论

20 世纪 80 年代，全球性的生态和社会灾难引起了人们对风险的重视。有代表性的是 1986 年德国社会学家乌尔里希·贝克出版的《风险社会》和 1989 年英国社会学家安东尼·吉登斯出版的《现代性的后果》。他们认为：现代社会的各种风险是与文明进程和不断发展的现代化紧密联系的，风险是现代社会与前现代社会的一个根本差异。当今世界是一个包括生态破坏在内的高风险社会，其中核辐射和核污染、臭氧层破坏、森林面积减少、土地退化与沙漠化、石漠化、粮食危机、淡水危机、能源危机、气候

---

① 〔美〕丹尼斯·米都斯：《增长的极限——罗马俱乐部关于人类困境的报告》，李宝恒译，吉林人民出版社，1997。

② 世界环境与发展委员会：《我们共同的未来》，王之佳、柯金良等译，吉林人民出版社，1997。

③ 燕芳敏：《中国现代化进程中的生态文明建设研究》，博士学位论文，中共中央党校，2015。

变暖、物种灭绝加速等是当前我们面临的生态风险的表现。要解决现代化过程中的风险，应该在对现代化进行反思的基础上进一步现代化，通过重构社会的理性基础和进行制度转型来规避风险。①

（三）生态伦理学

生态伦理学是以探讨人类生态价值观为中心的理论。生态伦理学在西方学术界又称为环境哲学、环境伦理学，是关于人与自然共存的道德学说。② 以海德格尔为代表的西方学者认为：人不应该是自然的主宰者，而应该是自然的看护者，人与自然之间应该是共生共荣的相互依存关系。这是生态主义对人类中心主义二元论的直接批判。生态主义者认为，西方哲学传统的人与自然的二元论导致人类对自然资源的无节制开采和对环境的严重破坏，这是产生生态危机的根源。因此，生态主义者主张人们要重新认识人与自然的关系，要将人和自然看成是一个系统，并主张在一元论的基础上建立生态中心主义。③ 以生态中心主义为代表的生态伦理学把道德对象的范围扩大到整个自然界，赋予它们价值，强调人与自然之间的关系，主张抛弃人类中心主义价值观。人类中心主义没有考虑自然界的价值，生态中心主义忽略了人的主体地位，由此产生的生态整体主义主张把生态系统整体利益作为最高价值，而不是单一把人类或者自然界的利益作为最高价值。生态整体主义将是否有利于维持和保护生态系统的完整、和谐、稳定、平衡和持续存在作为衡量一切事物发展行为的根本尺度，主张站在人、自然和社会的复合整体层面观察问题、分析问题和解决问题。④

（四）生态马克思主义

生态马克思主义是 20 世纪 60 年代兴起的一种社会思潮，旨在将马克思主义与生态危机相结合，探索一种指导解决生态危机及人类可持续发展

---

① 燕芳敏：《中国现代化进程中的生态文明建设研究》，博士学位论文，中共中央党校，2015。
② 世界环境与发展委员会：《我们共同的未来》，王之佳、柯金良等译，吉林人民出版社，1997。
③ 关雁春：《生态主义的"红色"批判》，博士学位论文，黑龙江大学，2011。
④ 王诺：《儒家生态思想与西方生态整体主义》，转引自乐戴云主编《跨文化对话》，上海文化出版社，2004。

问题的双赢理论。本·阿格尔在 1979 年出版的《西方马克思主义概论》①
一书中首次明确提出"生态马克思主义"一词,并做出开创性的论述。生
态马克思主义经过奥康纳、福斯特和岩佐茂等人的发展,已经成为解决生
态危机的一种重要指导思想。生态学马克思主义的主要代表人物有加拿大
的威廉·莱斯〔《自然的控制》(1972)〕、加拿大的本·阿格尔〔《西方
马克思主义概论》(1979)〕、美国的詹姆斯·奥康纳〔《自然的理由》
(1998)〕、法国的安德烈·高兹〔《经济理性批判》(1988)〕、英国的戴
维·佩珀〔《生态社会主义:从深生态学到社会正义》(1993)〕、美国
的约翰·贝拉米·福斯特〔《马克思的生态学:唯物主义与自然》
(2000)〕等。他们既反对资本主义,又不满现存的社会主义制度。他们
力图寻找一条既能消除生态危机,又能实现社会主义的新道路。他们认
为:生态危机已经取代经济危机而成为资本主义的主要危机,生态问题
已成为当代资本主义世界最为突出的问题;"消费异化"是当代资本主
义社会生态危机的根源。阿格尔明确指出"异化消费是指人们为补偿自
己那种单调乏味的、非创造性的且常常是报酬不足的劳动而致力于获得
商品的一种现象。"② 解决生态问题的关键是要建立"稳态经济模式"和
采用"小规模技术"。所谓"稳态",就是维护生态平衡,维持人类的长存
和经济的持续发展的状态。所谓"小规模技术",就是英国经济学家舒马
赫提出的那种既能适应生态规律,又能尊重人性的"中间技术"、"民主技
术"或"具有人性的技术"。③

　　生态马克思主义认为,资本主义制度下的生产方式和消费方式是生态
危机产生的根源,而资本主义固有的结果就是生态恶化,可以借助马克思
主义思想,变革资本主义制度来消除生态危机,从而构建社会主义模式的
生态文明。④ 他们系统地发掘了马克思主义生态思想,指出人与自然的对
抗是现代化的后果之一,但并不否定现代化本身,而把根源归结于资本主
义生产方式,认为生态危机缘于过度追求经济增长、利润至上和资本逻

---

① 〔加拿大〕本·阿格尔:《西方马克思主义概论》,慎之等译,中国人民大学出版社,1991。
② 〔加拿大〕本·阿格尔:《西方马克思主义概论》,慎之等译,中国人民大学出版社,1991,
第 494 页。
③ 〔加拿大〕本·阿格尔:《西方马克思主义概论》,慎之等译,中国人民大学出版社,1991,
第 507 页。
④ 刘静:《中国特色社会主义生态文明建设研究》,博士学位论文,中共中央党校,2011。

辑。而生态危机造成了劳动异化、消费异化和人自身的异化，因此，必须确立经济理性服从于生态理性这一核心，通过社会制度变革，建立一个生态化的社会，才能从根本上解决生态危机。①

西方学者采用生态马克思主义的理论来解释和解决生态危机，将人与自然的关系批判纳入对资本主义生产方式的批判视野之内，这不但超出了生态主义关于采取转变保护自然的观念等技术层面的观点，而且把生态问题产生的原因追溯到社会制度层面，逐步深入批判资本主义制度，将生态危机的发生与资本主义制度紧密联系起来进行考察。生态社会主义对近几十年西方生态文明建设起到了极大的推动作用，对缓解生态危机的压力和解决生态环境问题提供了重要的思路。②

（五）　生态现代化理论

生态现代化最早出现于 20 世纪 80 年代初，德国学者马丁·耶内克（Martin Janicke）、约瑟夫·胡贝尔（Joseph Huber）等提出了生态现代化理论，主要代表人物还有荷兰学者阿瑟·摩尔（Arthur P. J. Mol）、美国学者戴维·索南菲尔德（David A. Sonnenfeld）等。到 20 世纪 90 年代，生态现代化理论得到迅速发展，该理论对 21 世纪的今天仍具有重要影响。生态现代化涉及经济增长和工业发展的关系，提出环境保护不应视为经济发展的负担，而应该成为经济可持续发展的前提。要同时协调经济发展与环境保护，强调经济发展与环境保护的相互促进。该理论认为，传统的现代化模式破坏了生态环境，需要对这一模式进行社会经济体制、科学技术政策和社会思想意识形态等方面的生态化转向，其核心要点在于，要克服环境危机，实现经济与环境的双赢，只能在资本主义制度下，通过进一步的现代化或者"超工业化"来实现，并在这一理念的指导下进行经济重建与生态重建。③

二　国外生态文明建设的典型实践

国外生态文明建设实践较为典型的主要包括美国的生态立法，日本的

① 燕芳敏：《中国现代化进程中的生态文明建设研究》，博士学位论文，中共中央党校，2015。
② 熊韵波：《生态文明建设与社会主义理想信念研究》，博士学位论文，南京师范大学，2014。
③ 燕芳敏：《中国现代化进程中的生态文明建设研究》，博士学位论文，中共中央党校，2015。

环境教育与循环经济，德国的环保科技与生态民主，丹麦的循环经济工业园以及澳大利亚的生态城市等。

（一）美国的生态立法

美国是生态环境保护制度较为完善和先进的国家，其生态环境法律体系主要包括动物保护法、区域生态保护法、生态安全保护法和全球生态保护法等。在管理的机构上也进行了划分，主要包含了联邦层面的生态保护管理机构和州政府层面的生态保护管理机构。美国对生态环境保护的具体措施包括建设生态工业园、自然保护区管理、运用生态保护的市场机制和生态补贴政策、温室气体排放控制等。①

1. 美国的生态环境保护法律体系

20 世纪 70 年代之前，美国在环境污染治理的工作中取得了一些成绩，但仍然存在对环境污染治理认识程度上的不足。美国联邦政府意识到生态环境保护意义重大的同时，也认识到生态环境保护应该是国家的责任，并在立法上制定了与环境各组成要素相关的法律。如重新修订水、空气等与环境相关方面的法律，对野生动物、濒危物种、噪音、生物多样性、国家公园、环境教育、土壤和臭氧层等方面进行了全新的立法。1969 年，美国制定了以生态环境保护体系为基础的《国家环境政策法》。该法的颁布，意味着美国率先通过先进的立法技术来改善生态环境，这标志着美国进入了一个全新的生态环境治理阶段。美国的生态环境保护体系包括：总统行政命令、环保局及有关生态保护部门制定的规章和国际条约、美国国会制定的有关生态保护的法律，这都是其法律体系的重要组成部分。②

2. 美国生态保护的具体措施

控制温室气体的排放。美国于 1970 年通过了《清洁空气法》，该法分别于 1970 年和 1990 年被美国政府修订两次，并制定了有关排放许可制度、泡泡政策和排污权交易等先进举措，这些成为控制大气污染的基础性法律文件。2009 年，美国通过了《2009 年清洁能源与安全法案》，并提出自

---

① United States Department of Agriculture about USDA，2013 – 09 – 01，http：//www.usda.gov/wps/portal/usda/usdahome/navid = MISSION_ STATEMENT.

② 汪劲、严厚福、孙晓璞：《环境正义：丧钟为谁而鸣——美国联邦法院环境诉讼经典判例选》，北京大学出版社，2006，第 94 页。

2012 年起，国内要开始建立温室气体排放限额交易体系，尝试建立市场机制以推动企业的低二氧化碳排放，通过明确责任主体，将排放控制的目标落实到排放实体。[①] 截止到 2012 年底，美国绝大部分的州都提出了相应的法律、计划和政策。美国环保局于 2010 年通过了 PSD 许可程序，其中包含了温室气体与温室气体最大排放源的排放许可授予规则。[②] 建设生态工业园。20 世纪 90 年代，美国政府就已经开始关注具有新兴工业理念的"生态工业园"。生态工业园与传统工业园最大的区别在于"工业共生"的理念，生态工业园以达到资源节约为目的，降低废物的排放总量，这是实现可持续发展的强有力保障。生态工业园的要求是尽可能地使园区污染物排放为零，并期望企业之间通过清洁生产，达到信息、废物和能量的交换，目的是使自然资源得以最大限度地利用。美国是最早提出建设生态工业园的国家，生态工业园发展已经有了十多年的历史，为大力推进生态工业园的发展，美国总统可持续委员会还下设了"生态工业园特别工作组"。[③]

（二）日本的环境教育与循环经济

日本的生态文明建设实践特点主要体现在环境教育体系、生态工业园建设和循环经济建设三个方面。

1. 日本的环境教育

日本的环境教育始于 20 世纪 60 年代，1990 年，日本成立环境教育学会，环境教育开始变得体系化和理论化。[④] 21 世纪初期，日本通过制定法律法规使环境教育的实施更为具体化，环境教育已经不局限于保护自然环境上，并已逐渐扩展到可持续发展领域中。"环境教育就是为了加深人们对环境保护认识而进行的环境保护教育和学习活动。"[⑤] 现如今，环境教育已经成为全世界的共识，并使得保护环境的重要性深入人心。也可以说，

---

① 宋海鸥：《美国生态环境保护机制及其启示》，《科技管理研究》2014 年第 14 期。

② 袁振华、温融：《气候变化背景下美国温室气体排放许可立法的最新实施规则论析》，《经济问题探索》2012 年第 5 期。

③ 熊艳：《生态工业园发展研究综述》，《中国地质大学学报》（社会科学版）2009 年第 1 期。

④ 日本の文部科学省「環境教育指導資料」大蔵省印刷局、1991、第 45 页。

⑤ 祝怀心：《环境教育论》，中国环境科学出版社，2002，第 61 页。

环境教育是一种以人和环境的关系为核心的教育活动。日本在环境教育中，充分地意识到保护环境离不开人民群众的共同参与，日本根据人们不同年龄和领域等特点，制定了系统化的环境教育内容，主要包含"学校的环境教育、社会范畴的环境教育和青少年设施中的环境教育"。①

2. 日本的生态工业园区建设

日本政府于 1997 开始实施生态工业园区建设工程，在日本被称为生态城市工程，它是指地方政府通过制定"生态工业园区建设计划"，经过环境省和经济产业省的承认，由中央政府统一向地方政府发放补助金，用于建设循环利用等需要设施的一项工程。② 其意义是实现推进零排放和废弃物的循环利用，③ 零排放构想可以解释为："将企业排放的全部废弃物重新作为其他领域的原料加以利用，是一种以废弃物零排放为目标的构想"。通过建设生态工业园区，实现零废弃物的生态工业园社会的最终目标。

3. 日本的循环经济模式

建设循环经济型社会法律体系。20 世纪 90 年代，日本采用了基本法统帅综合法和专项法的体系模式，开始建设可以包括基本法（《循环型社会形成推进基本法》）、综合法（包括《资源有效利用促进法》、《废弃物处理法》）和专项法（包括《建筑材料再生利用法》、《家电资源再生利用法》、《食品资源再生利用法》、《汽车资源再生利用法》、《容器与包装物再生利用法》和《绿色采购法》）三个层面的循环经济型社会法律体系。日本拥有一套实施循环经济发展的评估系统，并建立了循环经济型社会战略的研讨与评价机制。中央环境审议会定期评定循环型社会的发展成效，将评定的结果在《循环型经济社会白皮书》中向社会公布，并听取来自全社会和国民的意见。"管端预防"④ 的战略。20 世纪 80 年代，日本开始实行循环经济模式，并提出了要从生产和消费源头上防止污染的"管端预防"战略。在 2000 年日本制定的《循环型社会形成推进基本法》中，提出了要将整个社会建成循环型社会的发展目标，循环型社会是指使环境负

① 王民、尉东英、霍志玲：《从环境教育到可持续发展教育》，《环境教育》2005 年第 11 期。
② 片冈直树：《日本生态工业园区建设的经验》，《山东科技大学学报》2011 年第 6 期。
③ 经济产业省環境政策授業環境調和産業推進室：《10 年目を迎え新たな展開へと移行するエコタウン》，《いんだすと》（IN‐DUST）2006 年第 7 期。
④ 葛敬豪、王顺吉、张晓霞：《论德国、日本、澳大利亚和美国生态环境保护的特点》，《长春理工大学学报》（社会科学版）2010 年第 6 期。

担最小化和限制消耗自然资源的社会。随后，日本又提出了"建设21世纪环保之国战略"的计划，开始实施"最适量消费、最小量废弃"的循环经济战略。①

（三）德国的环保科技与生态民主

德国对生态环境治理取得的成果离不开其先进的环保科技发展和生态民主建设。

1. 先进的环保科技发展

德国在治理生态环境的过程中，探索出了一条利用科学技术解决生态环境问题之路。首先，利用先进的科学技术修复遭受工业和战争污染的生态环境。德国的生态环境遭受到工业化和战争的双重污染和破坏，但德国利用先进的科学技术，用时30年修复生态环境，不仅恢复了碧水蓝天，还将二战残留的化工有毒物和重金属从土壤中排除。其次，利用先进的科学技术对生态环境进行检测与控制。为避免生态环境再次遭到污染和破坏，德国采用先进的科学技术建立了完善的生态监控网络，通过雷达、飞机、卫星、水下传感和地面等系统，建立了遍布全国的生态环境检测体系。最后，进行环境教育。德国将环境教育分为环境专业知识和环保习惯养成教育两个方面。其中，环境专业知识的教育贯穿整个德国学历教育体系之中，在公民幼儿阶段就开始对其进行家庭垃圾分类、节约用水等环保习惯养成教育。在高等院校设置环境专业，德国政府还建立有关环境教育机构，以便对公民进行培训。②

2. 促进生态民主建设

德国在生态治理的过程中具有科学性、可操作性和实践性的特征，这要得力于科学技术标准进入了德国和欧盟的环境立法体系中。德国颁布和修订了一系列环保法律法规：《可再生能源法》、《污水排放法》、《电－烟雾法规》、《环保行政法》和《自然保护法》等。企业与政府建立合作机制。德国通过企业参与合作、政府主导的方式来解决具体的生态环保问题，充分发挥民间政治力量和经济力量的积极作用，取得了一系列治理成

---

① 葛敬豪、王顺吉、张晓霞：《论德国、日本、澳大利亚和美国生态环境保护的特点》，《长春理工大学学报》（社会科学版）2010年第6期。

② 刘仁胜：《德国生态治理及其对中国的启示》，《红旗文稿》2008年第20期。

果。发挥环保 NGO（团体非政府组织）和大众媒体的作用。环保 NGO 具有代表当地居民的法定权利，有权参与当地企业和政府环保项目的经济规划；大众媒体可以发挥环保知识普及和环保监督作用。

（四）丹麦的循环经济工业园

丹麦的生态文明建设实践主要表现为循环经济工业园。位于丹麦首都哥本哈根以东 75 公里的工业小镇卡伦堡，自 20 世纪 70 年代以来，由当地的几家大企业自发演化形成的企业共生体系（Symbiosis）是一个受到普遍关注的以社区为基础的物质代谢模式。卡伦堡生态工业园区模式是面向共生企业的循环经济模式，是目前世界上工业生态系统运行最为典型的代表。作为一种生产发展、资源利用和环境保护形成良性循环的工业园区建设模式，它形成了一个高效、稳定、协调、可持续发展的人工复合生态系统。丹麦卡伦堡工业园在世界环境保护界知名度极高，被认为是循环经济"圣地"。① 这个生态工业园区的主体企业是发电厂、炼油厂、制药厂、石膏板生产厂。该生态工业园区以这四个企业为核心，通过贸易方式利用对方生产过程中产生的废弃物和副产品，这不仅减少了废物产生量和处理的费用，还产生了较好的经济效益，形成了经济发展与环境保护的良性循环。卡伦堡的循环经济内容主要包括以下几方面：①能源合作，在工业共生中，石油公司的炼油厂，诺和诺德制药厂和诺维信生物工程公司利用部分盈余热能作为生产所用蒸汽来驱动其部分生产，以此减少二氧化碳排放。②副产品合作，从发电厂产生的烟雾被净化脱硫后，才能从工厂烟囱排出。净化过程需要石灰和回收的循环水，在此化学过程形成残留工业石膏。③水合作，在工业共生中的企业每年生产用水的近三分之一在共生中被回收并再利用，既降低了企业成本，又显著减少了供水压力。②

（五）其他国家典型城市生态文明建设实践

1. 澳大利亚的生态城市

澳大利亚的生态城市建设是其生态文明建设的特点之一。哈利法克斯

---

① 蓝庆新：《来自丹麦卡伦堡循环经济工业园的启示》，《环境经济》2006 年第 4 期。

② 卡伦堡工业生态园简介，http://geo.cersp.com/s Jxzy/qnj/200804/4797.html。

（Halifax）生态城是澳大利亚首例生态城市规划，创立了"社区驱动"的生态开发模式。哈利法克斯生态城，位于澳大利亚阿德莱德市内城的原工业区。其规划改变了传统的直线思维，创新点是规划格网呈方形。1994 年 2 月，哈利法克斯生态城项目获"国际生态城市奖"，1996 年 6 月，在伊斯坦布尔举行的联合国人居会议的"城市论坛"中，该项目被作为最佳实践范例。其生态开发在开发的目标、原则、价值取向等方面与传统商业开发明显不同：恢复退化的土地，尊重并适应生物区的生态因素，开发模式与景观、土地固有形式及其极限相适应，平衡发展，阻止城市蔓延，优化能源效用，保持并促进文化多样性。①

2. 新加坡的绿色城市

新加坡的生态文明建设实践主要体现为其绿色城市建设。新加坡的绿色城市建设措施主要体现在构建智能交通系统、发展清洁能源、推广"绿色建筑"等方面。新加坡平均每人拥有 1.6 辆机动车，给城市交通造成了极大的压力。1998 年，新加坡开始着手建造电子道路收费系统，通过对道路交通数据收集与测算来界定拥堵路段，汽车在交通拥堵路段通行要收费。新加坡致力于打造成世界清洁能源的枢纽之一。近年来引进许多世界级的重大项目，包括美国劳斯莱斯的燃料电池研发项目，澳大利亚公司兴建的世界最大的生物柴油制造厂项目，丹麦风力发电机制造商设立的研发中心项目等。新加坡通过立法管制、政策鼓励、市场推动和宣传教育等多种方式推广绿色建筑。②

3. 荷兰的智慧城市

荷兰的生态文明建设实践主要体现为智慧城市建设。阿姆斯特丹是荷兰智慧城市建设的典型代表，其区域面积为 219 平方公里，仅占荷兰国土面积的 0.5%，而其二氧化碳排放量相当于荷兰全国的 33%。阿姆斯特丹其智慧城市建设主要体现在以下方面：①可持续生活战略。通过智能化的节能技术，可以大幅度降低城市居民的二氧化碳排放量。②可持续工作战略。通过建立智能化大厦，降低商业领域的能源消耗。③可持续交通战略。在港口电站配备电源接口，为传统交通工具提供清洁能源。智能电话

---

① 王立和：《当前国内外生态文明建设区域实践模式比较及政府主要推动对策研究》，《理论月刊》2016 年第 1 期。

② 陈劲：《智慧花园城市》，《信息化建设》2010 年第 3 期。

支付系统和清洁能源发电体系都是创新型技术。④可持续公共空间战略。启动气候大街项目，主要对后勤部门、公共空间和商户进行智能化改造。①

三 国外生态文明建设的实践经验

在生态文明建设中，发达国家进行了大量的实践与探索，积累了不少行之有效的经验，对我国生态文明建设具有重要的借鉴作用。发达国家生态建设的主要经验有以下方面。

建立和完善生态环保的法律体系。发达国家首先是通过立法来保护环境。如美国的《区域生态保护法》、《生态安全保护法》、《国家环境政策法》等；日本的《资源有效利用促进法》、《废弃物处理法》、《建筑材料再生利用法》、《食品资源再生利用法》、《汽车资源再生利用法》和《绿色采购法》等；德国的《可再生能源法》、《污水排放法》、《环保行政法》和《自然保护法》等。瑞典从 20 世纪 60 年代起开始有系统地制定环境法律以保护环境，迄今已形成了比较全面的环境法律体系，主要有：《自然保护法》（1964年）、《环境保护法》（1969 年）、《禁止海洋倾倒法》（1971 年）、《自然资源法》（1987 年）等。通过制定一整套完善的法律，有效地推进了生态环境建设。

综合运用各种环境政策措施。生态文明是一项系统工程，发达国家综合运用多种环境政策，包括环境税、排污收费、生态补偿、排污权交易等，通过这些政策加强了对环境的保护，并取得了很好的效果。瑞典在开征二氧化硫税（每吨 3050 美元）一年之后，硫化物的排放量比上年减少了 16%，燃煤和泥浆中硫的排放也有相当程度的降低。

促进经济发展方式转型升级。循环经济、绿色经济与低碳经济都是生态经济的重要表现形式，发达国家纷纷制定和推进一系列以循环经济、低碳经济为核心的"绿色新政"，大力发展生态经济，旨在将高能耗、高消耗、高排放的传统经济发展模式，转变为低能耗和低排放的"绿色"可持续发展模式。德国发展的重点是生态工业，美国的"绿色新政"包括节能增效、开发新能源、应对气候变化等多个方面，日本在建设循环型社会的基础上，率先提出建设低碳社会。

依靠科学技术解决生态环境问题。发达国家重视利用生态科学技术来

---

① 《欧盟的智慧城市战略和实践》，http：//blog.sina.com.cn/s/blog_ 7f816c63010166g0.html。

解决生态环境问题。如德国通过发展先进的环保科技，修复生态环境。日本开发积累了大量的污染控制技术和节能技术，并在污水处理、循环利用、新能源开发、资源保护方面开展广泛的科学研究，研究成果为推动日本的可持续发展起到了重大的作用。

重视培养和提高公民的环境保护意识。发达国家把对公众的环境教育作为生态文明建设的重要举措，因此，公民具有高度环境责任感和节约能源观。德国的环保教育从幼儿园开始，贯穿小学、中学、大学，形成了完整的环保教育体系。日本已经形成了针对中长期目标的专业和非专业性正规教育，分类实施对政府官员、企业管理人员和公众的专门环境教育，对公众的社会性教育等，通过提高各界人士对环境保护的认知水平，规范其在工作、生产、消费和生活过程中的环境友好行为，推进全社会各阶层主动保护生态环境。发达国家经验表明，只有政府、企业、社会团体和公众达成共识，携手合作，才是实现可持续发展的有效途径。[①]

第三节　中国生态文明建设思想变迁

中华民族五千年文明史蕴含着丰富的生态文明思想，为我国生态文明建设奠定了雄厚的理论基础。"天人合一"是中国传统生态思想的基本理念，也是中国传统文化的根本精神。中国古代儒家学派主张人是自然的一部分，人对自然应采取顺从、友善的态度，以实现人与自然的和谐为最终目标。道家学派主张万物都是自然创造的结果，都是自然而然生成的，并没有主宰者，自然界的万物运动变化是有规律的，按照自然的本性存在和运动，且无时无刻不在变化之中，人的行为应当顺应自然，遵循自然万物的运行规律。新中国成立以来，中国历代党中央领导集体在继承中国传统生态文明思想的基础上，通过实践探索进一步丰富和发展了我国生态文明建设的思想。中国生态文明建设经历了萌芽、发展、丰富、成熟、提升五个阶段。[②] 具体表现为：毛泽东继承和发展了马克思主义人与自然和谐的

---

① 徐冬青：《生态文明建设的国际经验及我国的政策取向》，《世界经济与政治论坛》2013年第6期。
② 陈俊：《中国共产党生态观的演进历程及对生态文明建设的启示》，《甘肃理论学刊》2016年第2期。

生态思想，提出"增产节约"、"绿化祖国"、"环境保护"等生态文明思想，标志着中国生态文明建设思想的萌芽；邓小平进一步继承和发展了马克思主义生态观，提出"经济发展与保护环境并重"的辩证统一思想，使得中国生态文明建设思想得到进一步发展；江泽民提出的"可持续发展"和"和谐发展"思想，丰富和发展了中国生态文明建设思想；胡锦涛提出"科学发展观"，标志着中国生态文明建设思想的成熟；习近平总书记对生态文明建设的系列重要讲话，提出了"绿水青山就是金山银山"等许多新观点和新论断，深化了中国生态文明建设思想，将生态文明建设提高到了一个新境界。

一　第一代中央领导集体的生态文明思想

新中国成立后，以毛泽东同志为核心的中国共产党第一代中央领导集体十分重视生态环境建设问题，提出"增产节约，反对浪费"，"绿化祖国，保护环境"的口号，把节约资源、改善环境作为一项紧迫任务。这是中国特色社会主义生态文明思想的萌芽。

增产节约。新中国成立后，为了迅速地恢复国民经济，1951 年 10 月，中共中央召开政治局扩大会议，决定在全国开展增产节约运动，促进经济建设。① 毛泽东在多篇著作中也明确提出了要重视并处理好人与自然的关系，提出厉行节约自然资源，通过控制人口的增长间接做到节约自然资源，提倡要开发新能源，用新能源来代替不可再生资源。② 毛泽东认为："人类同时是社会和自然界的主人，又是它们的奴隶。这是因为，人类对客观物质世界、人类本身、人类社会的认识都永远是不完全的。"③ 毛泽东在 1955 年《中国农村的社会主义高潮》（按语选）中强调，"勤俭办工厂，勤俭办商店，勤俭办一切国营事业和合作事业，勤俭办一切其他事业，什么事情都应当执行勤俭的原则。这就是节约的原则，节约是社会主义经济的基本原则之一"。④

绿化祖国。毛泽东曾在新中国成立后要求，"在十二年内，基本上消

---

① 范颖：《中国特色生态文明建设研究》，博士学位论文，武汉大学，2011。
② 张子玉：《中国特色生态文明建设实践研究》，博士学位论文，吉林大学，2016。
③ 中共中央文献编辑委员会编《毛泽东著作选读（下册）》，人民出版社，1986，第 158 页。
④ 《毛泽东文集》（第 6 卷），人民出版社，1999，第 447 页。

灭荒地荒山，在一切宅旁、村旁、路旁、水旁，以及荒地上荒山上，即在一切可能的地方，均要按规格种起树来，实行绿化"。① 1956 年，毛泽东同志在《中共中央致五省（自治区）青年造林大会的贺电》中向全国人民发出了"绿化祖国"号召后，提出了"实行大地园林化"②的任务。针对"大跃进"对生态环境的破坏，毛泽东提出了"要使我们祖国的河山全部绿化起来，要达到园林化，到处都很美丽，自然面貌要改变过来"。③ 在积极号召植树造林绿化祖国的同时，毛泽东在《关于加强山林保护管理、制止破坏山林、树木的通知》中指出"森林是社会主义建设的重要资源，又是农业生产的一种保障。积极发展和保护森林资源，对于促进我国工、农业生产具有重要意义"。④

环境保护。20 世纪 70 年代，受"大跃进"和"文化大革命"影响，环境污染问题开始凸显，第一代中央领导集体对此给予了特别关注。周恩来提出"把环境搞好了，人民健康了，就是保护了最大的生产力，是最大的财富。"⑤ 国务院于 1973 年专门召开了第一次全国环境保护会议，审议通过了"全面规划、合理布局、综合利用、化害为利、依靠群众、大家动手、保护环境、造福人民"的环境保护工作 32 字方针和中国第一个环境保护文件——《关于保护和改善环境的若干规定》。该会议推动中国环境保护事业迈出了关键性的一步。

二　第二代中央领导集体的生态文明思想

邓小平作为我国改革开放和现代化建设的总设计师，在抓经济建设的同时，也非常重视环境保护和生态建设，不仅仅强调植树绿化、环境保护等具体的工作，更重要的是强调要处理好经济发展速度、人口结构增速、

---

① 中共中央文献研究室、国家林业局：《毛泽东论林业》（新编本），中央文献出版社，2003，第 262 页。
② 中共中央文献研究室、国家林业局：《毛泽东论林业》（新编本），中央文献出版社，2003，第 67 页。
③ 中共中央文献研究室、国家林业局：《毛泽东论林业》（新编本），中央文献出版社，2003，第 51 页。
④ 中共中央文献研究室、国家林业局：《毛泽东论林业》（新编本），中央文献出版社，2003，第 78 页。
⑤ 孟浪：《环境保护事典》，湖南大学出版社，1999，第 531 页。

资源环境的承受能力等之间的关系问题，在深刻总结历史经验教训、清醒认识中国国情的基础上，确立了经济建设必须与人口、资源、环境相协调的生态思想。①

生态行为方面。邓小平的生态文明思想，主要表现在他高度重视政府生态行为、企业生态行为和公众生态行为方面。政府生态行为。1983 年，第二次全国环境保护会议中，邓小平提出："环境保护是我国的一项基本国策"。② 他还确定了有关环境保护的政策和三大战略方针。1989 年，邓小平在第三次全国环境保护会议中提出："努力开拓具有中国特色的环境保护道路，"③ 会议还通过了环境管理的八项制度。政府的生态行为起到了主导作用。企业生态行为。邓小平重视企业的环境保护和资源节约行为，充分发挥生态文明建设中企业生态行为的作用。邓小平对于企业的资源浪费现象提出："要促进使用单位节约，提高煤油价格，这实际是保护能源的政策。"④ 对于提高产品质量，他还提出："提高产品质量是最大的节约"。⑤ 他清楚地认识到提高企业的经济效益，必须有一个良好的生态环境作支撑。邓小平还要求企业在生产中，注重美学、绿化和心理学的重要性，主张各企业借鉴和学习国外经验。这与目前我国生态文明建设所倡导的建设生态型企业的要求不谋而合。公众生态行为。公众生态行为主要表现在邓小平提倡人民群众积极参与植树造林，"北京要搞好环境，管好园林，绿化街道，种树种草，在若干年后，要做到不露一块黄土"。⑥ 关于植树造林，他还提出："我们准备坚持植树造林，坚持它二十年、五十年，这个事情耽误了，今年才算是认真开始"。⑦ 十年树木，百年树人。邓小平将植树造林作为我国的一项战略任务，充分体现了邓小平对祖国绿

---

① 范颖：《中国特色生态文明建设研究》，博士学位论文，武汉大学，2011。
② 《环境保护是我国的一项基本国策——第二次全国环境保护会议在北京召开》，《环境科学》1984 年第 1 期。
③ 转引自曲格平《努力开拓有中国特色的环境保护道路——在第三次全国环境保护会议上的工作报告》，《环境科学》1989 年第 7 期。
④ 中共中央文献研究室编《邓小平思想年谱：1975—1997》，中央文献出版社，1998，第 196 页。
⑤ 《邓小平文选》（第 2 卷），人民出版社，1994，第 30 页。
⑥ 《邓小平论林业与生态建设》，《内蒙古林业》2004 年第 8 期。
⑦ 中共中央文献研究室编《邓小平思想年谱：1975—1997》，中央文献出版社，1998，第 240 页。

化的高度重视。1982 年 12 月，邓小平在全军植树造林的表彰大会中提出："植树造林，绿化祖国，造福后代"。[①]

农业改革。生态产业文明是生态文明建设的物质基础，它与生态经济密不可分，而生态经济对现代化农业生产的要求便是生态农业。"在农村方面要采取的一些政策，目的就是要多打一点粮食，多种植一点树，耕牛繁殖起来，农民比较满意，一面自己能够多吃一点，一面多给国家一点。"[②] 在当时的环境下，邓小平明确地提出了我国在发展农业上的政策，并认为要想发展好农业，就必须要抓好市场，处理好物价与市场的关系问题。他还根据我国的基础国情，认识到要想实现四个现代化就必须要看清我国"底子薄"、"人口多，耕地少"的现状。在农业建设上，生态农业才是符合我国国情的发展方向。1990 年 3 月，他提出了有关我国农业改革和发展的策略，即"两个飞跃"的思想。第一个飞跃是实行家庭联产承包为主的责任制，废除人民公社；第二个飞跃是要适应生产社会化和科学种田的需要，适度发展集体经济和规模经营。邓小平关于"两个飞跃"思想的提出，不仅是我国在农业建设上的飞跃，更是我国农业发展和改革的伟大纲领。

生态科技。生态科技是生态文明建设的基础，为生态文明建设提供了强有力的科学支撑。邓小平于 1988 年提出了"科学技术是第一生产力"[③]的口号。他还提出："最终可能是科学解决问题。科学是了不起的事情，要重视科学。"[④] 所以，要想发展农业，首先需要依靠政策，其次就要相信科学，科学技术在农业发展中的作用是不可估量和无穷无尽的。农业作为中国基础性的产业，邓小平认为中国的农业发展一定要坚持走科教兴农的道路，而最终解决好农业问题还需要依靠生物工程。"中国要发展，离开科学不行。"[⑤] "实现人类的希望离不开科学。"[⑥] 由此可见，建设生态文明，解决生态环境问题始终要依靠科学技术，这也为我国生态文明建设注入了科技的含量。

---

① 《邓小平文选》（第 3 卷），人民出版社，1993，第 21 页。
② 《邓小平文选》（第 1 卷），人民出版社，1993，第 132 页。
③ 中共中央文献研究室编《邓小平年谱：1975—1997》（下），中央文献出版社，2004，第 882 页。
④ 《邓小平文选》（第 3 卷），人民出版社，1993，第 313 页。
⑤ 《邓小平文选》（第 3 卷），人民出版社，1993，第 183 页。
⑥ 《邓小平文选》（第 3 卷），人民出版社，1993，第 184 页。

生态法律。邓小平强调要落实和贯彻生态环境建设，必须要通过法律的手段来保障，并不断地加强生态法律制度的建设。1973 年，《工业 "三废" ——排放试行标准》的颁发，标志着我国已经开始注重生态环境的质量问题。1979 年，《中华人民共和国环境保护法（试行）》的颁发，标志着我国进入了法制化的发展轨道。邓小平在第二次全国环境保护会议上提出："（我们）应该集中力量制定刑法、民法、诉讼法和其他各种必要的法律，例如工厂法、人民公社法、森林法、草原法、环境保护法、劳动法、外国人投资法等等。……做到有法可依，有法必依，执法必严，违法必究。"[1] 此次会议中，我国正式将环境保护作为一项基本国策，凸显出保护环境的国家意志。在邓小平的高度重视下，我国还陆续制定和颁发了《森林法》、《土地管理法》、《草原法》、《大气污染防治法》、《环境保护法》等一系列与生态文明建设有关的法律，初步形成了环境保护的法律体系，环境保护的法制化全面展开。[2]

三 第三代中央领导集体的生态文明思想

以江泽民为核心党的第三代中央领导集体在继承和发展第一代、第二代中央领导集体环境保护理论的基础上，借鉴国际生态文明建设经验，提出了实施可持续发展战略、和谐发展的思想。[3]

可持续发展战略。"世界发展中一个严重的教训，就是许多经济发达国家，走了一条严重浪费资源、先污染后治理的路子，结果造成了对世界资源和生态环境的严重损害。"[4] 这是江泽民就我国当时的环境问题提出的观点。基于中国人口基数大，中国的经济必须与资源、环境和人口相协调发展，在环境的承载范围内推进经济的稳定发展，做到社会与自然规律、经济性与生态性统一发展，绝对不能走资源过度消耗和生态环境遭到破坏的不可持续发展道路。在党的十四届五中全会中，江泽民提出："在现代化建设中，必须把实现可持续发展作为一个重大战略"。[5] 在第四次全国环

---

[1] 《邓小平文选》（第 2 卷），人民出版社，1994，第 146 ~ 147 页。

[2] 张子玉：《中国特色生态文明建设实践研究》，博士学位论文，吉林大学，2016。

[3] 范颖：《中国特色生态文明建设研究》，博士学位论文，武汉大学，2011。

[4] 《江泽民文选》（第 1 卷），人民出版社，2006，第 533 页。

[5] 《江泽民文选》（第 1 卷），人民出版社，2006，第 463 页。

境保护会议中，江泽民提出"必须把贯彻实施可持续发展战略始终作为一件大事来抓"。①　2002 年，十六大报告将实现可持续发展列为建设小康社会的四大目标之一。

　　和谐发展。改革开放以来，粗放型经济发展模式和资源高消耗的发展特征未从根本上得到改变，人与自然的关系趋于紧张。江泽民提出："如果在发展中不注意环境保护，等到生态环境破坏了以后再来治理和恢复，那就要付出更沉重的代价，甚至造成不可弥补的损失。"②　江泽民在第四次全国环境保护大会中提出"保护环境的实质就是保护生产力"的论断。2001 年，江泽民在对海南进行实地考察时指出："破坏资源环境就是破坏生产力，保护资源环境就是保护生产力，改善资源环境就是发展生产力"。③　在建党 80 周年的讲话中，江泽民一再强调要促进人与自然的和谐，并在十六大报告中提出了"促进人与自然的和谐"。④　他还提出："努力开创生产发展、生活富裕和生态良好的文明发展道路"，⑤　其三者之间的关系是生态良好决定了生产发展和人民生活的可持续程度，生活富裕是生产发展的结果，生产发展是社会发展的物质基础。

四　第四代中央领导集体的生态文明思想

　　党的十六大以来，以胡锦涛为核心的党中央吸收以往历届党中央领导集体关于生态建设的成功经验，紧密联系当前中国经济社会发展实际和阶段性特征，提出了科学发展观、构筑社会主义和谐社会、建设生态文明等思想理论。胡锦涛在中国共产党第十七次全国代表大会上的报告中指出："建设生态文明，基本形成节约能源资源和保护生态环境的产业结构、增长方式、消费模式……在全社会牢固树立生态文明观念。"⑥　十八大报告中，又将生态文明建设纳入到社会主义现代化建设的总体布局中。

---

① 《江泽民文选》（第 1 卷），人民出版社，2006，第 532 页。
② 《江泽民文选》（第 1 卷），人民出版社，2006，第 532 页。
③ 《江泽民论有中国特色社会主义》（专题摘编），中央文献出版社，2002，第 282 页。
④ 《江泽民在庆祝建党 80 周年大会上发表讲话——全党必须坚定不移贯彻落实"三个代表"》，《劳动理论与实践》2001 年第 7 期。
⑤ 《江泽民文选》（第 3 卷），人民出版社，2006，第 295 页。
⑥ 胡锦涛：《高举中国特色社会主义伟大旗帜　为夺取全面建设小康社会新胜利而奋斗——在中国共产党第十七次全国代表大会上的报告》，人民出版社，2007，第 23 页。

　　五位一体。生态文明建设作为中国特色社会主义的事业，它是"五位一体"总布局的重要组成部分。中国共产党第十七次全国代表大会第一次将生态文明作为一项战略任务提出。胡锦涛提出："建设生态文明，基本形成节约能源资源和保护生态环境的产业结构、增长方式、消费模式。循环经济形成较大规模，可再生能源比重显著上升。主要污染物排放得到有效控制，生态环境质量明显改善。"① 胡锦涛认为生态文明建设的实质是以可持续发展为目标、以资源环境承载力为基础、以自然规律为准则的建设资源节约型和环境友好型社会。在中国共产党第十八次全国代表大会的报告中，生态文明建设被提升到更高的战略层面，与政治、经济、文化、社会建设并列，构成了具有中国特色社会主义事业的"五位一体"总布局。②

　　绿色低碳循环发展。生态文明建设的重要内容是发展循环经济、绿色经济和低碳经济。在中国共产党第十八次全国代表大会中，胡锦涛进一步指出："坚持节约资源和保护环境的基本国策，坚持节约优先、保护优先、自然恢复为主的方针，着力推进绿色发展、循环发展和低碳发展，形成节约资源和保护环境的空间格局、产业结构、生产方式、生活方式，从源头上扭转生态环境恶化趋势"。③ 这就要求我们以科学发展观为指导，遵循生态学的原理，大力发展绿色经济、循环经济和低碳经济。目前，我国正处于社会转型的关键性时刻，经济发展面临着自然资源趋紧的严峻挑战。

　　生态文明制度建设。十八大报告首次提出："加强生态文明制度建设，保护生态环境必须依靠制度。"④ 建设生态文明不仅需要政策支持，更需要法律约束。对于高污染、高能耗、高排放的企业，应该采用有效的法律约束，促进企业开发和使用绿色生产技术。胡锦涛还提出："要完善有利于

---

① 胡锦涛：《高举中国特色社会主义伟大旗帜　为夺取全面建设小康社会新胜利而奋斗——在中国共产党第十七次全国代表大会上的报告》，人民出版社，2007，第23页。

② 胡锦涛：《高举中国特色社会主义伟大旗帜　为夺取全面建设小康社会新胜利而奋斗——在中国共产党第十七次全国代表大会上的报告》，人民出版社，2007，第23页。

③ 胡锦涛：《坚定不移沿着中国特色社会主义道路前进　为全面建成小康社会而奋斗——在中国共产党第十八次全国代表大会上的报告》，人民出版社，2012，第32页。

④ 胡锦涛：《坚定不移沿着中国特色社会主义道路前进　为全面建成小康社会而奋斗——在中国共产党第十八次全国代表大会上的报告》，人民出版社，2012，第32页。

节约能源资源和保护生态环境的法律和政策，加快形成可持续发展体制机制。"①

五　第五代中央领导集体的生态文明思想

党的十八大以来，习近平站在中国特色社会主义事业"五位一体"总布局的战略高度上，对生态文明建设提出了一系列的新思想、新观点和新论断，形成了当代中国的社会主义生态文明建设体系。②

生态生产力。习近平继承了马克思"自然界本身的生产力"思想，并将马克思主义生产力理论同我国实际情况相结合，形象深刻地通过深入阐发"绿水青山"与"金山银山"的辩证统一来说明社会、经济发展与生态文明之间的内在关系，强调"保护生态环境就是保护生产力、改善生态环境就是发展生产力"的生态生产力理念，对待人与自然关系要"尊重自然、顺应自然、保护自然"。"两山"论述观点，表明了生态环境与生产力之间的相互促进、协调发展关系。早在浙江工作期间，习近平就对"两山论"进行了阶段性分析。他认为，第一个阶段是用绿水青山去换金山银山，不考虑或者很少考虑环境的承载能力，一味索取资源；第二个阶段是既要金山银山，但是也要保住绿水青山，这时候经济发展和资源匮乏、环境恶化之间的矛盾开始凸显出来，人们意识到环境是我们生存发展的根本；第三个阶段是认识到绿水青山本身就是金山银山，生态优势变成经济优势，形成了浑然一体、和谐统一的关系，这一阶段是一种更高的境界，体现了科学发展观的要求，体现了发展循环经济、建设资源节约型和环境友好型社会的目标。③ 可以看出，以上这三个阶段是经济增长方式转变的过程，是发展观念不断进步的过程，也是人与自然关系不断调整、趋向和谐的过程。2008 年，习近平指出，不能把"发展是硬道理"片面地理解为"经济增长是硬道理"，强调"GDP 快速增长是政绩，生态保护和建设也是政绩"。

---

① 胡锦涛：《高举中国特色社会主义伟大旗帜　为夺取全面建设小康社会新胜利而奋斗——在中国共产党第十七次全国代表大会上的报告》，人民出版社，2007，第 24 页。
② 段蕾、康沛竹：《走向社会主义生态文明新时代——论习近平生态文明思想的背景、内涵与意义》，《科学社会主义》2016 年第 2 期。
③ 康沛竹、段蕾：《论习近平的绿色发展观》，《新疆师范大学学报》（哲学社会科学版）2016 年第 4 期。

最普惠的民生福祉。人自由而全面地发展是马克思主义的最高命题和终极目标，而良好的自然环境是人的全面发展的条件和基础。中国共产党作为马克思主义政党，其根本宗旨和价值追求就是"全心全意为人民服务"，党成立 90 余年始终对民生政策不断探索、完善、丰富和发展。在面对生态环境和人的自由全面发展出现严重冲突的现阶段，习近平将生态环境作为民生的重要内容来强调。2013 年，习近平在海南考察时强调："良好生态环境是最公平的公共产品，是最普惠的民生福祉"。① 这一科学论断既阐明了生态环境在改善民生中的重要地位，同时也丰富和发展了民生的基本内涵。2015 年"两会"期间，在参加江西代表团审议时，习近平又强调指出："环境就是民生，青山就是美丽，蓝天也是幸福"。② 将公平享受良好生态环境视为民生的重要内容之一，这充分体现了习近平立党为公、执政为民的执政观和以民为本、改善生态的民生观。良好生态环境符合全体中国人民的核心利益，生态文明的公平原则包括人与自然之间的公平、当代人之间的公平、当代人与后代人之间的公平。2013 年 4 月 25 日，习近平在十八届中央政治局常委会会议上发表讲话时谈道，"生态环境保护是功在当代、利在千秋的事业。要清醒认识保护生态环境、治理环境污染的紧迫性和艰巨性，清醒认识加强生态文明建设的重要性和必要性，以对人民群众、对子孙后代高度负责的态度和责任，真正下决心把环境污染治理好、把生态环境建设好，努力走向社会主义生态文明新时代，为人民创造良好生产生活环境"。这"两个清醒"认识，深刻揭示了当前我国生态环境问题的严峻性和推进生态文明建设的紧迫性，充分体现了生态文明的民生本质。

建设美丽中国。"生态兴则文明兴，生态衰则文明衰"，生态文明是人类文明史上的一大飞跃。第五代中央领导集体生态文明思想从生态环境和文明之间的辩证关系出发，阐述了对人与自然关系、人与社会和谐共生关系的思考，阐述了生态与文明之间的辩证关系。2013 年 5 月 24 日，习近平在中央政治局第六次集体学习时引用恩格斯《自然辩证法》中的一段

---

① 中共中央宣传部：《习近平总书记系列重要讲话读本》，学习出版社、人民出版社，2014，第 124、123、121 页。

② 孙秀艳、寇江泽、卞民德：《中央治理环境污染决心空前　代表委员期待政策措施落实》，《人民日报》2015 年 3 月 9 日。

话："美索不达米亚、希腊、小亚细亚以及其他各地的居民，为了得到耕地，毁灭了森林，但是他们做梦也想不到，这些地方今天竟因此而成为不毛之地"。借此阐明了"生态兴则文明兴，生态衰则文明衰"[①] 这一深刻论述，科学回答了生态与人类文明之间的关系，丰富和发展了马克思主义生态观，揭示了生态决定文明兴衰的客观规律。习近平在 2013 年 7 月 18 日致生态文明贵阳国际论坛的贺信中指出："走向生态文明新时代，建设美丽中国，是实现中华民族伟大复兴的中国梦的重要内容。"[②] "美丽中国"实现于中国特色生态文明建设中，其最终归宿就是实现中华民族永续发展，建设社会主义生态文明。党的十八大以来，习近平总书记多次强调"美丽乡村"建设的重要思想。2013 年 7 月 22 日，习近平总书记视察湖北省鄂州市时强调："农村不能成为荒芜的农村、留守的农村、记忆中的故园"。"建设美丽中国、美丽乡村，是要给乡亲们造福，不能把钱花在不必要的事情上。"[③]

绿色发展。十八届五中全会中，习近平在谈"十三五"五大发展理念时，提出绿色发展，并在会议中明确地提出了坚持绿色发展、坚持可持续发展，坚定地走一条生产发展、生活富裕和生态良好的文明发展道路，形成人与自然和谐发展的现代化建设新格局，推进美丽中国建设，为全球生态安全做出新贡献。从党的十八大提出"建设美丽中国"的要求以来，再到现如今习近平提出的"绿色发展"，这充分地体现出中国共产党对生态文明建设的高度重视。[④]

参考文献

姬振海：《生态文明论》，人民出版社，2007。

廖福霖：《生态文明建设理论与实践（第 2 版）》，中国林业出版社，2003。

廖曰文、章燕妮：《生态文明的内涵及其现实意义》，《中国人口·资源与环境》2011

---

① 中共中央宣传部：《习近平总书记系列重要讲话读本》，学习出版社、人民出版社，2014，第 124、123、121 页。

② 李伟红、汪志球、黄娴：《生态文明贵阳国际论坛二〇一三年年会开幕》，《人民日报》2013 年 7 月 21 日。

③ 李兵：《坚持生态优先　建设美丽乡村》，《红旗文稿》2016 年第 8 期。

④ 张子玉：《中国特色生态文明建设实践研究》，博士学位论文，吉林大学，2016。

年第 S1 期。

石红梅：《生态文明建设需要系统支撑》，《中国环境报》2011 年 1 月 5 日。

张慕薄等主编《中国生态文明建设的理论与实践》，清华大学出版社，2008。

国家科技教育领导小组办公室编《科技知识讲座文集》，中共中央党校出版社，2003。

世界银行编《2005 年世界发展指标》，中国财政经济出版社，2005。

王雪枫：《环境不能承受之重》，《环境教育》2006 年第 7 期。

祝怀新主编《环境教育的理论与实践》，中国环境科学出版社，2005。

段蕾、康沛竹：《走向社会主义生态文明新时代——论习近平生态文明思想的背景、内涵与意义》，《科学社会主义》2016 年第 2 期。

国家发展改革委、科技部等编《全国生态保护与建设规划（2013～2020 年）》，2013 年 10 月。

哈丽旦木：《我国生态文明建设的必要性及发展方式》，《现代农业科技》2015 年第 15 期。

孟璠：《浅谈生态文明建设的内涵及意义》，《西部皮革》2016 年第 14 期。

杜祥琬、温宗国、王宁、曹馨：《生态文明建设的时代背景与重大意义》，《中国工程学》2015 年第 8 期。

温宗国：《可持续生产和消费促进国家生态文明建设的机制与方案研究报告》，清华大学环境学院，2015。

〔美〕蕾切尔·卡森：《寂静的春天》，吕瑞兰、李长生译，上海译文出版社，2007。

〔美〕丹尼斯·米都斯：《增长的极限——罗马俱乐部关于人类困境的报告》，李宝恒译，吉林人民出版社，1997。

世界环境与发展委员会：《我们共同的未来》，王之佳、柯金良等译，吉林人民出版社，1997。

燕芳敏：《中国现代化进程中的生态文明建设研究》，博士学位论文，中共中央党校，2015。

关雁春：《生态主义的"红色"批判》，博士学位论文，黑龙江大学，2011。

王诺：《儒家生态思想与西方生态整体主义》，转引自乐戴云主编《跨文化对话》，上海文化出版社，2004。

〔加拿大〕本·阿格尔：《西方马克思主义概论》，慎之等译，中国人民大学出版社，1991。

刘静：《中国特色社会主义生态文明建设研究》，博士学位论文，中共中央党校，2011。

熊韵波：《生态文明建设与社会主义理想信念研究》，博士学位论文，南京师范大学，2014。

汪劲、严厚福、孙晓璞：《环境正义：丧钟为谁而鸣——美国联邦法院环境诉讼经典判例选》，北京大学出版社，2006。

宋海鸥：《美国生态环境保护机制及其启示》，《科技管理研究》2014 年第 14 期。

袁振华、温融：《气候变化背景下美国温室气体排放许可立法的最新实施规则论析》，
　　《经济问题探索》2012 年第 5 期。

熊艳：《生态工业园发展研究综述》，《中国地质大学学报》（社会科学版）2009 年第
　　1 期。

日本の文部科学省「環境教育指導資料」大蔵省印刷局、1991。

祝怀心：《环境教育论》，中国环境科学出版社，2002。

王民、尉东英、霍志玲：《从环境教育到可持续发展教育》，《环境教育》2005 年第
　　11 期。

片冈直树：《日本生态工业园区建设的经验》，《山东科技大学学报》2011 年第 6 期。

経済産業省環境政策授業環境調和産業推進室：《10 年目を迎え新たな展開へと移行
　　するエコタウン》，《いんだすと》（IN‑DUST）2006 年第 7 期。

葛敬豪、王顺吉、张晓霞：《论德国、日本、澳大利亚和美国生态环境保护的特点》，
　　《长春理工大学学报》（社会科学版）2010 年第 6 期。

刘仁胜：《德国生态治理及其对中国的启示》，《红旗文稿》2008 年第 20 期。

蓝庆新：《来自丹麦卡伦堡循环经济工业园的启示》，《环境经济》2006 年第 4 期。

王立和：《当前国内外生态文明建设区域实践模式比较及政府主要推动对策研究》，
　　《理论月刊》2016 年第 1 期。

陈劲：《智慧花园城市》，《信息化建设》2010 年第 3 期。

徐冬青：《生态文明建设的国际经验及我国的政策取向》，《世界经济与政治论坛》
　　2013 年第 6 期。

陈俊：《中国共产党生态观的演进历程及对生态文明建设的启示》，《甘肃理论学刊》
　　2016 年第 2 期。

范颖：《中国特色生态文明建设研究》，博士学位论文，武汉大学，2011。

张子玉：《中国特色生态文明建设实践研究》，博士学位论文，吉林大学，2016。

中共中央文献编辑委员会编《毛泽东著作选读（下册）》，人民出版社，1986。

《毛泽东文集》（第 6 卷），人民出版社，1999。

中共中央文献研究室、国家林业局：《毛泽东论林业》（新编本），中央文献出版社，2003。

孟浪：《环境保护事典》，湖南大学出版社，1999。

《环境保护是我国的一项基本国策——第二次全国环境保护会议在北京召开》，《环境
　　科学》1984 年第 1 期。

曲格平：《努力开拓有中国特色的环境保护道路——在第三次全国环境保护会议上的工
　　作报告》，《环境科学》1989 年第 7 期。

中共中央文献研究室编《邓小平思想年谱：1975—1997》，中央文献出版社，1998。

中共中央文献研究室编《邓小平年谱：1975—1997》（下），中央文献出版社，2004。

《邓小平文选》（第1卷），人民出版社，1993。

《邓小平文选》（第2卷），人民出版社，1994。

《邓小平文选》（第3卷），人民出版社，1993。

《邓小平论林业与生态建设》，《内蒙古林业》2004年第8期。

《江泽民文选》（第1卷），人民出版社，2006。

《江泽民文选》（第3卷），人民出版社，2006。

《江泽民论有中国特色社会主义》（专题摘编），中央文献出版社，2002。

《江泽民在庆祝建党80周年大会上发表讲话——全党必须坚定不移贯彻落实"三个代表"》，《劳动理论与实践》2001年第7期。

胡锦涛：《高举中国特色社会主义伟大旗帜　为夺取全面建设小康社会新胜利而奋斗——在中国共产党第十七次全国代表大会上的报告》，人民出版社，2007。

胡锦涛：《坚定不移沿着中国特色社会主义道路前进　为全面建成小康社会而奋斗——在中国共产党第十八次全国代表大会上的报告》，人民出版社，2012。

中共中央宣传部：《习近平总书记系列重要讲话读本》，学习出版社、人民出版社，2014。

李兵：《坚持生态优先　建设美丽乡村》，《江旗文稿》2016年第8期。

康沛竹、段蕾：《论习近平的绿色发展观》，《新疆师范大学》（哲学社会科学版）2016年第4期。

孙秀艳、寇江泽、卞民德：《中央治理环境污染决心空前　代表委员期待政策措施落实》，《人民日报》2015年3月9日。

李伟红、汪志球、黄娴：《生态文明贵阳国际论坛二〇一三年年会开幕》，《人民日报》2013年7月21日。

第二章
生态文明建设特征及理论框架

本章围绕生态物质文明建设、生态精神文明建设、生态法治文明建设以及生态行为文明建设，进行文献梳理和理论推演，旨在构建生态文明建设的理论框架。

第一节 生态文明建设的特征及理论体系

本节从建设主体、建设领域、建设内容以及建设手段等方面，解构生态文明建设的理论体系。

一 生态文明建设的特征

生态文明建设属于国家发展战略。首先，建设社会主义生态文明，是中国社会主义现代化建设的一项战略任务。[①] 当代中国的生态文明建设属于"现在进行时"，而不是"一般将来时"。其次，中国生态文明建设发展战略的基本动力是深化改革和创新驱动。[②] 最后，中国生态文明建设发展战略的基本方针是节约优先、保护优先与自然恢复为主。[③]

[①] 刘思华：《企业生态环境优化技巧》，科学出版社，1991，第 477 页。
[②] 解振华：《贯彻落实中央决策部署精神，加快推进生态文明建设》，《中国生态文明》2015 年第 4 期。
[③] 解振华：《贯彻落实中央决策部署精神，加快推进生态文明建设》，《中国生态文明》2015 年第 4 期。

生态文明建设是对工业文明的超越。首先，与工业文明相比，生态文明建设是一个反向校正的过程，需要人类自觉逆转，并非工业文明顺势前行的自发过程。① 生态文明建设主张生产与生态的融合，是拯救工业文明给人类未来发展埋下生态隐患的必由之路。其次，生态文明建设强调人与自然的和谐，强调人类整体利益的优先性，倡导全球治理和世界公民理念，主张实现经济效益、生态效益和社会效益的共赢。最后，生态文明建设能够弥合"代内公正"和"代际公正"，而这是工业文明难以达到的境界。

生态文明建设具有系统性、动态性与复杂性的特点。首先，生态文明建设是由生态物质文明建设、生态精神文明建设、生态法治文明建设与生态行为文明建设等构成，其逻辑体系博大精深。其次，生态文明建设贯穿于中国社会主义现代化进程之中，其发展理念、发展方式和发展路径要与时俱进，并与不同时期、不同阶段的国家发展规划保持一致。最后，作为一个综合性的多维度实践进程，生态文明建设要求"五位一体"（将生态文明建设融入经济建设、政治建设、文化建设和社会建设），其动力系统和机制是一种相互补充与促进意义上的综合，② 因此具有高度的复杂性。

二　生态文明建设的理论体系

卓越、赵蕾认为，生态文明是继原始文明、农业文明、工业文明之后的新文明形态，与物质文明、精神文明、政治文明一同是现代社会文明的重要组成部分。③ 刘国新进一步指出，推进生态文明建设，不仅仅是资源环境方面的问题，更是物质文明、政治文明、精神文明各层面，经济建设、政治建设、文化建设、社会建设各领域全面转变、深刻变革的问题，涉及生产方式和生活方式根本性变革的战略任务。④

---

① 《生态文明建设需全方位推进》，http：//sz. xinhuanet. com/2013 - 10/12/c_ 117682144. htm。
② 郇庆治：《推进生态文明建设的十大理论与实践问题》，http：//www. chinareform. org. cn/Economy/Macro/report/201501/t20150116_ 216818. htm。
③ 卓越、赵蕾：《加强公民生态文明意识建设的思考》，《马克思主义与现实》2007 年第 3 期。
④ 刘国新：《深刻理解"大力推进生态文明建设"的科学论断》，http：//theory. people. com. cn/n/2013/0523/c83867 - 21590968. html。

　　生态文明建设体系可以从建设主体、建设领域、建设内容、建设手段等方面进行立体解构。从生态文明建设主体看，生态文明建设需要全民的广泛参与，分为政府、企业、家庭、非政府组织（NGO）、混合主体等各种主体。从生态文明建设领域看，分为多个层次，包括全球尺度、国家尺度、区域尺度、地区尺度和社区尺度。从生态文明建设内容看，涉及生态系统的各种类型，分为水生态文明建设、森林生态文明建设、农田生态文明建设、荒漠生态文明建设和城镇生态文明建设等。从生态文明建设手段看，分为规划手段、制度手段、科技手段和资金手段等。①

　　据此，生态文明建设主要包括生态物质文明建设、生态精神文明建设、生态法治文明建设与生态行为文明建设。生态文明和法治文明是物质文明建设、制度文明建设、精神文明建设分别与生态和法治要素交融与综合的产物。② 生态物质文明建设是生态文明社会的物质基础，生态精神文明建设是生态文明社会的理想的上层建筑。生态精神文明既是物质文明和法治文明发展的结晶和产物，又是物质文明和法治文明内在的精神动力。生态精神文明导源于物质文明并受法治文明的支配，又能动地作用于物质文明和法治文明；③ 生态精神文明是基础，生态行为文明是保障，生态制度文明是抓手。④ 生态物质文明建设、生态精神文明建设、生态法治文明建设与生态行为文明建设相互依存、相互渗透、相互促进，统一于建设中国特色社会主义的伟大实践之中（见图 2 - 1）。

---

① 谷树忠、胡咏君、周洪：《生态文明建设的科学内涵与基本路径》，《资源科学》2013 年第 1 期。
② 徐忠麟：《生态文明与法治文明的融合：前提、基础和范式》，《法学评论》2013 年第 6 期。
③ 左亚文：《论精神文明与物质文明和政治文明的辩证互动》，《马克思主义研究》2003 年第 6 期。
④ 《生态文明建设需全方位推进》，http://sz.xinhuanet.com/2013 - 10/12/c_ 117682144.htm。

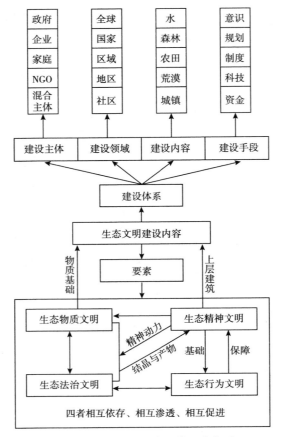

图 2 - 1   生态文明建设的理论体系

第二节   生态物质文明建设

界定生态物质文明建设的概念和特征，将生态物质文明建设的基本要求刻画为"三个倡导"，据此提出了生态经济发展新模式和生态物质文明发展新路径。

一   生态物质文明建设的含义

生态物质文明建设是指在生态视域下改变社会生产方式和经济生活的一系列活动，具体涉及生态布局、生态产业发展、生态载体建设、生态生产方式以及生态消费方式等方面的变革。

生态物质文明建设具有五大特征。特征之一：绿色化——生态物质文明建设强调无污染、无毒无害与清洁健康。特征之二：生态化——生态物质文明建设强调循环共赢。特征之三：减量化——生态物质文明建设强调高品低密、高效低耗。特征之四：同步化——生态物质文明建设强调经济增长与环境改善同步。特征之五：生态文明基础上的物质文明建设，其导向和途径与工业文明不同。①

二 生态物质文明建设基本要求

党的十七大报告将"经济增长的资源环境代价过大"，作为"TOP 11"问题之首。针对越来越严峻的环境形势，党的十八大报告明确了大力推进生态文明建设的总体要求，将生态文明建设纳入中国特色社会主义事业"五位一体"总体布局，提出了建设美丽中国的目标——"资源—产品—污染排放"兼顾的经济发展模式。党中央、国务院印发《关于加快推进生态文明建设的意见》，把绿色发展、循环发展、低碳发展作为建设生态文明的基本途径。生态物质文明建设基本要求主要聚焦为以下"三个倡导"。

倡导绿色发展。物质文明建设所开展的经济活动都应符合人与自然和谐的要求，以实现经济活动的"绿色化"、无害化以及生态环境保护的产业化。② 所谓绿色发展，即从人与自然关系角度提出，本质上要求人们在发展经济的同时，尽可能减少对自然的伤害（特别是超出资源环境承载能力的不合理的开发行为），在资源环境可承载的基础上实现发展。绿色发展彰显的是自然价值与自然生产力的理念，要求实现可持续发展。绿色发展追求人与自然和谐发展、经济与社会和谐发展，坚持"既要金山银山，又要绿水青山"。③ 绿色发展内涵非常丰富，不仅表示生态环保（防治环境污染、保护修复生态），而且涵盖了节约、低碳、循环、人与自然和谐发展。绿色发展要求在思想理念、价值导向、空间布局、生产方式、生活方式等方面大幅度提高绿色化程度，使人民群众在天蓝、地绿、水净的环境

---

① 中国现代化战略研究课题组、中国科学院中国现代化研究中心编《中国现代化报告 2007——生态现代化研究》，北京大学出版社，2007，第 115 页。
② 覃正爱：《从综合文明高度看待生态文明》，http：//tech. gmw. cn/2015 – 09/11/content_ 17004332. htm。
③ 丁晋清：《科学把握生态文明建设新要求》，http：//theory. people. com. cn/n1/2015/1229/ c40531 – 27988528. html。

中生产生活。[①]

　　倡导循环发展。所谓循环发展，就是通过发展循环经济，提高资源利用效率，变废为宝、化害为利，少排放或不排放污染物，实现资源"从摇篮到摇篮"永续利用，从发展的全过程中解决资源浪费引起的环境污染问题。[②] 循环发展本质上要求坚持"减量化"、"再利用"、"资源化"的原则，实现资源的节约利用和高效利用，从而最大限度地减少污染物，减少对大自然的伤害，特别是减少违背自然规律、对生态环境造成严重破坏并最终引致严重自然灾害的开发行为。党的十八届五中全会要求实施循环发展引领计划，推行企业循环式生产、产业循环式组合、园区循环化改造，大幅度提高资源产出率。

　　倡导低碳发展。所谓低碳发展，是以低碳排放、逐步实现去碳化为特征的发展。物质文明建设不能再走先污染后治理的老路，而是要走一条注重和保护生态的新路，包括发展循环经济，发展低碳经济，壮大环保产业，实施清洁生产。[③] 低碳发展是从能源利用的角度提出，通过节能提高能效、发展可再生能源和清洁能源、增加森林碳汇等，保障能源安全和积极应对气候变化，相应解决使用化石能源（煤炭）造成的环境污染等问题；要求最大限度提高能源的生产率，在经济发展的同时尽可能减少碳的排放（特别是切断自然生态和经济发展有内在联系的开发行为）。推动低碳发展，既是我国经济社会持续健康发展的内在需要，也是顺应世界发展大势的必然要求。[④]

　　综上可见，坚持绿色发展，必须加快转变经济发展方式，打破旧的思维定式和条条框框，推动绿色、循环、低碳发展，努力使生态系统和经济系统有机融合、和谐统一。[⑤]

[①] 解振华：《贯彻落实中央决策部署精神，加快推进生态文明建设》，《中国生态文明》2015年第4期。

[②] 解振华：《贯彻落实中央决策部署精神，加快推进生态文明建设》，《中国生态文明》2015年第4期。

[③] 覃正爱：《从综合文明高度看待生态文明》，http://tech.gmw.cn/2015-09/11/content_17004332.htm。

[④] 解振华：《贯彻落实中央决策部署精神，加快推进生态文明建设》，《中国生态文明》2015年第4期。

[⑤] 丁晋清：《科学把握生态文明建设新要求》，http://theory.people.com.cn/n1/2015/1229/c40531-27988528.html。

三 生态物质文明建设路径

根据生态物质文明建设基本要求，实践层面的生态物质文明建设主要分为生态经济发展新模式，包括"绿色交通"开发模式、"循环经济"开发模式、"社区驱动"开发模式、"生态网络"模式、"绿色科技"开发模式，以及生态物质文明发展新路径，包括生态导向、绿色生活方式、绿色习惯、绿色产业体系、生态建设机制创新、空间开发格局、产业结构调整、生态人居建设（见图2-2）。

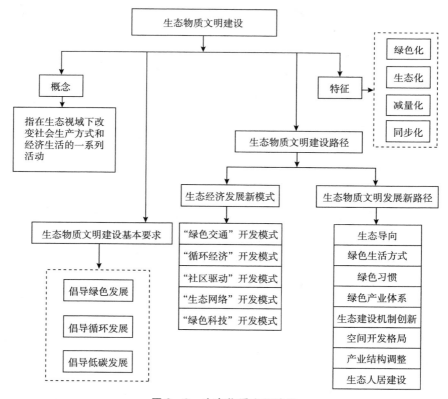

图2-2 生态物质文明建设

（一）推行多样化的经济发展新模式

"绿色交通"开发模式。所谓"绿色交通"开发模式，其关键点是提高社会全体成员的环保理念，养成环保习惯，时时刻刻使自己的行为符合环保的法律法规。典型城市是巴西东南部帕拉南州的首府库里蒂巴市。目前，各国比较成熟的做法包括：道路网没有一个中心节点，每条道路轴线附近都得到了高密度开发，从而避免了辐射状交通系统带来的交通拥挤问题；积极推广新型燃料，重视发展绿色交通，解决城市过度依赖机动车所带来的局限及环境问题。①

"循环经济"开发模式。典型城市是新加坡和日本的北九州。目前，各国比较成熟的做法突出表现为重视科学规划：充分利用有限的国土空间，充分利用水体和绿地提高居民的生活质量；开展减少垃圾、实现循环型社会为主要内容的生态城市建设；实施"从某种产业产生的废弃物为别的产业所利用，地区整体的废弃物排放为零"的生态城市建设构想。②

"社区驱动"开发模式。推进"农村—社区"建设，通过公共资源向社区集中、涉农投入向社区倾斜、基础设施向社区配套，着力打造"组织健全、管理民主、设施配套、服务完善、文明和谐"的农村新型社区，建立健全城乡一体的基础设施体系、城乡对接的公共服务体系、城乡联动的产业体系。③ 典型代表是山东省威海市采用的镇驻地辐射型、中心村带动型、村企联建型等模式。

"生态网络"开发模式。所谓"生态网络"开发模式，就是将制度与规划有机结合起来，强调发挥制度的保障作用。典型城市是日本千叶市、山东省青岛市。目前，比较成熟的做法包括：在精心规划城市地区的湖泊、河流、山地、森林的基础上，将其与市民交流活动设施紧密结合并辅以相应的景观设计，形成景观特色各异的开放式公园，并将其上升到环保制度层面；严格控制不同区域的开发强度，系统实施绿化提升、山体恢复、河道治理、道路亮化等工程，形成节约资源和保护环境的经济社会发展制度。④

---

① 龚培兴、冯志峰：《生态城镇建设：渊源、模式与路径》，《经济研究参考》2013 年第 62 期。
② 龚培兴、冯志峰：《生态城镇建设：渊源、模式与路径》，《经济研究参考》2013 年第 62 期。
③ 龚培兴、冯志峰：《生态城镇建设：渊源、模式与路径》，《经济研究参考》2013 年第 62 期。
④ 龚培兴、冯志峰：《生态城镇建设：渊源、模式与路径》，《经济研究参考》2013 年第 62 期。

"绿色科技"开发模式。绿色技术涵盖了多维度、多领域的技术创新，它将"环境友好"作为创新过程的重点，致力于在绿色环保的目标导向下实现技术选择与技术完善。① 所谓"绿色科技"开发模式，就是将生态保护与科学技术创新有机结合起来，运用现代高科技为生态城镇建设服务。典型城市是西班牙的马德里。目前，比较成熟的做法包括：大力推进绿色城市建设，要求房地产开发商从楼面设计、材料选择到电气设备配套等方面都进行节能设计。在建筑内部则广泛使用可调式通风系统、节能灯具、空心砖墙、压型钢板等最新技术。为不影响城市绿化率，可要求所有因建筑施工而损失的绿化土地必须 100% 恢复。同时，大力发展绿色屋顶，推广雨水就地渗入地下等技术，不但能够保温降温，节省保暖和纳凉的能源消耗，而且吸收了大量雨水，减轻了市政排水压力，改善了城市生态系统状况。②

（二）　变革生态物质文明发展新路径

生态层面新路径。确立以生态为导向。各级政府应大力加强宣传教育，普及生态环境知识，提高市民保护生态环境的自觉性。要充分发挥电视、报刊、广播、网络、宣传单等新闻载体的舆论导向作用，强化"以人为本"理念，增强全社会生态意识。谋划空间开发格局。要以规划区域内的环境生态禀赋及环境生态功能等因素为主要依据，而非以人为的经济功能为依据进行基于生态体系方法上的合理构建和科学规划，从而筑造一个高效协调可持续的国土生态景观空间开发格局。开创生态建设机制创新实践。以问题为抓手，优化经济发展方式；以制度为保障，完善生态考评机制；以科技为支撑，推动生态科技创新。③

生产层面新路径。加强产业规划。依据现状合理规划和调整产业分布，加快其进一步转型，提高自主创新能力和科技进步贡献率，并积极推进新型产业的发展。增强产业集聚。注重产业布局，要与自然地理或生物

---

① 吴平：《技术创新引领绿色发展新动力》，http://www.p5w.net/news/xwpl/201611/t20161101_1623243.htm。

② 龚培兴、冯志峰：《生态城镇建设：渊源、模式与路径》，《经济研究参考》2013年第62期。

③ 龚培兴、冯志峰：《生态城镇建设：渊源、模式与路径》，《经济研究参考》2013年第62期。

圈系统相适应，以生态农业、生态工业和生态服务为主;① 以规划为载体，提高产业集聚和承载能力，增强产业集聚效应，促进产业集聚发展。具体而言，通过建立资源集约型和环境友好型工业集中区（示范区）来带动区域协调发展，实行"点—轴"逐步推进模式的建设，以加强区域内的产业聚集力，从而为构建绿色、循环、低碳经济和节约、集约资源体系奠定坚实基础。② 改变传统的生产方式。要不断进行清洁生产意识教育，引导人们转变传统生产观念，让清洁生产的要求和意识深入人心，使采用清洁能源、预防和减少污染成为政府、企业、社会的自觉意识和行为。③ 在科技研发上，要注重科技本身的安全性、清洁性和高端性。④

生活层面新路径。倡导绿色生活方式。通过塑造科学生活观、消费观、行为观、生产观，以及与此相应的节约意识、环保意识、生态意识，逐步形成保护生态环境、弘扬生态文明的社会风尚。具体包括：一是提倡使用绿色产品（包括能效标识产品、节能节水认证产品、环境标志产品和无公害标志食品），推广绿色经营和服务，积极引导绿色消费。二是深入宣传节约光荣、浪费可耻的理念，强化资源回收意识，形成绿色生活习惯。三是营造绿色办公与生活环境。四是倡导公众优先选择节能环保、有益健康、兼顾效率的低碳出行方式。养成健康绿色的良好习惯。在全社会倡导中国特色的适度的物质消费和丰富的精神追求相结合的生活方式，引导人民群众养成健康绿色的良好习惯——低碳居家、低碳消费、低碳出行，将资源节约保护意识融入生活中的每个细节。尤其是要推动城市绿色消费体系的发展，逐步使城镇人均能耗、人均排污量等控制在显著低于发达国家的相应水平。建设舒适和谐生态人居环境。结合实际情况实施"生态人居水平提升工程"，包括海绵城市建设、绿地景观提升工程、绿色交通打造工程、公共服务设施优化工程、强化经济公共服务和社会公共服务

---

① 蔺雪春：《生态文明辨析：与工业文明、物质文明、精神文明和政治文明评较》，《兰州学刊》2014 年第 10 期。

② 王从彦、潘法强、唐明觉等：《浅析镇江市生态文明建设路径选择》，《中国人口·资源与环境》2016 年第 S1 期。

③ 覃正爱：《从综合文明高度看待生态文明》，http://tech.gmw.cn/2015 – 09/11/content_17004332.htm。

④ 蔺雪春：《生态文明辨析：与工业文明、物质文明、精神文明和政治文明评较》，《兰州学刊》2014 年第 10 期。

投入、公共安全服务调配升级工程、宜居家园创建工程以及人口体系和谐工程等，处理好水、土、植物、建筑与人的关系，从而全面提升人居环境质量，实现人与自然环境生态的和谐相处。

第三节　生态精神文明建设

在界定生态精神文明建设概念和特征的基础上，将生态精神文明建设的基本要求归纳为生态哲学、生态伦理道德以及新"三观"理念，据此提出了实施生态精神文明建设的四条路径。

一　生态精神文明建设的含义

生态文明犹如一面明镜，从中可以折射和反映出人类精神文明的程度及水平，其已成为衡量精神文明状况的一个不可缺少的重要参数和变量。[1]生态文明和精神文明之间是一种相互融合、相互作用的关系。资源和环境危机的实质是文化观念和价值取向问题，只有将生态文明建设放在精神文明建设的高度来建设，进一步加强民众的生态道德教育和生态行为教育，提高人们的环境保护和建设意识，才能真正实现高度的文明建设。[2]

生态精神文明建设概念。生态精神文明建设是指营造和谐的生态社会环境，倡导良好的生态社会风尚，提倡高尚的生态道德情操。生态精神文明建设既要发展传统的积极精神成果，又要促进精神文明生态化转型。[3]

生态精神文明建设特征。特征之一：生态精神文明建设属于生态文明社会理想的上层建筑范畴。[4] 特征之二：生态精神文明建设可以用生态文化水平和生态文明意识来表征。[5] 特征之三：生态精神文明建设内在地要

---

① 陈少英、苏世康：《论生态文明与绿色精神文明》，《江海学刊》2002 年第 5 期。

② 翟恩祥：《从物质文明和精神文明层面谈生态文明建设》，《知识经济》2014 年第 23 期。

③ 王会、王奇、詹贤达：《基于文明生态化的生态文明评价指标体系研究》，《中国地质大学学报》（社会科学版）2012 年第 3 期。

④ 岳友熙：《论生态文明社会精神生活的生态化》，《山东社会科学》2016 年第 4 期。

⑤ 王会、王奇、詹贤达：《基于文明生态化的生态文明评价指标体系研究》，《中国地质大学学报》（社会科学版）2012 年第 3 期。

求一切文化活动都必须建设和维护良好的生态环境。①

二 生态精神文明建设基本要求

作为社会主义现代化建设的重要组成部分，生态精神文明建设主要强调以下基本思想、理念与观点。

信奉人与自然和谐共存的生态哲学。利奥波德认为："当一个事物有助于保护生物共同体的和谐、稳定和美丽的时候，它就是正确的；当它走向反面的时候，就是错误的。"② 生态哲学具体要求包括：包容共生；平衡相安、和谐共融；平等相宜、价值共享；永续相生、真善美圣；生态智慧；"天人合一"；尊重自然、顺应自然。

倡导人与自然和谐共存的生态伦理道德。具体要求包括：热爱自然环境，尊重自然规律；保护生态环境，积极防治污染；躬行节约节俭，杜绝铺张浪费；维护群众生态权益；加强生态修养。③

坚持人与自然和谐共存的新"三观"理念。党的十八大将生态文明纳入"五位一体"总体布局，提出了一系列新理念，具体包括："绿水青山就是金山银山"的生态价值观。只有树立正确的人与自然和谐共存的生态价值观，才能在心灵深处构筑起牢固的生态屏障，养成良好的生态行为，切实防止破坏生态悲剧的重演。④ "决不以牺牲环境为代价换取一时经济发展"的生态发展观。发展是解决我国所有问题的关键，要将发展建立在资源得到高效利用、生态环境受到严格保护的基础之上。⑤ 生态发展观强调人与自然共同发展。具体要求包括：经济发展与生态保护兼顾；生态文化产业与生态文化基础设施和公共服务载体、立体型的生态制度（涉及生态规划与保护、生态使用与补偿等）相匹配。"最公平的公共产品、最普惠

---

① 覃正爱：《从综合文明高度看待生态文明》，http：//tech. gmw. cn/2015 - 09/11/content_ 17004332. htm。

② 〔美〕奥尔多·利奥波德：《沙乡年鉴》，候文蕙译，吉林人民出版社，1997，第 194 页。

③ 胡隆辉、付钦太、于咏华：《弘扬生态伦理道德》，http：//theory. people. com. cn/n/2013/ 0225/c40531 - 20586399. html。

④ 覃正爱：《从综合文明高度看待生态文明》，http：//tech. gmw. cn/2015 - 09/11/content_ 17004332. htm。

⑤ 解振华：《贯彻落实中央决策部署精神，加快推进生态文明建设》，《中国生态文明》2015 年第 4 期。

的民生福祉"的生态民生观。要从生态角度、以人为本出发做城乡发展规划，减少干预；倡导绿色低碳的生活理念，使得城乡环境适应人和自然。

三　生态精神文明建设路径

完善生态文明建设制度体系。建立体现生态价值和代际补偿的资源有偿使用制度、生态补偿制度和国土空间开发保护制度，完善最严格的耕地保护制度、水资源管理制度、环境保护制度，健全生态环境保护责任追究制度和环境损害赔偿制度，借助制度的刚性力量推进生态文化建设工程，使得社会主义制度优势与生态文化优势相结合。

实施生态绩效评价考核。有了制度层面的保驾护航，还需要技术层面的可操作性的评价体系。在企业、产业和区域经济发展规划制定，以及人才、招商和科技项目引进等方面，构建生态文明评价指标体系，把资源消耗、环境损害、生态效益纳入经济社会发展评价体系，将"取之有时、用之有节"的生态价值观植入各级各类考评监督体系。加强生态绩效评估与考核，能够避免为了眼前的政绩和经济利益而默许和纵容环境破坏行为的发生。

强化生态文明宣传教育。不仅要教育和引导人民群众树立环境保护和资源节约意识，还要通过政策法律和制度手段，强制要求各类社会组织加强环境保护和资源的节约利用，避免为了自身利益而损害社会整体利益。通过发挥教育和宣传的功能，大力倡导"取之有时、用之有节"的生态价值观，以人为本、可持续发展的生态伦理观，实行生态意识教育的全民化和社会化，注重培养人民群众的生态科学、生态道德以及生态审美意识，培养公民的生态消费意识、生态红线意识以及绿色发展理念。拓展公民生态意识教育大众传播渠道，弘扬生态文化，夯实生态意识基础，[①] 弘扬生态道德情操，净化生态社会风尚，形成节约资源、恢复生态和保护环境的空间格局、产业结构、生产方式、生活方式，为人民群众创造良好的生态、生产与生活环境。[②]

---

① 仇竹妮、赵继伦：《增强全民生态意识》，http：//opinion.people.com.cn/n/2013/0820/c1003-22621252.html。

② 江泽慧：《弘扬生态文化，推进生态文明，建设美丽中国》，http：//opinion.people.com.cn/n/2013/0111/c1003-20166858.html。

重视生态文明教学科研。一方面,要与时俱进地开设与生态文明建设直接相关的专业、课程,扩大相关专业的办学规模和覆盖面;另一方面,要加大相关学科建设和队伍建设,积极支持生态文明知识普及读本的撰写、生态文明相关新技术的开发和应用以及生态文明软科学的申报、立项与结题验收活动(见图2-3)。

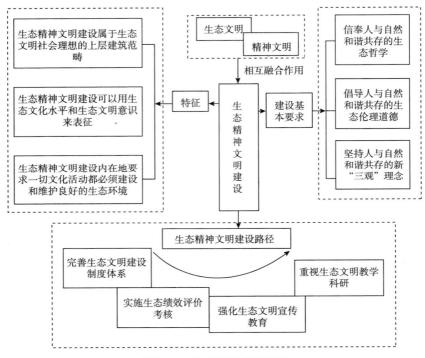

图 2-3 生态精神文明建设

第四节 生态法治文明建设

在界定生态法治文明建设概念和特征的基础上,从三个方面剖析了生态法治文明建设的基本要求,提出了生态法治文明建设的三条路径。

一 生态法治文明建设的含义

生态法治文明建设概念。生态法治文明建设是指运用法治思维和法治方式，进一步加强和完善环境防治，切实有效地推进生态文明建设。党的十八大报告强调"法治是治国理政的基本方式"，生态法治文明作为生态文明与法治文明交融与综合的产物，是生态文明法治化与法治文明生态化的结晶。根据习近平的生态法治观，只有实行最严格的制度、最严密的法治，才能为生态文明建设提供可靠保障。

生态法治文明建设特征。特征之一：生态法治文明建设的主要内涵包括物质层面（即生态法治文明具有生态物质工艺与法治物质技术相结合的物质文明形态）、制度层面（即生态法治文明具有生态文明制度化与法治文明生态化的制度文明形态）、精神层面（即生态法治文明具有生态理念与法治理念相结合的精神文明形态）。① 特征之二：由于生态保护离不开法治建设，所以生态文明建设与法治文明建设具有高度的同步性。特征之三：生态法治文明是法治文明的新类型，是中国特色社会主义法治的发展方向。

二　生态法治文明建设基本要求

（一）坚持法治价值取向与法治理念

从法理上讲，"生态法治所追求的是自由、正义、民主、秩序等法治价值"。② 生态法治文明的理论应在立足于生态人的基础上兼顾人的复合性，价值取向是人与自然以及人与人的和谐。③ 在理念方面，要坚持法治发展、科学发展和文明发展三结合的发展观，加强生态环境法治体系建设，培育全社会的生态环境法治意识，特别是培育人民依据宪法和法律保护环境、捍卫生态环境法治的权利意识。④

（二）明晰生态法治基本范畴

生态法治文明基本范畴包括专门化生态立法、生态权利义务法律关

---

① 徐忠麟：《生态文明与法治文明的融合：前提、基础和范式》，《法学评论》2013 年第 6 期。
② 江必新：《生态法治元论》，《现代法学》2013 年第 3 期。
③ 徐忠麟：《生态文明与法治文明的融合：前提、基础和范式》，《法学评论》2013 年第 6 期。
④ 常纪文：《法治中国与生态环境法治》，http://www.qstheory.cn/zoology/2014 – 10/28/c_1113005615.htm。

系、生态法律责任，以及立法的生态化、执法的生态化和司法的生态化等，制度体系上应加强对生态利益的保障与平衡。①

专门化生态立法。截至目前，我国制定了近 20 部环境和资源法律；出台了与环境和资源保护相关的行政法规 50 余件，军队环保法规和规章 10 余件，地方法规、部门规章和政府规章 660 余项，国家标准 800 多项，司法解释多件；缔结或参加了《联合国气候变化框架公约》等 30 多项国际环境与资源保护条约，先后与美国、加拿大、印度、韩国、日本、蒙古、俄罗斯等国家签订了 20 多项环境保护双边协定或谅解备忘录。这些国内立法和国际条约基本覆盖了环境保护的主要领域，门类齐全、功能完备、内部协调统一，基本做到了环境保护有法可依、有章可循，实现了"五位一体"的法制化。②

生态权利义务法律关系。在生态环境法律关系中，任何人都是权利主体，同时也是义务主体。生态权利包括生态环境享有权、生态环境知情权、生态环境公众参与权以及生态环境救济权等。生态义务是指不对其他主体所享受和利用的环境造成损害的义务，也就是说公民有保护环境的义务。

生态法律责任。生态法律责任分为生态民事责任、生态刑事责任、生态行政责任，旨在通过大幅度提高违法成本，强化生产者环境保护的法律责任。生态法律责任方式分为生态修复性方式、生态补偿性方式和制裁性方式（例如：扣除预先缴纳费用，或是提前结束任务，两年内申请者不得再次申请类似项目）。

立法的生态化。要有正确的生态立法指导思想。一要努力推动生态文明建设立法从"生态环境保护要与经济发展相协调"原则，向"生态环境保护优先"原则转变，切实改变生态保护从属于经济发展的被动地位；二要从主要运用"行政强制手段"推进生态文明建设，向更加关注人、关心人，致力于推动建立企业与周边居民和睦相处、自然保护区与原住民形成"伙伴关系"的方向转变，实现人与自然的和谐相处；三要从重点强调立法的数量和速度，向更加注重生态文明建设立法的质量和效果转变。③

---

① 徐忠麟：《生态文明与法治文明的融合：前提、基础和范式》，《法学评论》2013 年第 6 期。
② 常纪文：《法治中国与生态环境法治》，http：//www. qstheory. cn/zoology/2014 – 10/28/c_1113005615. htm。
③ 孙佑海：《生态文明建设需要法治的推进》，http：//fj. people. com. cn/changting/n/2014/0923/c358414 – 22402485. html。

执法的生态化。执法的生态化是指执法主体在执法过程中更加注重环境利益的保护，在执法理念、执法机构、执法行为、执法手段与技术等行政执法的各个环节都贯彻生态文明思想，遵循生态环保理性的指引。首先是执法理念和目标的生态化，其次是执法权配置生态化，最后是执法方式生态化。[①]

司法的生态化。要运用司法手段推进生态文明建设。人民法院和广大法官必须牢固树立生态文明理念，形成运用法治思维和法治方式解决生态环境案件的良好意识，充分发挥审判职能作用，妥善处理各类涉及生态环境的案件，确保环境案件审判的法律效果和社会效果。[②]

（三）深刻认识法治、生态文明建设与创新的关系

从逻辑视角来看，法治、生态文明建设与创新三者之间存在着辩证统一关系。

生态文明建设离不开创新和法治。第一，创新是驱动发展的前提，是生态文明建设的原动力。无论是稳中求进推动转型发展，还是激发活力构筑文化强国；无论是完善制度机制提升治理能力，还是加强环境治理建设美丽中国，无不需要发扬开拓进取、勇于创新的精神。[③] 也就是说，无论是生态文明理念、生态文明制度机制还是生态文明建设模式路径，都需要与时俱进，需要不断创新，包括理念和理论创新、制度和机制创新、模式和路径创新。具体言之，通过技术创新，将低碳、环保、清洁和回收等新技术植入循环经济发展，为生态文明建设夯实物质技术基础。通过领导组织创新、监督机制创新等社会管理创新举措，优化生态文明建设的内外部发展环境。通过激励机制创新，构建促进生态文明建设的激励机制（正向机制）和打击生态违法行为的约束机制（负向机制），一方面引导干部和群众的环境理念完全转变到生态文明价值观上来，"举手投足之间"首先考虑环境的承受能力；另一方面，借助于"生态环境保护的禁止性规定＋

---

① 李爱年、刘翱：《环境执法生态化：生态文明建设的执法机制创新》，《法学研究》2016年第 3 期。

② 孙佑海：《生态文明建设需要法治的推进》，http：//fj. people. com. cn/changting/n/2014/0923/c358414 － 22402485. html。

③ 《为实现中国梦奉献智慧和力量——学习习近平总书记关于青年成长成才的重要论述》，http：//www. xmnn. cn/llzx/llzt/xxxjpzsjjh/201505/t20150504_ 4459325. htm。

对应的法律责任规定＋明确的依法处罚"，彻底纠正"个别机关和人员生态环境意识薄弱"的积弊，从而将环境法治建设上升到生态文明法治建设的新高度。① 通过运用信息化等技术手段整合城市运行核心系统的各项关键信息，从而对民生等各种需求做出智能响应，实现城市智慧式管理和运行，建设绿色、低碳、智能城市，进而为城乡居民创造更美好的生活，促进城乡的和谐、可持续发展。第二，法治是国泰民安的根本，是生态文明建设的"护身符"。根据党的十八大报告，保护生态环境必须依靠制度，必须加强生态文明制度建设，而法治是最成熟最定型的制度形式。法治具有规范性的特征，有助于解决推进生态文明建设进程中对文件精神"理解不一致"的问题；法治具有民主性的特征，有助于调动广大人民投身生态文明建设的积极性；法治具有长期稳定性的特征，有助于解决生态文明建设中政策易变的问题；法治具有权威性的特征，有助于克服有令不行、有禁不止的问题，实现生态文明建设的持续推进。② 生态文明建设不仅关注"青山绿水的人居环境"，还要求"清正廉明的生存环境"与之匹配。无论是精神文明建设还是物质文明建设，都必须依靠法治来保驾护航。无论是人居小环境还是生存大环境，都离不开法治保障。在中共中央政治局审议通过了《关于加快推进生态文明建设的意见》的背景下，建立环境绩效考核机制和环境保护行政不作为的环境问责制度更是净化社风、优化党风、纯化民风的愿景和举措。简言之，就是要通过科技与法治并用的手段，让城市（镇江市）的运行更规律、绿色、安全与高效。例如，借助于信息体系或者城市数据中心等信息化手段规范人们的行为，治理镇江市的交通拥堵。

创新与法治也相互离不开。一方面，创新思想、智力成果及成果转化无不需要法律的保护，只有在法治框架下创造者的成果才能演变为无形财产，变为现实的巨大财富。另一方面，从"以法治国"转变为"依法治国"，由"法制"上升至"法治"，正是创新推动着这一演变轨迹，并丰富和发展生态文明建设与法治之间的逻辑内涵。生态文明建设对立法、执

① 葛剑平：《生态建设也需解决"中国式过马路"诟病》，http：//cppcc. people. com. cn/n/2013/0427/c35377－21302606. html。

② 孙佑海：《生态文明建设需要法治的推进》，http：//fj. people. com. cn/changting/n/2014/0923/c358414－22402485. html。

法和司法等提出了新的要求，要求更加注重环境保护、资源节约、能源节约、气候变化等领域的立法、执法、司法和法律监督工作，要求严格执法、公正司法、强化监督；法治为生态文明建设提供法律引导、促进和保障作用，推动和促进生态文明建设进程，具体包括引导生态文明建设的行为方向、促进生态文明建设的政策实施、保障生态文明建设的责任落实。[①]再者，创新与法治犹如并行不悖的高铁轨道，它们是生态文明建设不可或缺的"动力源"与"护身符"。管理创新有助于生态文明制度体系建设和现行法律和管理体制有效衔接，制度创新有助于将生态文明建设纳入制度化、有序化的轨道，法治创新有助于将生态文明建设和可持续发展的原则和规范纳入宪法、民商法等法律之中。

三　生态法治文明建设路径

运用法治方式推动生态文明法治建设。党的十八大报告指出：要"提高领导干部运用法治思维和法治方式深化改革、推动发展、化解矛盾、维护稳定能力"。领导干部的法治思维水平和能力是其法治意识和能力的集中体现，应当树立包括领导干部在内的全体社会成员自觉运用法治思维推动生态文明建设的良好习惯。[②] 具体包括：在全社会倡导和弘扬生态法治精神，采用法治手段来解决生态问题，营造生态法治环境，重大决策出台必须要进行生态风险评估与可行性论证、听证。另外，国家立法机关要进一步科学立法，司法与行政执法部门要进一步严格执法，法院和检察院要进一步强化公正司法，全体社会成员要进一步促进全民守法。

培养人民群众生态法治意识。人民群众生态法治意识是公民生态意识、公民法治意识与公民规矩观念的系统集成。郝颖钰提出，良好的公民生态法治意识是"美丽中国"的公民作为"现代化的人"所必须具备的素养，是推进生态文明建设的可靠支撑。[③] 人民群众积极自律的精神能够使普遍有效的生态法治秩序得以实现，人民群众生态法治意识的形成能够使环境

---

① 《生态文明建设如何融入国家建设全过程》，http：//www.qstheory.cn/st/stwm/201301/t20130131_ 209290. htm。

② 孙佑海：《推进生态文明建设的法治思维和法治方式研究》，《重庆大学学报》（社会科学版）2013 年第 5 期。

③ 郝颖钰：《公民生态法治意识是生态文明建设的精神支撑》，《中共济南市委党校学报》2014 年第 5 期。

权利保障更为有效，生态法治意识有利于理性实现社会可持续性发展。

构建生态法治文明教育体系。鉴于生态文明建设属于全民参与的伟业，所以生态法治文明建设离不开群众基础，需要全社会的共同参与。此外，公民生态文明理念的形成需要"从娃娃抓起"，也就是将生态文明建设的意识和方法融入学前教育、义务教育、高等教育和继续教育等各个环节，形成"启蒙教育+初级教育+高级教育+培训教育"全链条式的生态法治文明建设教育体系。

第五节　生态行为文明建设

在界定生态行为文明建设概念和特征的基础上，从生产行为、生活行为和行政执法的视角阐释了生态行为文明建设的基本要求，并且从政府、企业和公众三个层面，论述了生态行为文明建设路径。

一　生态行为文明建设的含义

对生态问题的认知包括三个阶段：第一阶段是无意识阶段，第二阶段是强诉求阶段，第三阶段则是自觉行为阶段。[①]

生态行为文明建设概念。所谓生态行为文明建设，是在一定的生态文明观和生态文明意识指导下，人们在生产、生活实践中推动生态文明进步的活动，比如推进清洁生产、发展循环经济与生态产业、可持续消费以及一切具有生态文明意义的参与和管理活动，还包括生态文明建设主体的生态意识和行为能力的培育。[②] 生态文明贵阳国际论坛 2014 年年会发布《当代人类生态文明行为准则》，倡议当代人类应践行十类生态文明行为：树立生态意识、弘扬生态文化、关注生态保护、践行绿色生活、实施清洁生产、开展绿色营销、建设生态文化、实施生态工程、倡导绿色办公和推进生态事业。

生态行为文明建设特征。特征之一：生态行为文明是生态文明的表层

---

① 马伊里：《生态文明建设还要在改变行为上下功夫》，《联合时报》2013 年 8 月 23 日，第 1 版。

② 倪珊等：《生态文明建设中不同行为主体的目标指标体系构建》，《环境污染与防治》2013 年第 1 期。

结构，是生态精神文明和生态制度文明的外在体现，而且当前也是生态文明建设更加侧重的内容。特征之二：在全社会大力建设生态文明的历史进程中，不仅要抓好生态精神文明和生态制度文明，同时也需要积极关注生态行为文明，以展现良好的社会文明形象。

二　生态行为文明建设基本要求

生产行为的低碳化。必须在生产中大力推广资源节约型生产技术，优化产业结构，建立资源节约型的产业结构体系，切实加强生态工业、清洁生产、低碳循环经济以及环保产业建设。生产行为的低碳化主要包括：第一、第二、第三产业和其他一切经济活动的"绿色化"、无害化，生态环境保护产业化，[①] 企业管理生态化（系指企业家应具有把企业建成生态企业的意识和谋略，其核心理念是要实现企业生态经济管理优化[②]）。

生活行为的绿色化。全体社会成员（主要是消费者）在消费全过程（包括购买、使用、处理）中要自觉践行产品减量化、再利用、资源化的生态友好行为。[③] 要自觉树立人与自然界生态协调、同整个人类生存空间和谐的新的可持续发展的消费观念。优化消费环境，使不同阶层消费者的消费观念和消费行为趋于生态化、科学化和人性化。[④]

行政执法的生态化。在执法行为上，应由过去只注重处罚违法行为，追究违法者违法责任的做法转变为同时注重治理违法行为对环境和生态的破坏；在执法手段与执法技术上，则适应保护环境和生态的需要而改变过去过分注重震慑违法而不顾及环境后果的做法（如焚烧违法物品时追求火光冲天、浓烟滚滚的气势，结果导致大范围空气污染）。[⑤]

---

① 《强化生态意识，建设生态文明》，http://gn. gansudaily. com. cn/system/2015/07/31/015640818. shtml。

② 陈浩：《生态企业与企业生态化机制的建立》，《管理世界》2003 年第 2 期。

③ 王建明、郑冉冉：《心理意识因素对消费者生态文明行为的影响机理》，《管理学报》2011年第 7 期。

④ 依明卡力克衣木：《树立公民的生态意识》，http://www. qstheory. cn/st/stwm/201204/t20120416_ 151374. htm。

⑤ 姜明安：《"法律生态化"的主要领域》，http://article. chinalawinfo. com/ArticleHtml/Article_ 31706. shtml。

三　生态行为文明建设路径

生态行为文明建设中必须要正确处理好社会事业与生态发展的关系，充分调动全社会的力量，从政府、企业和公民三个层面推动全社会生活方式的革新，自觉地走绿色生活之路。

政府层面的建设路径。政府应当通过环保生态领域的立法、制定环保产业政策以及加强行政执法检查等方式，来确保相关政策法规的落实，推动环保产业的快速健康发展以及对其他关联产业进行生态化改造。政府要通过建立法制化、民主化和安定团结的秩序以及高效率的社会管理体系，形成以生态文化意识为主导的社会潮流，树立以文明、健康、科学、和谐生活方式为主导的社会风气。[①] 例如，中央文明办和国家旅游局公布了从网上征集的 10 类"中国公民出国（境）"旅游常见不文明行为，以此纠正中国公民境内外旅游的不文明行为。

企业层面的建设路径。从微观视角来看，企业应采取有效措施，研发和实施绿色技术、低碳技术，推行循环生产方式，积极生产和销售绿色产品，实现节约资源、物质循环再生、能量多重利用。从价值链视角来看，企业的研发、设计、采购、生产、营销等各环节都要放到网络化平台上去匹配供需。从协同视角来看，企业必须基于数据推动产业协同，使整个产业进入"共享经济"时代，企业之间传统的价值链式的协作关系应逐渐演化为网络化协同的生态圈。[②] 从企业伦理视角来看，企业应当恪守自身的社会责任，严格遵守国家的相关生态保护法律法规和政策，自觉接受政府、媒体和社会公众的监督，在生产经营全过程中认真贯彻落实生态环保的理念，尽可能降低资源消耗和环境污染，实现循环发展（见专栏 2 - 1）。

| 专栏 2 - 1 |

苏州"湿地认养"的保护新模式

由世界自然基金会与苏州市农委启动的"湿地 1 + 1"项目在国内率先

---

① 覃正爱：《从综合文明高度看待生态文明》，http：//tech. gmw. cn/2015 - 09/11/content_17004332. htm。

② 赵大伟：《企业推行生态化战略的 6 个基础认知》，http：//business. sohu. com/20160812/n463997329. shtml。

开创了"湿地认养"的保护新模式。这一模式以政府和非政府组织为桥梁，一个企业牵手一个农村社区，由企业出资，通过认养湿地，帮助湿地村治理生产和生活污染、组织有机农产品购销、建立生态湿地人文知识科普教育基地等，共同开展湿地保护工作。目前这一模式正在复制和推广到整个太湖流域。

资料来源：《国内首创"湿地1+1"苏州湿地"认养"启动试点》，http：//www. js. xinhuanet. com/xin_ wen_ zhong_ xin/2012 – 03/13/content_ 24881572. htm；《苏州成立国内首个"湿地自然学校"》，http：//js. xhby. net/system/2012/08/17/014190573. shtml。

公众层面的建设路径。首先，公众要树立积极的生态意识，切实转变消费理念，逐步形成适度消费、绿色消费的生态理念。其次，公众要养成良好的生态的生活方式，养成识别和购买加贴"绿色标志"产品的消费习惯，减少对一些污染环境的产品的使用；倡导绿色的消费方式，拒绝挥霍铺张、浮华摆阔等消费行为，减少或杜绝生态破坏、环境污染和资源浪费。最后，公众要发挥生态监督作用，对一些破坏生态行为加强监督，配合相关政府部门维护生态环境。

参考文献

刘福森：《生态文明建设中的几个基本理论问题》，http：//theory. people. com. cn/n/ 2013/0115/c40531 – 20204649. html。

高红贵：《关于生态文明建设的几点思考》，《中国地质大学学报》（社会科学版）2013 年第 5 期。

李宏伟：《在现代化战略中建设生态文明》，http：//theory. people. com. cn/GB/16909317. html。

李校利：《生态文明研究的拓展和推进》，《中共福建省委党校学报》2013 年第 5 期。

刘思华：《企业生态环境优化技巧》，科学出版社，1991。

解振华：《贯彻落实中央决策部署精神，加快推进生态文明建设》，《中国生态文明》2015 年第 4 期。

《生态文明建设需全方位推进》，http：//sz. xinhuanet. com/2013 – 10/12/c_ 117682144. htm。

郇庆治：《推进生态文明建设的十大理论与实践问题》，http：//www. chinareform. org. cn/ Economy/Macro/report/201501/t20150116_ 216818. htm。

卓越、赵蕾：《加强公民生态文明意识建设的思考》，《马克思主义与现实》2007 年第

3 期。

刘国新：《深刻理解"大力推进生态文明建设"的科学论断》，http：//theory. people. com. cn/
　　n/2013/0523/c83867 – 21590968. html。

谷树忠、胡咏君、周洪：《生态文明建设的科学内涵与基本路径》，《资源科学》2013
　　年第 1 期。

徐忠麟：《生态文明与法治文明的融合：前提、基础和范式》，《法学评论》2013 年第 6 期。

左亚文：《论精神文明与物质文明和政治文明的辩证互动》，《马克思主义研究》2003
　　年第 6 期。

中国现代化战略研究课题组、中国科学院中国现代化研究中心编《中国现代化报告
　　2007——生态现代化研究》，北京大学出版社，2007。

覃正爱：《从综合文明高度看待生态文明》，http：//tech. gmw. cn/2015 – 09/11/content_
　　17004332. htm。

丁晋清：《科学把握生态文明建设新要求》，http：//theory. people. com. cn/n1/2015/
　　1229/c40531 – 27988528. html。

龚培兴、冯志峰：《生态城镇建设：渊源、模式与路径》，《经济研究参考》2013 年第
　　62 期。

吴平：《技术创新引领绿色发展新动力》，http：//www. p5w. net/news/xwpl/201611/
　　t20161101_ 1623243. htm。

蔺雪春：《生态文明辨析：与工业文明、物质文明、精神文明和政治文明评较》，《兰
　　州学刊》2014 年第 10 期。

王从彦、潘法强、唐明觉等：《浅析镇江市生态文明建设路径选择》，《中国人口·资
　　源与环境》2016 年第 S1 期。

陈少英、苏世康：《论生态文明与绿色精神文明》，《江海学刊》2002 年第 5 期。

翟恩祥：《从物质文明和精神文明层面谈生态文明建设》，《知识经济》2014 年第
　　23 期。

王会、王奇、詹贤达：《基于文明生态化的生态文明评价指标体系研究》，《中国地质
　　大学学报》（社会科学版）2012 年第 3 期。

岳友熙：《论生态文明社会精神生活的生态化》，《山东社会科学》2016 年第 4 期。

〔美〕奥尔多·利奥波德：《沙乡年鉴》，候文蕙译，吉林人民出版社，1997。

胡隆辉、付钦太、于咏华：《弘扬生态伦理道德》，http：//theory. people. com. cn/n/
　　2013/0225/c40531 – 20586399. html。

仇竹妮、赵继伦：《增强全民生态意识》，http：//opinion. people. com. cn/n/2013/0820/
　　c1003 – 22621252. html。

江泽慧：《弘扬生态文化，推进生态文明，建设美丽中国》，http：//opinion. people. com.

cn/n/2013/0111/c1003 – 20166858. html。

江必新：《生态法治元论》，《现代法学》2013 年第 3 期。

常纪文：《法治中国与生态环境法治》，http：//www. qstheory. cn/zoology/2014 – 10/28/
　　c_ 1113005615. htm。

孙佑海：《生态文明建设需要法治的推进》，http：//fj. people. com. cn/changting/n/
　　2014/0923/c358414 – 22402485. html。

李爱年、刘翱：《环境执法生态化：生态文明建设的执法机制创新》，《法学研究》
　　2016 年第 3 期。

《为实现中国梦奉献智慧和力量——学习习近平总书记关于青年成长成才的重要论述》，
　　http：//www. xmnn. cn/llzx/llzt/xxxjpzsjjh/201505/t20150504_ 4459325. htm。

葛剑平：《生态建设也需解决"中国式过马路"诟病》，http：//cppcc. people. com. cn/
　　n/2013/0427/c35377 – 21302606. html。

《生态文明建设如何融入国家建设全过程》，http：//www. qstheory. cn/st/stwm/201301/
　　t20130131_ 209290. htm。

孙佑海：《推进生态文明建设的法治思维和法治方式研究》，《重庆大学学报》（社会科
　　学版）2013 年第 5 期。

郝颖钰：《公民生态法治意识是生态文明建设的精神支撑》，《中共济南市委党校学报》
　　2014 年第 5 期。

马伊里：《生态文明建设还要在改变行为上下功夫》，《联合时报》2013 年 8 月 23 日，
　　第 1 版。

倪珊等：《生态文明建设中不同行为主体的目标指标体系构建》，《环境污染与防治》
　　2013 年第 1 期。

《强化生态意识，建设生态文明》，http：//gn. gansudaily. com. cn/system/2015/07/31/
　　015640818. shtml。

陈浩：《生态企业与企业生态化机制的建立》，《管理世界》2003 年第 2 期。

王建明、郑冉冉：《心理意识因素对消费者生态文明行为的影响机理》，《管理学报》
　　2011 年第 7 期。

依明卡力力克衣木：《树立公民的生态意识》，http：//www. qstheory. cn/st/stwm/201204/
　　t20120416_ 151374. htm。

姜明安：《"法律生态化"的主要领域》，http：//article. chinalawinfo. com/ArticleHtml/Ar-
　　ticle_ 31706. shtml。

赵大伟：《企业推行生态化战略的 6 个基础认知》，http：//business. sohu. com/20160812/
　　n463997329. shtml。

第三章
镇江市生态文明建设的战略定位

镇江山水资源独特，文化积淀深厚，为生态文明建设奠定了基础。本章概述镇江市生态文明建设历程，评估其生态足迹演变，分析其生态文明建设的环境特征，探讨其生态文明建设战略。

第一节 镇江市生态文明建设概述

镇江市历届政府都高度重视生态文明建设，开展了生态文明建设的顶层设计，不断探索生态文明建设新路径，生态文明建设取得了显著成效，形成了独具特色的"镇江模式"。

一 生态文明建设的紧迫性

受多种因素的作用，镇江市生态环境容量有限，生态足迹不断扩大（见第二节），生态负荷不断加重。从经济发展阶段看，目前镇江正处于由工业化中期向中后期转变的阶段。结构性污染严重。镇江市产业结构偏重，第三产业比例偏低。2015 年，镇江三次产业比为 3.8∶49.3∶46.9，同期江苏省三次产业比为 5.7∶45.7∶48.6，第三产业占比低于全省平均水平 1.7 个百分点，以电力、化工、造纸、建材、冶金等为主的制造业占比依然较高，这决定了镇江市结构性污染问题相对较重。资源约束日趋紧张。镇江土地面积仅占全省总面积的 3.74%，全省土地面积最小，土地空间开发效率不高，单位建设用地第二、第三产业产值在苏南五市中最低。建设用地破碎化现象突出。经济发展和城镇化进程中用地需求与资源保护矛盾突出。伴随工业化和城市化的快速推进，资源能源约束将不断加剧。

能源消费结构亟须优化。镇江市能源消费总量一直呈增加趋势，清洁能源所占比重较低。2015 年，全市工业煤耗总量为 2360.34 万吨；燃料油消耗量为 0.88 万吨；天然气消耗总量为 120.70 亿立方米。未来煤炭用量和污染物总量还会持续增加。三废排放量较高。2002 年，全市工业废气排放总量为 819.09 亿立方米，废水排放总量为 7742.56 万吨，工业固体废物产生量为 272.23 万吨。2015 年，全市工业废气排放总量为 2749.61 亿立方米，废气中二氧化硫排放总量为 45299.13 吨，氮氧化物排放总量为 44027.67吨，烟（粉）尘排放量为 25309.58 吨。全市工业废水排放总量为 9058.84万吨，全市工业固体废物产生量为 1009.88 万吨。[①] 水污染问题尚未根本解决，部分中小河流水质不容乐观。区域性大气灰霾天气尚未得到根本控制。化工、造纸、电镀、印染企业布局分散，部分化工企业位于饮用水源地上游，存在安全隐患。重金属、持久性有机物、土壤污染等环境问题逐渐凸显，环境风险防范难度较大。

二　生态文明建设的宏观环境

政治环境优良。党的十八大把生态文明建设纳入"五位一体"总体布局之中，提出了"建设美丽中国"的新要求，强调"生态兴则文明兴、生态衰则文明衰"，"绿水青山就是金山银山"，"良好生态环境是最公平的公共产品，是最普惠的民生福祉"等，上述论述表明了中央推进生态文明建设的鲜明态度和坚定决心，这是镇江加强生态文明建设的根本遵循和重要指针。习近平总书记进一步提出了生态文明新理念，主要包括：实现人与自然、人与人之间双重和谐的生态文明观，保护环境即是保护生产力的生态生产力观，一切为了人民群众生态诉求的生态民生观，基于"生态红线"的国土开发的生态安全观，以及实现最严法治的生态法治观等。上述新理念、新论断、新要求，为镇江推进生态文明建设指明了前进方向和实现路径。

制度环境优化。十八届三中全会提出"深化生态文明体制改革"，用制度保护生态环境，推动形成生态文明建设新常态，由此确立了生态文明

---

① 镇江市环境保护局：《镇江市 2002 年环境状况公报》，2003；《镇江市 2015 年环境状况公报》，2016。

制度的"三严"体系：构建源头严防制度、建立过程严管制度、实施后果严惩制度，为建设资源节约型、环境友好型社会提供了制度保障。探索建立能源资源节约、生态环境保护制度，生态文明建设的制度体系不断完善。

法治建设步伐加快。2012 年，多部委联合发布《重点区域大气污染防治"十二五"规划》，要求严格环境准入，形成环境优化经济发展的"倒逼传导机制"。2013 年，国务院出台《大气污染防治行动计划》，提出具体目标。2015 年 1 月，正式实施了新修订的《环境保护法》。十八届四中全会提出要依法治国，在法治轨道上推进国家治理体系和治理能力现代化，"用严格的法律制度保护生态环境"。我国生态文明建设的法治环境日益健全，为镇江开展生态文明建设提供了法治保障。

三　生态文明建设的顶层设计

镇江市政府高度重视。2014 年 12 月 13 日，习近平总书记亲临视察镇江，在生态文明建设方面提出了殷切希望，希望镇江"继续努力，保护好生态环境、提高生态文明水平，为全国作出更大贡献"。镇江市委市政府高度重视，陆续出台一系列文件。实施"绿色镇江"战略和"生态立市"方针，编制了《镇江市生态文明建设规划》（2015 ~ 2020 年）等一系列规划，出台了《主体功能区实施意见》，开展了"三集园区"建设，发展循环经济，加强生态文明宣传教育等。广泛动员全市力量，掀起了生态文明建设的全民行动。

提出"绿色镇江"发展战略。镇江市对生态文明建设进行了科学和全方位的"顶层设计"，把生态文明的理念和要求贯穿于经济社会发展的全过程，始终坚持绿色发展战略。2014 年 9 月 19 日，镇江市委市政府召开全市生态文明建设综合改革推进大会，会议深入贯彻落实党的十八大、十八届三中全会和省委十二届七次全会以及市委六届八次全会精神，抢抓镇江成为国家生态文明先行示范区和省生态文明建设综合改革试点市两大历史机遇，对生态文明建设综合改革动员部署，确保镇江生态文明建设走在全省乃至全国前列。2014 年 12 月，镇江市委六届九次全会鲜明提出"生态领先、特色发展"的战略定位，市委市政府明确提出实施"绿色镇江"战略，走"生态立市"之路，统筹经济发展与生态文明建设。通过理念革新和制度创新，生态文明建设正描摹着山水镇江的美好未来。以推动经济转型升级为核心，以深化改革为动力，以人民满意为目标，建立健全科学有效的生态文明建设制度体系，加快形成节约资源和保护环境的生产方式和生活方式，为国家和江苏省生态文明建设探索路径、积累经验、提供示范。

完成一系列相关规划。坚持规划先行，注重事前控制。编制了《镇江市生态文明建设规划》（2015～2020年），制定了清晰的总体目标和阶段性发展目标，为生态文明建设制定了行动方案（详见本章第四节）。在全省率先编制完成了《镇江市主体功能区规划》，把全市划分为优化开发、重点开发、适度开发和生态平衡四大区域，调整生态空间与建设空间的合理配置，到2020年镇江的建设空间控制在30%左右，生态空间和农业空间达到70%。出台了《关于推进主体功能区规划的实施意见》及一系列配套政策（详细内容参见第四章）。编制了《镇江市生态红线区域保护规划》，全市划定生态红线区域71个，形成总面积近860平方公里的刚性约束。国土空间格局功能定位清晰，人与自然协调发展目标可期。

研究生态文明建设理论。党的十八大以来，中央将培育践行社会主义核心价值观与加强生态文明建设提到前所未有的新高度，落实五大发展理念，绿色发展是需要深入研究和创新实践的重大课题。响应中央号召，2016年5月29日，镇江社科院发布"社会主义核心价值观培塑与生态文明建设统筹推进路径研究"课题开题会，把生态文明建设理论研究推向深入。

优化生态文明建设体制机制。以改革创新为动力，不断完善生态文明建设的体制机制。立足实际，探索创新，健全生态文明制度规定，完善绿色发展考评体系，创新市场运作机制，构建全社会参与的工作格局，镇江市生态文明建设的体制机制创新走在全国前列。

四　生态文明建设路径

1996年镇江推行清洁生产，拉开了生态文明建设的序幕。2002年开展了循环经济试点，2012年启动低碳城市建设，开展了不同层面的生态文明建设实践，实施了一揽子生态文明建设工程。

建设低碳城市。加快优化国土空间开发格局，严格落实规划管控、产业准入、环境准入、土地管理等政策。2012年启动碳汇建设，推广低碳建筑，推行低碳能源与低碳交通，构建低碳生产和生活方式，全方位建设低碳城市。围绕低碳试点城市的创建目标，2014年推出低碳"九大行动"，进行"四碳"创新，承诺 2020 年提前达到碳峰值，以低碳城市建设为抓手，倒逼思路创新、倒逼产业转型、倒逼节能减排、倒逼企业升级，系统推动镇江市经济社会绿色发展。

开展重点片区治理。开展对镇江市西南韦岗地区和东部谏壁地区的环境综合整治，防治大气污染，降低粉尘影响。由于历史原因，东部谏壁地区和西南部韦岗地区的环境问题持续多年，群众反映强烈。2014 年，镇江市成立由市长任组长的两个领导小组，强力推进两大重点区域环境整治。在谏壁地区实施了 100 项环境整治工程，拟用 3 年时间彻底改变谏壁地区环境。扬尘是韦岗地区最大的环境问题，为此，镇江有序关闭韦岗地区所有采石场以及水泥、建材等高能耗企业，拟用 5 年时间彻底修复山体，让该地区变成全市重要的生态屏障。

实施青山绿水工程。2014 年，镇江实施"青山绿水"工程，旨在构筑宜居、宜业、宜游环境，提高市民的幸福生活指数。目前，镇江市内 26 座山体公园正逐步成为点缀市区环境的亮点，其改善了周边环境，优化了商业环境，提高了周边商业地产的增值幅度。水环境治理有序推进，2014 年镇江实施了高标准的"一湖九河"综合整治工程，拟用 3 年时间实现"岸青水绿，鱼虾洄游"的生态目标。大气环境治理成效显著。2015 年实施73 项大气污染防治工程，环境空气质量良好以上天数比例达到 72.1%，全市 PM2.5 浓度平均下降 13%。

促进产业转型升级。以推动产业转型升级为方向，有效减轻经济活动对资源环境的压力。加快调整产业结构、淘汰落后产能、发展循环经济、建设生态园区，构建有利于生态文明建设的现代产业体系（详见第六章）。

五　生态文明建设成效

高级别试点创新平台不断增加。2012 年，镇江成功获批全国第二批低碳试点城市。2014 年 7 月，国家发改委等六部委联合下发了《关于开展生态文明先行示范区建设（第一批）的通知》，镇江位列其中，正式成为全国首批生态文明先行示范区之一。2014 年 7 月 30 日，江苏省委讨论通过了《镇江市生态文明建设综合改革试点实施方案》，镇江成为全省唯一的生态文明建设综合改革试点。2014 年，镇江市荣获中国人居环境奖，实现了生态指标、制度建设、能力建设、生产方式以及生活质量五领先目标。

生态环境显著改善。"十二五"时期节能减排成效显著，全市单位 GDP 能耗累计下降 25.69%，降幅居全省第三，累计完成省定"十二五"约束性目标的 142.7%，进度列全省第二，超全省平均水平 15.5%。化学需氧量，氨氮、二氧化硫、氮氧化物排放量累计分别下降 15.8%、20%、34.1% 和 18.8%，提前一年完成江苏省政府下达的"十二五"减排任务。水环境质量不断改善。长江断面水质保持在Ⅱ类标准，7 个国控断面达标率从 2009 年的 15% 提升至 2014 年的 71.4%，全省考评得分位列流域五市首位，累计完成市区"一湖九河"引换水近 1 亿立方米。饮用水水质达标率 100%，城市污水处理率上升到 93%。大气污染防治初见成效。东部谏壁和西南韦岗"两个片区"生态环境综合整治初见成效，谏壁地区完成重点整治项目 93 项，西南韦岗地区关闭企业 141 家、治理污染企业 32 家，生态修复等工作扎实开展。

国内外影响力不断扩大。2014 年 12 月 13 日，习近平总书记亲临视察了镇江，希望镇江"继续努力，保护好生态环境、提高生态文明水平，为全国作出更大贡献"。2014 年 4 月 24 日至 26 日，国家发改委副主任解振华和欧盟委员会气候行动委员康妮·赫泽高考察了镇江低碳城市建设。2015 年 11 月，镇江参加了巴黎联合国应对气候变化大会，与美国加利福尼亚州政府签署了加强低碳发展的行动计划，为低碳城市建设寻求国际合作。2016 年 6 月 1 日，在美国旧金山召开的第七届清洁能源部长级会议上发出了"镇江声音"，从明确碳峰值目标、建设低碳管理云平台、开展低碳九大行动、打造零碳示范、深化国际合作等方面阐述了镇江低碳城市的探索和实践，受到与会代表的高度评价。2016 年 6 月 7 日，镇江代表团参加了第二届中美气候智慧型、低碳城市峰会，介绍了 2015 年联合国气候变化大会巴黎会议以来，镇江在低碳城市建设方面的新行动、新成效和新经验，围绕运用创新绿色金融推进低碳城市建设，加强国际合作，进一步扩大镇江的国际影响力（见专栏 3-1）。

| 专栏 3-1 |

镇江低碳城市建设的国际影响力

之一：2014 年 4 月 24 日至 26 日，国家发改委副主任解振华和欧盟委员会气候行动委员康妮·赫泽高一行，来镇江市考察低碳城市建设。三天的考察活动，成就了欣喜之旅。在离开镇江的前一天下午，赫泽高女士感叹：感谢解主任把我带到镇江来，这真是一个非常绿、非常美的地方。赫泽高女士在实地考察后表示，将推荐联合国秘书长潘基文的城市与气候变化问题特使、前纽约市长布隆伯格先生来看看。

之二：2015 年 12 月加州会议。朱晓明和国家气候变化专家委员会副主任何建坤，世界自然基金会全球气候与能源项目全球总监萨曼莎·史密斯，美国加州州长环境代表兼高级顾问克利福德·瑞切沙芬，瑞士发展与合作署全球气候变化项目负责人、瑞士国家谈判代表安东·西尔伯，IBM全球能源与公共事业行业总裁甘蒙斯，中国节能环保集团公司副总经理张超，就全球应对气候变化发展趋势和挑战以及镇江低碳城市建设进行了深入探讨。在低碳实践主题发言环节，朱晓明详细介绍了镇江市低碳城市建设的主要动因、目标举措和工作创新，着重就产业碳转型、企业碳资产、项目碳评估和区域碳考核进行了深入讲解。镇江市政府和美国加利福尼亚州政府签署了加强低碳发展的行动计划。

之三：2016 年 6 月 1 日，第七届清洁能源部长级会议在美国旧金山召开，23 个国家的能源部长以及中国、美国、德国、墨西哥、意大利、印度、肯尼亚等国 24 个省、州、市领导出席了会议。张洪水副市长率团出席会议，全方位展示了镇江低碳发展的成果和经验，从明确碳峰值目标、建设低碳管理云平台、开展低碳九大行动、打造零碳示范、深化国际合作五个方面阐述了镇江低碳城市的探索和实践，再次在国际舞台发出低碳发展的"镇江声音"。"生态领先、特色发展"的镇江模式备受关注。张洪水先后与美国能源基金会主席艾瑞克、美国加州能源委员会主席伟森米勒、美国加州州长特别代表肯·艾利克斯、美国先进能源经济机构 CEO 理查德进行了会谈，就低碳城市、近零碳示范区、生态新城建设等领域合作进行了对接，美方表示将全方位加大与镇江的合作，共同推动落实联合国气候变化巴黎协议，全面提高低碳发展能力。

资料来源：《镇江在第七届清洁能源部长级会议介绍经验》，http：//www.zgjssw.gov.cn/shix-ianchuanzhen/zhenjiang/201606/t2853052.shtml。

第二节　镇江市 1993~2014 年生态环境的动态变化

本节应用生态足迹理论，借助于生态足迹的数据变化，评估镇江

1993～2014 年生态环境的变化轨迹。按照全球生态安全标准，评估镇江生态安全程度和可持续发展能力。

一 生态足迹理论基本思想与应用性解释

生态足迹分析方法是加拿大的 William E. Rees 和 Wackernagel 于 20 世纪 90 年代提出的一种定量评价区域可持续发展状况的方法，能够相对客观地反映人类对自然资源的利用程度，反映自然资本的供给与需求是否平衡，并可定量评估一定时期内区域生态环境的变化程度和方向。

生态足迹理论的基本思想。William E. Rees 最初将生态足迹形象地比喻为"一只负载着人类与人类所创造的城市、工厂的巨脚踏在地球上留下的脚印"。这一形象化的概念既反映了人类对地球环境的影响，也包含了可持续发展机制。这意味着，当地球所能提供的土地面积容不下这只"巨脚"时，其上的城市、工厂、人类文明就会失衡。随后，William E. Rees 和 Wackernagel 又从不同的角度解释了生态足迹的含义。① 其实质为：人类每项最终消费的量通过折算，转化成提供生产消费的原始物质与能量的生态生产性土地面积。在供给方面计算生态承载力的大小，两者进行比较，据此可判断区域的可持续发展状况。

生态足迹理论引入了"平均生态生产性土地面积"的概念，提供了测量和比较人类经济系统对自然生态系统服务的需求和自然生态系统的承载力之间差距的生物物理测量方法。该模型以其概念的形象性、内涵的丰富性、资料的易得性和较强的可操作性受到广泛关注。

生态足迹评价方法的应用性解释。生态足迹、生态承载力、生态赤字或盈余、生态压力指数是应用生态足迹理论评估一个区域生态安全的重要变量。相关变量的解释见表 3 - 1。对上述变量的正确求解，是客观评价某区域可持续发展的前提条件。

生态安全评价的基本思路。应用生态足迹理论分析一个区域的生态环境特征的基本思路是：计算区域的生态足迹、生态承载力，求解生态赤字

---

① 例如，"一国范围内给定人口的消费负荷，用生产性土地面积度量一个给定人口或经济规模的资源消费和废物吸纳水平的账户工具"。

或盈余。生态赤字或盈余 = 生态承载力 - 生态足迹。求解生态压力指数。生态压力指数 = 生态足迹 ÷ 生态承载力。依据生态安全的相关标准，评估某区域生态安全程度。

表 3-1　生态足迹相关变量的含义

变量名称	变量的含义
生态足迹	生态足迹 *EF* 指在一定技术条件下，要维持某一物质消费水平下的某一人口、某一区域的持续生存所必需的生态生产性土地的面积。地球表面的生态生产土地可分为 6 大类：化石能源地、可耕地、牧草地、林地、建设用地和水域。其实质为：在现有技术条件下，一个人需要多少具备生物生产力的土地和水域来生产所需资源和吸纳所衍生的废物，反映了一个地区由于经济发展和居民消费而对资源的消耗水平和生态质量的损耗程度
生态承载力	生态承载力 *EC* 指生态系统通过自我维持、自我调节，所能支撑的最大社会经济活动强度和具有一定生活水平的人口数量，是一个地区的资源状况和生态质量的综合体现
生态赤字或盈余	生态赤字或盈余 *ED* 是衡量一个国家或地区生态状况的指标，如果其结果为负值，则称为生态赤字，表示该国家或地区生态处于非可持续状态；如果结果为正值，则称为生态盈余，表示该国家或地区生态处于可持续状态
生态压力指数	生态压力指数 *ET* 是用来反映区域生态与环境的承受程度的一个指标

二　相关变量的计算方法与计算结果

（一）主要指标的计算方法

生态足迹、生态承载力、生态赤字或盈余、生态压力指数的计算公式如下。

生态足迹的计算公式为：
$$EF = N \times ef \tag{3.1}$$

$$ef = rj \times \sum_{i=1}^{n} aai = \sum_{i=1}^{n} (ci/pi) \times rj \cdots (j = 1, 2, 3 \cdots 6) \tag{3.2}$$

其中，i 为消费项目的类型；ci 为第 i 种消费项目的人均消费量（T）；pi 为第 i 种消费商品的平均生产能力（T）；rj 为均衡因子；aai 为人均第 i 种消费品折算的生态生产性土地面积（公顷）；N 为人口数；ef 为人均生态足迹（公顷）；EF 为总人口的生态足迹（公顷）。

生态承载力的计算公式为：$EC = N \times ec$ (3.3)

$$ec = \sum_{j=1}^{n} aj \times rj \times yj \cdots (j = 1,2,3\cdots6) \qquad (3.4)$$

其中，ec 为人均生态承载力（公顷）；aj 为人均生态生产性土地面积（公顷）；yj 为产量因子；EC 为区域总人口的生态承载力（公顷）。

生态赤字或盈余可表示为 ED，其计算公式为：

$$ED = EC - EF = N \times (ec - ef) \qquad (3.5)$$

当一个地区的生态承载力小于生态足迹时，则出现生态赤字，这表明该地区发展模式处于相对不可持续状态；否则，则处于可持续发展状态。

生态压力指数表示为 ET，它反映了区域生态与环境的承受程度。其计算公式如下：

$$ET = EF \div EC = ef \div ec \qquad (3.6)$$

式中，ef 为区域内人均生态足迹，ec 为人均生态承载力。

（二）生态足迹的计算结果①

生态足迹。镇江市的生态足迹计算中主要包括生物资源消费账户和能源消费账户，此外还应考虑地区间的贸易调整，即对资源的进出口部分进行调整，以统计实际的区域净消费数量，通过镇江市各年的统计年鉴可直接获取净消费数量。因此，本书直接利用《镇江统计年鉴》中资源的人均消费数量和年消费数量进行统计。按照生物资源消费和能源资源消费两大账户，分别计算了 1993～2014 年各年份的生物资源的生态足迹和能源资源的生态足迹。然后，根据公式 3.2 计算出相应年份的生态足迹，以此类推。

值得说明的是，生物资源消费主要包括农产品（粮食、植物油、蔬菜、瓜果等）、动物产品（猪肉、禽肉、蛋类、牛奶）、木材（茶叶、木材）及水产品等。为了使结果便于比较，本书选用了《国际统计年鉴》1993～2014 年关于生物资源的全球平均产量，将镇江市相关年份的人均生

---

① 本部分所用数据主要来源于 1993～2015 年的《镇江统计年鉴》、《世界统计年鉴》、《中国统计年鉴》、《镇江市循环经济建设规划》、《镇江市土地利用总体规划》、《镇江市土地利用总体规划环境影响评价》等。世界单位面积平均产量来自 Wackernagel Household Ecological Footprint Calculator（2003）。

物资源消费量转化为提供这种消费需求的生态生产性土地面积。具体计算公式为：

$$镇江市\ EF\ 人均生物资源消费量 = \frac{镇江市生物资源消费总量}{全球平均生物资源产量 \times 镇江市总人口}$$

能源消费部分主要包括原煤、焦炭、天然气、汽油、煤油、柴油、燃料油，以及热力、电力等。计算时将能源消费转化为化石燃料土地面积，即以世界上单位化石能源土地面积的平均发热量为标准，将镇江市能源消费所消耗的热量折算成一定的化石燃料土地面积。计算公式为：EF 能源消费量 = （折算成标准煤的能源消耗总量×折算系数）/全球平均标准煤足迹

把以上计算的生物资源和能源资源的人均生态需求土地面积累加起来，再分别配以适当的权重，即均衡因子（目前是全球统一采用的等量化因子，分别为耕地 2.8，林地 1.1，草地 0.5，化石燃料土地 1.1，建筑用地 2.8，水域 0.2），则可得到镇江市相应年份的人均生态足迹。计算结果见表 3 - 2。

生态承载力。将镇江市某年拥有各类用地（耕地、林地、草地、建筑用地和水域）的面积乘以相应的均衡因子①和产量因子②，即转化为按世界平均生态空间计算的镇江市该年人均生态承载力。世界单位面积平均产量来自 2003 年 Wackernagel 统计的 Household Ecological Footprint Calculator 资料。依据镇江市某年的粮食平均产量与全球平均粮食产量的比值，得出耕地的产量因子 X。由于建筑用地多占用生产性耕地，所以采用与耕地相同的产量因子。林地为 17.73。草地的产量数据缺乏，可参照 Wackernagel 等对中国生态足迹计算时的取值 0.19。水域的产量因子为镇江市单位水域面积的水产品产量和全球平均产量的比值 Y。出于谨慎考虑，根据世界环境与发展委员会的报告《我们共同的未来》，在计算过程中还应扣除 12% 的生物多样性保护面积。具体计算公式为：均衡面积 = 人均面积×产量因子×均衡因子。以此类推，可以计算出镇江市逐年的人均生态承载力，计算结果见表 3 - 2。

①　均衡因子：是指把不同类型的生态生产性土地转化为在生态生产力上等价的系数，以便于比较。

②　产量因子：是指一个将各国各地区同类生态生产性土地转化为可比面积的参数，即一个国家或地区某类土地的平均生产力与世界平均生产力的比值。

表 3 - 2　镇江市 1993～2014 年生态足迹和生态承载力比较

单位：公顷/人

年　份	生态足迹	生态承载力
1993	1.3353	1.3466
1994	1.2905	1.3449
1995	1.3112	1.3229
1996	1.3318	1.3337
1997	1.2886	1.3478
1998	1.3742	1.2952
1999	1.4174	1.2886
2000	1.4606	1.2285
2001	1.5344	1.2508
2002	1.7496	1.2422
2003	1.9498	1.1895
2004	2.1199	1.2217
2005	2.3163	1.1968
2006	2.8046	1.2232
2007	2.7056	1.2861
2008	2.7362	1.2401
2009	3.1631	1.2173
2010	2.9284	1.1937
2011	3.3758	1.1841
2012	3.4860	1.1699
2013	3.5921	1.1616
2014	3.9747	1.1555

　　生态赤字或盈余。如前所述，生态赤字或盈余是生态承载力与生态足迹之差。镇江相应年份的生态赤字或盈余计算结果见表 3 - 3。

表 3 - 3　镇江市 1993～2014 年生态赤字或盈余

单位：公顷/人

年　份	生态足迹	生态承载力	生态赤字/盈余
1993	1.3353	1.3466	0.0113
1994	1.2905	1.3449	0.0544
1995	1.3112	1.3229	0.0117
1996	1.3318	1.3337	0.0019
1997	1.2886	1.3478	0.0592
1998	1.3742	1.2952	- 0.0790

年　份	生态足迹	生态承载力	生态赤字/盈余
1999	1.4174	1.2886	− 0.1288
2000	1.4606	1.2285	− 0.2321
2001	1.5344	1.2508	− 0.2836
2002	1.7496	1.2422	− 0.5074
2003	1.9498	1.1895	− 0.7603
2004	2.1199	1.2217	− 0.8982
2005	2.3163	1.1968	− 1.1195
2006	2.8046	1.2232	− 1.5814
2007	2.7056	1.2861	− 1.4195
2008	2.7362	1.2401	− 1.4961
2009	3.1631	1.2173	− 1.9458
2010	2.9284	1.1937	− 1.7347
2011	3.3758	1.1841	− 2.1917
2012	3.4860	1.1699	− 2.3161
2013	3.5921	1.1616	− 2.4305
2014	3.9747	1.1555	− 2.8192

注："−"表示生态赤字。

生态压力指数。根据生态压力指数的含义，借助于公式3.6，可算出镇江1993~2014年各年份的生态压力指数，计算结果见表3－4。

表3－4　镇江市1993~2014年生态压力指数变化趋势

年　份	生态压力指数（ET）
1993	0.9916
1994	0.9596
1995	0.9912
1996	0.9986
1997	0.9561
1998	1.0610
1999	1.0999
2000	1.1890
2001	1.2267
2002	1.4085

续表

年　份	生态压力指数（*ET*）
2003	1.6392
2004	1.7352
2005	1.9354
2006	2.2928
2007	2.1037
2008	2.2064
2009	2.5985
2010	2.4532
2011	2.8509
2012	2.9797
2013	3.0924
2014	3.4398

三　镇江市 1993～2015 年生态环境变化轨迹

分析 1993～2015 年镇江市人均生态足迹、生态承载力、生态赤字或盈余的变化轨迹，能够客观地把握镇江市生态环境的动态变化规律和变化趋势，为更好地制定未来发展方案奠定基础。

人均生态足迹不断扩大，生态承载力微弱下降，生态赤字逐年增加。1993～2015 年镇江市人均生态足迹、生态承载力、生态赤字或盈余的变化轨迹如图 3－1 所示。

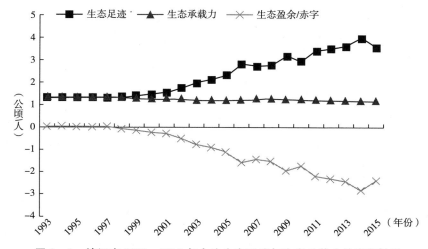

图 3－1　镇江市 1993～2015 年人均生态足迹与生态承载力的变化轨迹

人均生态足迹变化。镇江市 1993~2015 年人均生态足迹整体呈上升趋势，个别年份有波动，2005~2009 年及 2009~2011 年，出现了先小幅下降，再大幅上升，又小幅下降的波动变化。从 2001 年开始，人均生态足迹变化幅度逐渐增加，由 2001 年 1.5344 公顷/人增长到 2015 年的 3.5446 公顷/人，涨幅近 131.01%。通过对各类用地的人均生态足迹的分析发现，镇江市化石燃料生态足迹占的比重最大，说明镇江市产业结构中高耗能产业占有较高的比重，其中，原煤足迹最大，反映了镇江市能源消费结构以原煤为主；建筑用地生态足迹的比重仅次于化石能源，在 2003~2009 年间增长速度最快，由于近年来建筑业迅猛发展，城市空间不断扩张，城市化进程加快，因而其足迹增大迅速；耕地生态足迹总体呈上升趋势；林地和草地的生态足迹波动不大。

人均生态承载力下降。镇江市 1993~2015 年的人均生态承载力整体上也呈波动性微弱增长趋势，但增速小于人均生态足迹。通过分析各类用地的生态承载力发现，镇江市的耕地、林地和水域因具有较高的生产力而成为生态承载力的主要组成部分，说明三者对生态环境保护有重要作用。镇江作为沿江城市具有相对丰富的水域，开发潜力大，有利于人均水域面积增加，再加上现代高新技术的发展，有利于水产品生产结构的调整，单位面积水产品产量增加就提高了水域的产量因子，相应的生态承载力也就增加。林地的人均生态承载力从 2000 年后增长明显，建筑用地和草地在总的人均生态承载力中所占比重较小。

生态赤字绝对值增大。镇江不同年份的生态赤字虽有波动，但其绝对值整体上不断增大。除 1993~1997 年出现了生态盈余，其他年份均为生态赤字。1998~2014 年生态赤字绝对值出现逐年增大趋势，虽然生态足迹和生态承载力都有所增加，但是人均生态足迹的涨幅大于人均生态承载力，说明镇江市生态足迹与生态承载力已严重不协调，并呈现恶化趋势，不可持续发展状态已有显现。

万元 GDP 的生态足迹不断下降。万元 GDP 生态足迹指标可以反映镇江市 GDP 增长过程中资源的利用效率，更直接地表征了经济增长过程中区域生态环境是否可以持续发展。万元 GDP 生态足迹越大，则单位面积的生物生产性土地的产出就越低，区域资源的利用效率就越低。反之，区域资源利用效率就越高。1993~2015 年镇江万元 GDP 生态足迹变化如图 3-2 所示。从中

可以看出，除了在 2001～2002 年、2005～2006 年上升之外，镇江万元 GDP
生态足迹整体呈下降趋势，即每生产万元 GDP 所消耗的生产性土地面积逐步
减少，这说明镇江市经济发展过程中资源利用方式已逐渐由粗放型向集约型
转变，资源利用效率不断提高，在一定程度上缓解了生态赤字。

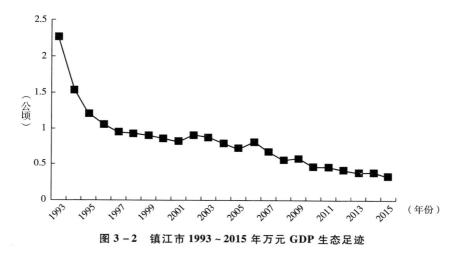

图 3－2　镇江市 1993～2015 年万元 GDP 生态足迹

四　镇江市 1993～2015 年生态安全发展变化

生态安全是保证国家安全的充分必要条件，也是各级政府的首要任务。
目前，学界评估某区域的生态安全的主要评价标准为世界自然基金会
（WWF）2004 年的研究结论。2004 年，世界自然基金会选择了全球 147 个国
家或地区 2001 年的相关数据，计算了各个国家或地区的生态足迹和生态承载
力，并以此为基础计算了生态压力指数，该指数的变化范围为 0.04～4.00。
通过对所获得的数据进行扫描和聚类分析，结合考虑世界各国的生态环境和
社会经济发展状况，制定了生态安全评价指标与等级划分标准（见表 3－5）。

表 3－5　生态压力指数等级划分标准

安全等级	生态压力指数（*ET*）	安全等级表征状态
1	<0.50	很安全
2	0.51～0.80	较安全
3	0.81～1.00	稍不安全
4	1.01～1.50	较不安全
5	1.51～2.00	很不安全
6	>2.00	极不安全

资料来源：世界自然基金会（WWF）2004 年相关研究结论。

　　镇江市 1993～2015 年生态安全等级评估。图 3 - 3 为镇江市 1993～
2015 年生态压力指数变化趋势。23 年间镇江市生态压力持续增高，生态压
力指数由 1993 年的 0.9916 增高到 2015 年的 3.0796。依据表 3 - 5 提供的
生态安全等级划分标准，比较分析镇江市 1993～2015 年的生态压力指数，
可以清晰地判断相关年份的生态安全程度（见表 3 - 6）。

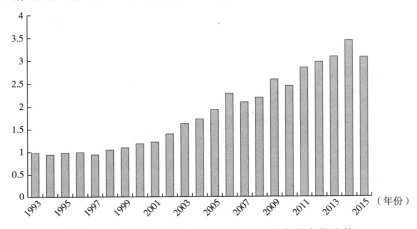

图 3 - 3　镇江市 1993～2015 年生态压力指数变化趋势

　　表 3 - 6 显示，镇江市 1998～2015 年的生态压力指数一直大于 1，生
态环境始终处于不安全状态。1993～1997 年生态为稍不安全状态（生态压
力 3 级），1998～2002 年为较不安全状态（4 级），2003～2005 年为很不安
全状态（5 级），2006～2015 年为极不安全状态（6 级）。这说明镇江市近
23 来的生态压力在不断地增大，生态系统的承受能力与人类经济活动影响
力二者之间矛盾加剧。

表 3 - 6　镇江市 1993～2015 年生态安全等级状态

年　份	生态压力指数（ET）	安全等级表征状态
1993	0.9916	稍不安全
1994	0.9596	稍不安全
1995	0.9912	稍不安全
1996	0.9986	稍不安全
1997	0.9561	稍不安全
1998	1.0610	较不安全
1999	1.0999	较不安全
2000	1.1890	较不安全

续表

年　份	生态压力指数（*ET*）	安全等级表征状态
2001	1.2267	较不安全
2002	1.4085	较不安全
2003	1.6392	很不安全
2004	1.7352	很不安全
2005	1.9354	很不安全
2006	2.2928	极不安全
2007	2.1037	极不安全
2008	2.2064	极不安全
2009	2.5985	极不安全
2010	2.4532	极不安全
2011	2.8509	极不安全
2012	2.9797	极不安全
2013	3.0924	极不安全
2014	3.4398	极不安全
2015	3.0796	极不安全

五　镇江市 2017～2025 年生态安全变化预测

2017～2025 年镇江市人均生态足迹和生态承载力预测。路径依赖理论指出，区域经济的增长和环境变化具有显著的惯性。应用 SPSS 软件，以镇江市 1993～2015 年人均生态足迹和生态承载力的计算结果为样本，回归分析相应的方程，由此预测 2017～2025 年镇江市人均生态足迹和生态承载力的数据，并据此计算生态压力指数，从而可以判断未来 9 年镇江市生态安全状态。2017～2025 年镇江市人均生态足迹和人均生态承载力预测结果如表 3-7 所示。

表 3-7　镇江市 2017～2025 年生态足迹和生态承载力预测

单位：公顷/人

年　份	2017	2018	2019	2020	2021	2022	2023	2024	2025
生态足迹	4.726	4.976	5.234	5.500	5.774	6.056	6.346	6.644	6.950
生态承载力	0.821	0.778	0.731	0.681	0.626	0.568	0.505	0.438	0.366
生态赤字/盈余	-3.905	-4.198	-4.503	-4.819	-5.148	-5.488	-5.841	-6.206	-6.584

注："-"表示生态赤字。

　　表 3 - 7 显示，镇江市 2017 ~ 2025 年的人均生态足迹及生态赤字都在逐年增长，人均生态足迹的年平均增长率达 4.38%，而人均生态承载力的年平均增长率为 - 8.59%，生态赤字将越来越大，如果不改变现行经济增长模式，生态赤字将从 2017 年的 3.905 公顷/人增至 2025 年的 6.584 公顷/人。

　　镇江 2017 ~ 2025 年生态安全等级预测。根据镇江市 1993 ~ 2015 年的生态压力指数，以生态压力指数为因变量，时间序列为自变量，运用 SPSS 软件，构造相关的趋势函数，选用 3 种方法（Linear、Quadratic、Cubic）进行回归分析，可得到镇江市 2017 ~ 2025 年生态压力指数预测的结果，如图 3 - 4 所示。

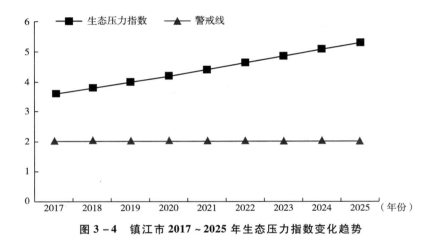

图 3 - 4　镇江市 2017 ~ 2025 年生态压力指数变化趋势

　　图 3 - 4 显示，按照目前发展模式，镇江市 2017 ~ 2025 年生态压力指数将逐年增长，且一直高于警戒线，生态压力指数将从 2017 年 3.597 增加到 2025 年的 5.285，将会增加 1.688。可见，转变现行经济增长方式是必然选择。

第三节　镇江市生态文明建设战略规划总体定位①

　　生态文明的核心要素是公正、高效、和谐和人文发展。2014 年 12 月，

---

①　本节内容来源于镇江市人民政府 2014 年 12 月，颁布的文件——《镇江市生态文明建设规划》（2015 ~ 2020 年）。

镇江市人民政府颁布了《镇江市生态文明建设规划》（2015～2020年），探讨镇江生态文明战略新定位，树立生态文明建设战略新思维，完成生态文明建设的重要任务，打造生态文明建设新常态，促进镇江国民经济和社会可持续发展。

一　指导思想

以邓小平理论、"三个代表"和科学发展观为指导思想，贯彻落实党的十八大和十八届三中、四中全会精神以及习近平总书记系列重要讲话精神，贯彻落实党中央、国务院和江苏省的决策部署。以《江苏省生态保护与建设规划（2014—2020年）》和《镇江市生态保护与建设规划（2014—2020年）》为依据，树立以人为本、尊重自然、顺应自然、保护自然的生态文明理念。贯彻落实节约资源和保护环境的基本国策，把生态文明建设放在突出的战略位置，融入经济建设、政治建设、文化建设和社会建设的全过程。坚持以建设国家生态文明示范区为统领，统筹推进国家低碳城市试点和省生态文明建设综合改革试点等工作。坚持节约优先、保护优先、自然恢复为主的方针，以加快转变经济发展方式为核心，以深化改革、制度创新为动力，以绿色、循环、低碳发展为途径，以改善环境质量为重点，以全民共建共享为基础，以体制机制创新为保障，大力实施生态文明建设工程，加快建设资源节约型、环境友好型社会，努力实现经济发展与生态改善同步提升，打造苏南生态建设样板和生态城市品牌，努力把镇江建成产业和城市科学共融、经济和生态和谐共生、创业和居住幸福共享的现代化山水花园城市。力争建成全国领先的生态文明综合改革试验区，为全省生态文明建设探索路径、积累经验、提供示范。

二　规划原则

遵循系统思维。党的十八大报告强调要将生态文明建设融入经济建设、政治建设、文化建设和社会建设的各方面和全过程，这决定了镇江生态文明建设战略规划必须坚持系统思维，把人与自然有机地联系起来，将其视为一个整体进行保护，使之成为新时代生态文明建设的新思维。

坚持五位一体。正确处理经济社会发展与生态环境保护关系，坚持五位一体，加快转变经济发展方式，调整优化经济结构。在资源开发与利用中，把节约放在优先位置，以最少的资源投入获得最多的产出。在环境保护与发展中，保护优先，在发展中保护、在保护中发展。推进绿色循环低碳发展，实现经济发展水平和生态环境质量同步提高，生态效益和经济社会效益同步扩大，资源得到高效循环利用，生态环境受到严格保护。

坚持先行先试。将制度创新作为生态文明建设的重要保障，充分发挥市场在资源配置中的决定性作用，以国家生态文明先行示范区、国家低碳试点城市建设为抓手，率先建立体现生态文明要求的最严格的源头保护、损害赔偿、责任追究、环境治理和生态修复制度，形成推进生态文明建设的长效机制。

坚持政府引导。发挥政府在组织领导、规划引领、政策支持、制度创新等方面的主导作用，把资源消耗、环境损害、生态效益纳入经济社会发展体系，完善政策体系、考核办法和奖惩机制。进一步强化企业生态意识和责任，有效引导和集聚社会资源，激发各类市场主体参与生态文明建设的积极性，探索发展绿色金融，形成生态文明建设多元化投入机制。开展全民生态教育，提高群众保护生态环境意识，强化公众参与，引导全民共建共享，形成强大合力。

坚持分类指导。根据区域和城乡发展不同特征，强化分类指导，实施差别化政策，统筹推进区域和城乡生态文明建设。以区域和行业生态示范创建为抓手，打造一批生态文明示范园区、乡镇、社区和绿色低碳产业链，培育一批生态文明建设典型，充分发挥示范引领作用。坚持把重点突破和整体推进作为工作方式。既立足当前，着力解决对经济社会可持续发展制约性强的突出问题，打好生态文明建设攻坚战；又着眼长远，持之以恒，全面推进生态文明建设。

三　规划目标

总体目标。以人与自然和谐为宗旨，依据镇江的现实基础和自然禀赋，将生态文明建设融入经济建设、政治建设、文化建设、社会建设的各方面和全过程，科学构建国土空间开发格局，形成相辅相成的五大体系，①

---

①　五大体系：集约节约的生态经济体系、和谐安全的生态环境体系、幸福安康的生态生活体系、先进文明的生态文化体系以及高效完善的生态制度体系。

形成节约资源和保护环境的空间格局、产业结构、生产方式和生活方式，使全市生态文明理念显著增强，绿色发展水平显著提升，污染物排放总量显著下降，生态环境质量显著改善。到 2020 年形成"三二一"的产业结构，打造"一区、一网、三带、十载体、多节点"的生态文明建设基本框架（见专栏 3-2），努力将镇江建设成为产城融合、环境优美、人民幸福的现代化山水花园城市。

| 专栏 3-2 |

2020 年镇江生态文明建设基本框架

2020 年镇江市将打造"一区、一网、三带、十载体、多节点"的生态文明建设基本框架。

一区。推进镇江南部生态文明先导区建设，努力成为全国生态文明建设示范点。

一网。构建"两廊两片"生态网架。形成长江生态走廊、京杭大运河生态走廊、西部森林生态涵养片和东部农业生态涵养片的生态网架，受保护地占全市土地面积比例达到 18.82%，污染土壤修复率达到 60%。

三带。重点发展沿沪宁线、沿江、沿宁杭线三大生态产业带。

十载体。增强现有载体竞争力，推进现有特色园区提档升级，重点打造镇江"三山"景区、南山景区、赤山湖生态湿地、茅山生态区、扬中西沙岛、新区国家循环经济产业园、中瑞生态产业园、世业洲国家级旅游度假区、镇江综合保税区、国际生命科学产业园十大载体建设。

多节点。建成 20 个美丽宜居小镇、200 个美丽宜居村庄，使 500 个规模以上企业、300 个服务业企业建成生态文明示范企业，并将 80% 的社区、机关、中小学校建成生态文明示范点。

资料来源：《镇江市生态文明建设规划》（2015～2020 年）。

阶段性目标。包括 2015～2017 年近期目标和 2018～2020 年中远期目标。

2015～2017 年为重点推进期。全面完成生态文明建设综合改革建章立制工作，基本形成"生态空间山清水秀、生态经济快速发展、生态环境稳步改善、居民生活幸福健康、生态文化先进文明、生态制度基本健全的生态文明建设良好局面"。初步建立高效的自然生态体系和文明的社会生态体系，公共服务体系基本完善，城乡环境显著改善，生态安全得到可靠保障，全社会生态文明意识普遍增强，人民群众对生态环境满意率明显提高，国家生态文明示范区建设通过考评验收。具体内容见专栏 3－3。

| 专栏 3－3 |

镇江市 2015～2017 年生态文明建设目标

构建安全的生态空间。自然生态系统保护力度得到加强，生态红线区域得到保护和恢复，生态廊道建设初具规模，生物多样性保护初显成效，资源利用效率明显提高，生态安全得到可靠保障。2017 年受保护地占全市土地面积比例超过 22.3%，森林覆盖率达到 26.6%，自然岸线保有率达到 76%。

打造发达的生态经济。积极推进服务业现代化、农业生态化和工业优化升级，着力优化产业结构和发展布局，推行绿色循环低碳的生产方式，大力发展生态产业，形成以科技含量高、经济效益好、资源消耗低、环境污染少、人力资源得到充分发挥为特征的循环型生态经济体系。到 2017 年，单位工业用地产值达到 30 亿元/平方公里，单位工业增加值新鲜水耗低于 17 立方米/万元，单位 GDP 能耗低于 0.52 吨标准煤/万元，战略性新兴产业增加值占 GDP 比重提高到 25%。

营造良好的生态环境。加强环境基础设施建设，强化环境污染防治和风险防范，大气灰霾、异味等突出环境问题逐步扭转，土壤污染得到初步治理，环境质量（水、大气、噪声、土壤）达到功能区标准并持续改善，固体废物资源化和安全处置水平稳步提升，区域环境应急能力显著增强，环境风险得到有效控制，人居环境质量显著改善，基本形成低碳宜居的山水花园城市形象，公众对环境质量的满意率明显提升。到 2017 年，空气质量指数达到优良天数占比达到 70%，地表水好于 Ⅲ 类水质的比例达到 70%，城镇污水集中处理率达到 85%，公众对环境质量的满意度达到 75%。

倡导健康的生态生活。把生态文明的理念融入社会生活的全过程，完善生态生活的基本保障体系，大力倡导绿色生活方式，初步形成绿色消费、节能办公和低碳出行的生态生活新风尚。到 2017 年，新建绿色建筑比例达到 100%，节能电器普及率达到 85%，节水器具普及率达到 92%，公共交通出行比例达到 60%。

培育先进的生态文化。在继承和发扬传统文化的基础上，基本形成具有地域特色的生态文化，通过深入广泛的生态文明宣传和教育，公众生态文明意识显著提高，全社会基本树立尊重自然、顺应自然、保护自然的生态文明理念。到 2017 年，党政干部参加生态文明培训比例达到 100%，生态文明知识普及率达到 80%，生态环境教育课时比例达到 9%。

建立完善的生态制度。体现科学发展观要求的干部政绩考核体系基本确立，政府绿色决策水平明显提高，生态文明相关制度基本完善，企业的环境监管制度基本健全，公众参与机制基本建立，用制度保护生态环境，形成推进生态文明建设的长效机制。到 2017 年，生态环保投资占财政收入比例达到 11%，生态文明建设工作占党政实绩考核的比例达到 23%，环境信息公开率达到 100%。

资料来源：《镇江市生态文明建设规划》（2015～2020 年）。

中远期目标（2018～2020 年）。生态文明建设取得重大进展，绿色发展水平显著提升，生态文明理念深入人心，生态文明制度更加完善，生态环境质量显著改善，人与自然和谐发展，节约资源和保护环境的空间格局、产业结构、生产方式、生活方式基本形成。2020 年生态文明建设综合改革重点领域、关键环节实现突破，建设成为代表全国生态文明先进水平的现代化山水花园城市，基本建成国家生态文明建设示范区。

《镇江市生态文明建设规划》（2015～2020 年）设置指标共六大类 61 项，涵盖了环保部印发的《国家生态文明建设试点示范区指标（试行）》、国家发改委等六部委印发的《国家生态文明先行示范区建设方案（试行）》设置的指标，具体内容见规划文本。

第四节 镇江市生态文明建设战略规划的重要任务

《镇江市生态文明建设规划》（2015～2020 年）提出了构建城乡一体的生态文明建设推进机制等六大任务。

一　构建城乡一体的生态文明建设推进机制

形成绿色生态的城乡发展空间布局。按照"拓展南部、优化沿江、提升中心、整合空间、西翼转型、东翼提升"的思路优化中心城区发展布局，强化核心地位。支持辖市特色发展，丹阳建成文化内涵丰富、江南水乡特色鲜明的现代化工贸城市，句容建成以休闲度假旅游、文化创意等为特征的现代化宜居城市，扬中推进整岛生态化，建成经济发达、民生幸福、生态优良的现代化水上花园城市。推动市与辖市组团发展，中心城区、丹阳市、扬中市构筑东部智慧集聚区，形成"新区—丹阳—扬中"城市新组团，打造全市产业核心区；中心城区与句容之间以优质的生态环境以及生态农业、生态旅游为特色打造西部生态休闲区。

建立生态文明建设先导示范平台。在南部地区打造现代产业集聚、科技人才汇集、城乡统筹发展、生活品质优越的全国生态文明先行样板区，重点发展健康医疗、文化创意、旅游观光等新型生态产业，提高可再生能源利用占比，推广太阳能建筑一体化、太阳能集中供热等工程，所有建筑均达到国家绿色建筑三星级标准，争创全省低碳建筑集聚区。

提升城市生态文明建设水平。加快低碳交通运输体系建设，提高城市公共交通出行比例，城市居民公共交通出行分担率提高至26%。加快实施高桥片区的城乡统筹区域供水工程，实现城乡统筹区域供水全覆盖。继续推进雨污分流改造，完善城市污水处理系统，鼓励城市再生水利用，中水回用比例超过60%。开展生活垃圾分类收集试点，加快推进餐厨废弃物处理工作，建立健全垃圾焚烧、固体废弃物处置、垃圾清洁直运等减量化、资源化、无害化处理体系。城市生活垃圾分类收集率达到30%，城市餐厨废弃物收集率达到40%。推进城市生态园林建设，均衡城市公园绿地布局，提升城市绿地功能，公园绿地服务半径覆盖率达到80%。全面完成省城市环境综合整治"931"行动各项任务，建立长效机制，发挥综合效益，创建一批省城市管理示范路、示范社区，创成省优秀管理城市。

完善农村生态文明促进机制。加强农村生态文明机构队伍建设，每个镇设立生态办公室，配备专职工作人员，建立镇级生态文明建设督导制度，抽调精干得力人员定期派驻乡镇督促检查。进一步加大对农村生态文明建设的投入，健全村庄环境整治长效管理机制，强化农村生活污水处理、垃圾集中收集处理体系等环境基础设施建设，使城镇污水处理率达到95%，生活垃圾无害化处理率达到100%，村庄生活污水处理率不低于70%。建立健全农村生态文明建设长效管理机制，将全市所有乡镇污水处理厂纳入监测范围，有计划地对农村分散式污水处理设施进行抽检，保障运营经费，加强执法监管，确保农村环境基础设施长效稳定运行。

二　加快形成产业绿色低碳发展机制

强化产业绿色低碳发展导向。实行鼓励产业清单引导和负面清单管控，建立落后产能常态化淘汰机制和淘汰落后产能企业名单公告制度。强化项目和产品市场准入机制，严格市场准入标准，确保监管到位。实行有利于开发利用清洁能源、可再生能源的优惠政策。建立健全固定资产投资项目碳评估机制。建立健全企业环保信用体系，及时发布企业环保信用评级结果，对不同信用等级企业，在政府采购、项目招投标、信贷融资、市场准入等活动中，给予区别对待。

强化产业集中集聚集约发展机制。建立以主体功能区规划为统领的"多规合一"制度，按照全省生产力布局，围绕沿沪宁线、沿江、沿宁杭线三大产业带构建一批特色产业园区，促进企业向园区集中，产业向高端集聚，资源高效集约利用，提高单位国土面积的投资强度，形成布局合理、特色鲜明、绿色低碳的产业发展格局。着力打造20个先进制造业特色园区、30个现代服务业集聚区、30个现代农业产业园区。

三　实行资源有偿使用和生态补偿机制

推进资源有偿使用。加快自然资源及其产品价格改革，正确反映市场供求、资源稀缺程度、生态环境损害成本和修复效益。坚持使用资源付费和谁污染谁付费原则，加大差别化资源价格和惩罚性资源价格实施力度。落实耕地保护责任，建立耕地保护补偿激励制度。建立有效调节工业用地和居住用地合理比价机制，提高工业用地价格。

加强生态补偿制度建设。实施主体功能区税收共建共享机制，完善重点生态功能区生态补偿机制，扩大生态补偿范围，推动地区间建立横向生态补偿制度。发展环保市场，积极开展节能量、碳排放权、排污权、水权交易试点，完善排放指标有偿使用初始价格形成机制。建立主体功能区生态补偿机制，加大财政对不同主体功能区之间生态环境损益的补偿与协调，通过产业扶持、协议补偿等方式，积极引导水源地下游地区向上游生态保护地区提供经济补偿。加强水功能区管理，严格执行水质目标交接责任制，强化跨界河流上下游污染补偿监管。设立两级生态补偿专项资金，编制实施市及辖市两级生态红线区域保护规划、生态补偿转移支付办法和资金使用管理办法，并根据财力每年增加转移支付力度。

四 建立资源环境总量控制机制

严格执行主要污染物排放总量控制制度，继续实施结构减排、工程减排、管理减排，确保完成国家和省下达的污染物减排任务。围绕最严格水资源管理制度要求，建立用水总量、用水效率和水功能区污染物限制排放总量控制体系。严格遵循国家供地政策，优化全市建设用地结构，落实建设用地空间管制要求，完善节约集约用地制度体系。按主体功能区配置建设用地、农用地转用计划，新增建设用地计划重点向优化开发、重点开发区域倾斜。严格控制各地区特别是园区碳排放总量，建立重点企业碳排放直报制度。严格执行投资项目节能评估审查和竣工验收制度，到 2020 年碳排放强度降到 1.05 吨/万元。

五 强化生态环境监管和风险防范机制

加强生态环境监管。建立环境综合预警体系，实行环境数据采集、数据分析与发布、预警响应、应急处置四位一体综合预警，建立完善生态环境预警公共信息平台和群体性环保纠纷预警机制。强化基础能力建设，着力完善生态环境统计制度，加强信息网络平台、大数据平台建设，推进建立政府统一的实时环境信息监管平台。实施能评、环评、碳评、安评、稳评等"多评合一"。加大生态文明建设司法保障力度，严格执法，严厉打击生态环境违法犯罪行为。建立完善环境公益诉讼制度，支持对污染企业提起环境污染损害赔偿诉讼。加强环保宣传教育，增强全社会的生态环保法治意识。

防范化解重大环境风险。完善并落实危险化学品环境管理制度和企业环境风险分级管理制度。加强危险废物产生和经营单位的规范化管理。加强涉重金属排放行业管理，强化重金属污染防治、事故应急、环境与健康风险评估制度。加强放射源全过程管理，建立电磁辐射和核辐射安全监管制度。

六　建立生态文明建设投融资机制

拓宽投融资渠道。建立和完善以政府、企业和社会共同参与，多元投入的生态文明建设多元投融资机制，充分发挥财政资金的引导作用，吸引银行、保险、信托等金融机构和民间资本支持环保项目，重点解决大气、水、土壤污染等突出问题。大力发展绿色金融，提高绿色信贷占比，鼓励金融机构支持环境友好型、资源节约型产业发展。积极引导社会资本投向环境治理和生态建设项目。支持生态环保类重点企业通过资本市场募集发展资金。积极争取国家和省专项资金支持。

扩大政府购买环保公共服务。对公益属性明显的生态环保项目，实行"政府承担、定向委托、合同管理、评估兑现"。严格政府购买环保服务资金管理。建立健全环保服务购买监督评价机制，监督评价环保服务效果，并向社会公布结果，让居民享受到丰富优质高效的环保服务。

第五节　镇江市生态文明建设的六大行动计划

《镇江市生态文明建设规划》（2015～2020年）提出了产业升级、环境整治、载体建设、低碳交通、基础能力提升以及生态文化宣传六大行动计划。

一　产业升级行动

大力发展现代服务业。围绕现代旅游、现代物流、文化产业、现代商贸、商务金融、软件信息和科技服务六大现代服务业领域，形成营业收入超100亿元的产业园区15家以上。培育壮大战略性新兴产业。重点围绕高端装备、新材料、新能源、航空航天、新一代信息技术、生物技术与新医药六大战略性新兴产业，规划建设20个产业链完善、创新力强、特色鲜明的先进制造业特色园区。提升生态农业水平。开展无公害、绿色、有机农产品认证，实行标准化生产和农产品全程质量控制，切实保障"米袋子"和"菜篮子"的有效供给及质量安全。推进农业生产方式转变，在种植业农业园区内积极发展畜禽养殖业，通过农牧配套结合、生态养殖等方式实现种养殖有效结合。稳步推进生态循环农业示范工程，探索农业生态循环治理示范区试点项目建设，到2017年，建成生态循环农业示范基地50个以上。加快淘汰落后产能。制定2014～2016年三年淘汰落后产能计划，按照国家和江苏省有关要求，综合运用经济、法律和行政手段，限期淘汰工艺水平落后、污染重、物耗高的产品和技术，淘汰关停小化工企业250家。

二　环境整治行动

重点片区环境综合整治。东部谏壁片区，立足产城融合，一次规划、分步实施，突出企业污染治理，2017年基本解决环境污染突出问题，全力打造基础配套、功能完善、生态良好、特色鲜明的现代产业园区与新型城镇化融合发展示范区。加大对西南片区环境综合整治、丘陵山体保护、大气污染防治、农业生态环境综合治理以及土壤综合整治等，具体内容见专栏3-4。

| 专栏 3-4 |

重点环境整治行动具体内容

西南片区环境综合整治。重点推进企业污染治理和产业转型升级，完善基础设施功能，实施生态环境修复，推进土地整理和镇村整治，2017年基本解决环境污染突出问题，努力打造苏南丘陵山区科技文化、休闲旅游度假区和生态文明示范区。

丘陵山体保护。对全市235座山体（市区26座山体）按照"确保安全、先急后缓、绿化美化、经济合理"的防治原则，严格执行《省政府关于镇江市山体资源特殊保护区划定方案的批复》，多方筹集资金，积极防治，使灾害数量、规模与损失逐年下降。

大气污染防治。大力推进能源结构、产业结构调整，深入开展工业废气、机动车尾气、城市扬尘等污染治理，建立和完善大气污染与监控预警体系，切实改善环境质量。到2017年，全市细颗粒物浓度比2012年下降20%左右，年优良天数率逐年上升，空气质量明显好转，重污染天气控制在较低水平。

农业生态环境综合治理。实施农业面源污染和废弃物综合治理，到2017年，全市测土配方施肥技术推广面积占主要农作物播种面积90%以上，主要农作物专业化统防统治覆盖率超过60%，秸秆综合利用率达96%，规模养殖场畜禽粪便无害化处理与资源化利用率达92%。

土壤综合整治。全面推进土壤污染防治，率先建立土壤污染监测体系，积极开展土壤污染加密调查，有序组织土壤污染治理修复试点示范，进一步提升土壤环境监测监管能力。

资料来源：《镇江市生态文明建设规划》（2015～2020年）。

三　载体建设行动

园区循环化改造。以镇江经济技术开发区国家级园区循环化改造为示范，推进丹阳、句容、丹徒省级园区循环化改造，省级以上开发区全面建成生态工业园区。选择100家企业开展循环经济试点，进行智能化、清洁化、现场管理规范化改造，引领循环经济发展。

示范园区建设。低碳高校园区。建设以高等教育为主体，集科研生产、生活居住、文化休闲于一体的绿色低碳高校园区。非化石能源占园区能源消费比重达14%，全面建设慢行系统。建成官塘APEC低碳示范城镇。实施山体地质灾害防护、物理水处理、生态绿化和回龙水库整治等工程，建立雨水生物截污或生态化处理系统，推广绿色建筑，打造国家级低碳生态示范区。

生态湿地涵养。新增丹阳练湖湿地、焦山长江滩涂自然保护区，争创赤山湖国家级湿地公园和金山湖、丹徒润扬大桥、丹徒江心洲、大港中央湿地等省级湿地公园。

四　低碳交通行动

实施公共自行车服务系统二、三期工程，投放公共自行车5000辆。基本实现CNG（压缩天然气）出租车全覆盖，增加LNG（液化天然气）公交车，促进LNG在公交领域应用。全面淘汰黄标车等落后交通工具。建设"一线多环"有轨电车现代交通体系。

五 基础能力提升行动

建设智能化碳排放数据收集、核算分析、信息发布、运行监管体系，编制碳排放清单。实施低碳管理云平台重点企业全覆盖，实时监测、管理。建设和完善环保监测中心、数据中心和应急中心为一体的环境数据中心平台，完善污染源监管业务平台系统，建设污染源工况监控系统、环境监察移动执法和应急指挥系统。

六 生态文化宣传行动

弘扬生态文明理念，开展"生态文明看镇江"、"生态文明进万家"等宣传活动，不断提升公众生态文明意识，营造"人人参与、共建共享"的生态文明建设氛围。开展生态文明实践与主题教育活动，建设一批生态文明教育基地，将生态教育纳入党政干部培训体系和学校素质教育之中。加强企业的生态环境法律法规培训教育，提高广大干部职工生态环境道德和责任意识。

参考文献

William E. Rees, Mathis Wackernagel, Phil Testemale, *Our Ecological Footprints Reducing Human Impact on the Earth* (British Columbia: New Society Publishers, 1996), pp. 61 – 83.

Hardip et al., "Measuring Sustainable Development: Review of Current Practice," *Occasional Paper* 17 (1997): 1 – 2.

徐中民、张志强、程国栋：《生态足迹的概念及计算模型》，《生态经济》2000 年第 10 期。

赵串串等：《基于生态足迹分析的青海湟水河流域可持续发展能力》，《干旱区域研究》2009 年第 3 期。

徐中民、程国栋、张志强：《生态足迹方法：可持续性定量研究的新方法——以张掖地区 1995 年的生态足迹计算为例》，《生态学报》2001 年第 9 期。

谢鸿宇等：《生态足迹评价模型的改进与运用》，化学工业出版社，2008。

杨开忠、杨咏、陈洁：《生态足迹分析理论及方法》，《地球科学进展》2000 年第 6 期。

张芳等：《上海市 2003 年生态足迹与生态承载力分析》，《同济大学学报》（自然科学版）2006 年第 1 期。

蒲金涌、姚小英、王立科：《天水市生态足迹和生态承载力研究》，《安徽农业科学》
　　2009 年第 22 期。

蒋晓原等：《CeO_2 对 CuO/Al_2O_3 分散状态及催化性能的影响》，《分子催化》1999 年第
　　3 期。

张志强等：《可持续发展研究：进展与趋向》，《地球科学进展》1999 年第 6 期。

镇江市人民政府：《镇江市生态文明建设规划》（2015～2020 年），2014 年 12 月。

镇江市发改委：《镇江生态文明建设综述》，2015 年 11 月 10 日。

镇江市环境保护局：《镇江市 2002 年环境状况公报》，2003。

镇江市环境保护局：《镇江市 2015 年环境状况公报》，2016。

第四章
规划镇江，优化国土空间布局

党的十八大报告提出，优化国土空间开发格局，促进生产空间集约高效、生活空间宜居适度、生态空间山清水秀，构建科学合理的城市化格局、农业发展格局和生态安全格局，严守生态红线。这些目标要求为镇江生态文明建设奠定了坚实的思想基础。

第一节　镇江市主体功能区空间分布

生态文明建设的本质是实现人与自然和谐，主体功能区规划是促进空间配置最优。构建镇江空间开发与生态保护格局，实施主体功能区划分与配套政策，打造镇江生态文明先行区。

一　空间开发与生态保护格局

从镇江打造现代山水花园城市的战略需要出发，按照空间融合、集中集聚、分工有序的原则，《镇江市主体功能区实施规划》（2014～2020）提出构建"一区两带两轴"的空间开发格局和"一廊一带两片"为主体的空间保护格局。

构建"一区两带两轴"的空间开发格局。"一区两带两轴"作为镇江市乃至江苏省工业化和城市化发展的重要空间，具体内容见表4－1。

表4－1　镇江市"一区两带两轴"空间开发格局

类别	内容
"一区"	是指大都市区，包括中心城区、东西沿江地区、丹徒新区和丹阳城区。强化中心功能和发展密度，优化都市空间格局，大力发展高新技术产业和服务经济，加快制造业转型升级，提升镇江中心城市要素集聚、管控和辐射带动能力，充分展示镇江发展的比较优势，建设以古代文化为底蕴、以生态文明为先导、以先进产业为支撑的现代化大都市区，在宁镇扬乃至长三角城市群建设中发挥重大作用

续表

类别	内容
"两带"	是指沿江发展带和沿沪宁发展带。沿江发展带以大都市区的沿江区域为核心，建设镇江最重要的先进制造业基地和区域航运物流中心。以生产、生活、生态岸线合理配置为重点，因地制宜推进岸线及腹地空间有序利用，其中，中心城区充分展示滨江城市的服务特质和景观风貌，东部和西部沿江板块积极推进工业化和城市化的互动发展，长江洲岛以局部开发为主，注重生态环境保护。沿沪宁发展带充分发挥沪宁通道和大都市规模集聚的优势，提升沿线地区产业城镇发展水平，强化分工联系，做大做强沿线重点城镇片区，促进一体化发展，培育其成为功能完善的城市（镇）辐射带，推动镇江进一步加强与上海和苏锡常的融合发展
"两轴"	是指西部发展轴和东部发展轴。西部发展轴依托与南京交界地区融合发展的基础，以吸引南京发展要素、配套南京产业发展为导向，进一步加强与南京的全面对接，打造镇江对接南京、联系中西部的窗口地区和宁镇扬同城化的先行区。东部发展轴依托紧邻苏锡常的区位优势和较强的民营经济活力，积极吸引苏锡常溢出的优质要素和高端产业，打造沿线产业城镇密集区域，使其成为镇江深度融入上海和苏锡常一体化发展的东部门户

构建"一廊一带两片"为主体的空间保护格局。按照镇江市自然地理格局、基本农田保护区和重要生态功能区分布状况，结合现代农业发展方向和生态红线保护要求，形成"一廊一带两片"的生态保护屏障（见图4－1）。

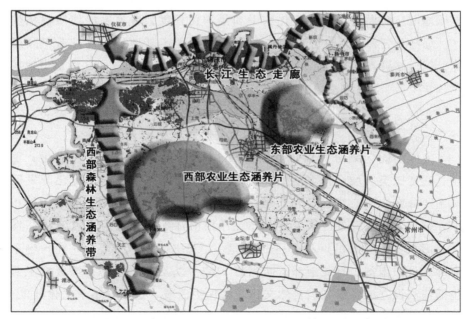

图4－1 镇江市"一廊一带两片"为主体的空间保护格局

资料来源：《镇江市主体功能区实施规划》（2014～2020年）。

"一廊"指长江生态走廊。由长江及周边湿地、滩涂、洲岛重要生态功能区组成，发挥供给水源、调蓄水量、维持生物多样性和景观等重要作用，保护长江水质和水景观，严格控制长江岸线开发强度，保护生态岸线，促进沿江生产生活与长江保护相协调，合理开发利用洲岛。

"一带"指西部森林生态涵养带。自北向南包括宝华山、天王山、茅山、九龙山等山体及二圣水库、句容水库、茅山水库等饮用水源保护区，是长江及太湖上游的水源涵养区。要严格控制丘陵山地开发建设活动，加强天然林保护和植树造林，防止水土流失，保护野生动植物栖息地，保持流域生态平衡，保障水源供给、水量调蓄、固碳增氧、净化空气、保护物种多样性等生态服务功能稳定。

"两片"指镇江西部和东部农业生态涵养片。其中，西部农业生态涵养片主要位于句容东部和南部、丹徒南部以及丹阳西南部的平缓岗地与沿河湖荡地区。要加快农业现代化步伐，丘陵地区重点建设特色鲜果、优质茶叶、花卉苗木生产基地，发展生态型和观光型农业；平原地区重点建设优质稻麦、双低油菜、畜禽、特色水产基地，发展城郊型和体验型农业。东部农业生态涵养片主要位于镇江新区东南部、丹阳东部和扬中南部沿江平原地区。要提高农业设施化水平和集约化程度，努力发展优质粳稻生产、绿叶无公害蔬菜、特色水产和优质肉蛋生产基地，积极打造田园风光，结合旅游资源开发，发展都市型、休闲型和体验型农业，满足当地居民日常生活、农业科普、休闲体验等多元需求。

二 主体功能区划分与配套政策

主体功能区划分。以镇江乡镇（街道）为单元，划分为优化、重点、适度三类区域，将重要生态功能区作为生态平衡区域。优化开发区域主要分布在中心城区、辖市城区和开发强度较高的乡镇，面积共 690 平方公里。重点开发区域主要分布在东西沿江地区和辖市重点经济开发区及周边乡镇，面积共 1883 平方公里。适度开发区域主要分布在句容东南部、丹阳南部、丹徒南部，面积共 1267 平方公里。生态平衡区域主要包括依法设立的各级各类自然文化资源保护区域，点状分布于优化开发、重点开发和适度开发区域之内，主要指自然保护区、风景名胜区、生态旅游区及山体、河流、水库水源涵养区等重要生态功能区和历史文化遗存，面积共 876 平方公里，占全市土地面积的 22.8% 。不同功能区重点发展不同的产业（见专栏 4 – 1）。

| 专栏 4 – 1 |

主体功能区重点发展产业

优化开发区域。重点发展现代服务业和高新技术产业，提高经济开发密度与产出效率，率先形成以服务经济为主的产业结构，限制一般加工制造业发展规模，禁止污染型企业进入。提高城镇综合承载力，增强人口集聚功能，形成与经济规模相适应的人口规模，建设成为全市人口、经济最为密集的区域。

重点开发区域。重点发展先进制造业和现代物流等生产性服务业，促进产业集群发展，引导重大制造业项目向重点开发区域布局，壮大经济规模。增强城镇服务功能，创造更多的就业岗位，为周边农村人口进入城镇创造条件。

适度开发区域。重点发展特色优势农业，鼓励发展生态旅游、商贸等服务经济。因地制宜发展资源环境可承载的加工制造业，推进工业向特色园区集中布局，实施点状集聚开发。合理控制开发强度和规模，加强生态环境保护和修复，保障地区生态安全。

生态平衡区域。加强对自然和历史文化遗产完整性、原真性以及自然与人文景观的保护，禁止工业化和城市化开发，在符合主体功能定位前提下，适度发展生态旅游业。

资料来源：根据《镇江市主体功能区实施规划》（2014～2020 年）相关内容整理而成。

主体功能区配套政策。为确保落实主体功能区制度，镇江从规划管控、产业准入、土地管理、环境准入、财政支持、乡镇（街道）考核等方面制定实施了一系列配套政策。在规划管控方面，强化主体功能区规划顶层设计的总控性地位，提出各级城市总体规划、土地利用规划、经济社会发展规划等应服从主体功能区规划。在产业准入方面，制定了四类区域产业准入指导目录，规定了各区域鼓励发展产业清单和负面清单，引导各功能区按照产业定位发展相关产业。不予审批和支持已列入负面清单的项目。在土地管理方面，明确规定将重点开发区域的土地开发强度控制在 30% 以下，适度开发区域控制在 15% 以下，生态平衡区域以保护为主，严控各类土地开发。在每年新增建设用地计划安排中，优化开发区域占 35% 左右，重点开发区域占 55% 左右，适度开发区域控制在 10% 以内，促进产业"三集"发展。在环境准入方面，对四类功能区提出了严格的环境准入标准。在财政支持方面，建立生态补偿、生态保护财政转移支付和税收共建共享激励三大机制。生态补偿机制以辖市区、乡镇（街道）作为补偿对象，分重点性补偿、基础性补偿和激励性补偿三部分。为此，设立市级和辖市区两级主体功能区生态补偿"资金池"。其中，市级从三个方面筹集资金：市级财政从 2014 年开始统筹年度新增税收财力的 10%，设立生态补偿专项引导资金 3000 万元，以后年度以 2014 年为基数确保每年增长 10%；各辖市区从 2014 年起集中年度财力增量的 5% 纳入市级主体功能区生态补偿"资金池"，以后年度以此为基数按每年 5% 增长；争取中央和省里的生态补偿转移支付资金充实"资金池"。各辖市区相应设立本级的生态补偿"资金池"，专项用于主体功能区生态补偿。在生态保护转移支付机制方面，立足公共服务均等化，通过纵向财力转移和横向财力集中等方式，调整优化市区财政分成体制，加大主体功能区投入力度，构建适合主体功区建设目标的财政转移支付保障机制。在税收共建共享激励机制建设方面，明确了跨功能区的引荐项目实施税收共享和项目搬迁税收分成标准。为使生态补偿标准具有可操作性，镇江市制定了具体的主体功能区生态补偿资金计算方法和生态红线区域名录。在乡镇（街道）考核方面，按照优化开发、重点开发和适度开发三种类型分类考核，按照主体功能分类设置相应的特色发展指标和主体功能区建设指标考核体系。

三　打造生态文明先行区[①]

整合丹徒新城和丹徒经济开发区（谷阳），打造紧凑型城市空间，以健康生活为主线，重点培育集养生疗养、美容健身、健康咨询和管理于一体的健康服务体系，引进与健康产业相关的研发、教育、培训和服务机构，促进高新技术产业与健康服务业融合，共同打造镇江南部以健康生活

---

① 本部分内容来源于《镇江市主体功能区实施规划》（2014～2020 年）。

为核心的城市新中心。

商务商贸集聚区及健康服务中心。按照镇江南部商务商贸副中心和健康服务核心区的建设目标，积极培育发展时尚型和休闲型商贸业态，规划建设大型商业载体，引进国际知名品牌，按照流行休闲娱乐业态形式，发展高端酒店和餐饮业、文化娱乐与数字体验等产业，发展金融、教育、法律咨询、创意设计、科技服务等现代服务业，完善商务服务功能，成为全市商务商贸副中心。积极引入美容保健、健康疗养、体育健身、心理咨询等健康服务企业和机构，吸引与健康产业相关的企业研发中心、国家工程中心和重点实验室等科技创新机构，打造全市健康服务中心。

科教集聚区。十里长山南侧，东临谷阳大道，西近 S243 省道，是镇江市高技术人才培训基地。要充分发挥大学科教资源集聚优势，促进教育与生态新城健康产业发展的良性互动，推动机械设备、生物、食品等学科向健康保健食品、医疗健康器械等方向延伸，强化特色职业学校建设，重点培养美容保健、养生服务、家庭护理、养老特护等健康服务专业人才，为生态新城打造健康之城提供智力支持。

高技术产业集聚区。沪宁高速连接线以东地区，以经十二路南延和沪宁城际三山站建设为契机，推动制造业集聚区向东拓展，加强现有食品加工、机械装备等行业与健康产业的融合发展，推动向营养保健品和绿色食品加工、医疗健康设备、节能环保设备等方向转型，培育与健康服务配套的制造产业集群，打造特色鲜明的高新技术产业基地。

居住配套区。为配套商务商贸和先进制造业发展，在生态文明先行区内形成五个居住配套区。在商务商贸集聚区以东地区，配套高端商务商贸发展，建设高端化、低碳化的国际社区，为高端人才提供居住和生活服务。在商务商贸集聚区北侧依托丹徒新城建设商住配套区，重点加大基础设施、市政公用设施和公共服务设施建设投入，引入中高档百货、品牌连锁餐饮、大型超市及各类酒店，提升综合服务功能。在大学科教区内建设商住配套区，重点引进 3C① 卖场、一站式购物广场等时尚消费功能，满足

---

① 3C 是计算机（Computer）、通信（Communication）和消费电子产品（Consumer Electronic）三类电子产品的简称。

大学生群体的消费需求。在先进制造区内适度发展配套居住和商贸功能。此外，未来随着生态文明先行区东拓，依托沪宁城际站点也要建设居住和商贸配套区。

第二节　协同利用空间资源

集约利用空间资源是生态文明建设的重要内容。"十三五"时期，镇江要推动"两横两纵"协同发展，整合"一城四区"联动发展，科学划分城镇农业生态空间。

一　推动"两横两纵"协同发展

《镇江市国民经济和社会发展第十三个五年规划纲要》将镇江国土空间格局划分为"两横两纵"。"两横"是指沿江发展带和沿沪宁发展带，"两纵"是指沿运河发展带和沿扬马线发展带。

沿江发展带。主动融入长江经济带建设，以 -12.5 米深水航道建设为契机，进一步发挥长江航运及沿江综合交通走廊优势，加快提升港口航运物流功能和产业带动能力，打造若干公铁水交汇、江河交汇、水陆交汇的重要节点，推动江海河陆联运、港产城融合发展，建设成为全市最重要的先进制造业和现代服务业连绵发展带。中心城区依托北部滨水区，积极打造旅游休闲商贸区和历史文化展示区；东部整合镇江新区、扬中、丹阳、京口、丹徒等区域，打造临港先进制造和航运物流特色产业基地；西部整合高新区、宝华、下蜀、高资等区域，打造科技创新和成果产业化基地。

沿沪宁发展带。以沪宁通道为轴，进一步完善镇江生态城、丹阳城区、上党、边城等重要节点功能，加强与苏锡常和南京的联系，建设对接南京、联系苏锡常的特色产业带。西部依托宁镇山地农业和生态资源优势，积极发展都市农业以及特色农产品加工、生态旅游等产业。中部围绕镇丹一体化，打造上党、镇江东站、丹阳北站等新空间，发展先进制造、现代物流等产业，形成沪宁线重要节点。东部依托丹阳农业生产优势，建设一批现代农业产业园区，推动农业规模化、绿色化发展。

沿运河发展带。以京杭大运河为轴线，以苏南运河、丹金溧漕河全面升级为契机，优化运河沿线港口和物流中心布局，突出江河联动，打造若干公铁、公铁水交汇节点，构建沿江与内河港区紧密衔接、支撑互补的航运体系，加快运河沿线腹地产业集聚，推动形成一批临港产业区和综合物流中心。主城区运河段重点发挥文化和景观功能，丹阳城区运河段以高新技术产业为主，配套发展生活居住、专业物流等功能，陵口承担综合物流和专业市场功能，打造镇江南部重要的物资中转中心。

沿扬马线发展带。以扬马城际线和S243省道为轴线，西南与南京江宁禄口机场无缝对接，提升镇江城区对句容的辐射带动作用，打造三次产业融合发展的特色产业带、宁镇扬同城化先行区。依托镇江高校园区打造具有区域影响的科技创新谷，强化对高新区及周边产业发展的创新支撑作用，句容城区提升城市综合服务功能，打造镇江西部和南京大都市区东部副中心，边城重点发展交通新材料和生态旅游产业，郭庄依托区位优势建设跨界新市镇，重点发展装备制造和现代物流业。

二　整合"一城四区"联动发展

中心城区。以主城区、生态新城为重点，推进主城区向南发展，加快镇丹一体化进程，努力将其建设成为以历史文化为底蕴，以生态文明为先导，以现代产业为支撑的城市、生态、产业有机融合的现代化国际化生态都市区。

东部片区。依托镇江新区、扬中及丹阳滨江乡镇，加强区域间融合发展，打造镇江产业发展新高地，推进产业发展、综合交通、服务配套、港产城和生态建设等一体化进程，建设新兴产业发展先导区、长江经济带港口物流核心区、港产城融合发展示范区。

西部片区。以国家级高新区建设为契机，整合宝华、下蜀、高资及丹徒开发区、润州工业园等节点，发挥宁镇交集、紧靠仙林大学城等优势，推动向西部沿江区域范围拓展，实现点、线、面纵深战略发展，以高新技术产业为重点，强化辐射带动作用，将其打造成为全市科技创新和产业化发展的重要基地、引领全市经济增长和转型升级的新引擎。

东南片区。以丹阳城区及南部乡镇为重点，强化与苏锡常融合发展，加快发展新材料、装备制造、健康医疗、电子信息、现代物流和商务商贸等产业，将其建设成为长三角新兴的高新技术产业基地和沿沪宁线先进制造业基地，打造齐梁文化、江南水乡特色鲜明的现代化工贸区。

西南片区。以句容城区及南部乡镇为重点，推进与南京的对接合作，加快发展现代旅游、机电信息、装备制造和特色农业，着力打造以生态休闲、健康养生为特征的现代化宜居区和宁镇扬同城化先行区。

三 科学划分城镇农业生态空间

《镇江市国民经济和社会发展第十三个五年规划纲要》科学划分了镇江市城镇空间、农业空间和生态空间（见图 4 - 2）。

城镇空间。主要分布在优化和重点开发区域，包括主城区、生态新城、镇江新区、高新区、丹阳城区及滨江城镇、扬中城区、新坝、油坊－八桥、句容城区、宝华、郭庄、下蜀等重点城镇发展区域。合理控制城镇开发规模，划定城镇开发边界，推动优化和重点开发区域内的第二、第三产业进一步集中布局在城镇空间，大力培育产业链、产业集群，提高人口经济集聚度，推动城镇空间产城融合发展。

农业空间。主要分布在适度开发区域，部分分布在优化和重点开发区域，分为西部和东部两大片区。西部农业片主要位于句容东部、丹徒南部和丹阳西南部，重点建设优质稻麦、双低油菜、畜禽、特色水产基地，发展城郊型和体验型农业。东部农业片主要位于新区东南部、丹阳东部和扬中南部，重点提高农业设施化水平和集约化程度，打造优质稻米、绿叶无公害蔬菜、特色水产和优质肉蛋生产基地，发展都市型、休闲型和体验型农业。

生态空间。主要分布在生态平衡区域内，主要包括宝华山、天王山、茅山、九龙山等山体，二圣水库、句容水库、茅山水库等饮用水源保护区，长江及周边湿地、洲岛等重要生态功能区。要严格控制丘陵山地开发建设活动，加强天然林保护和植树造林，保障水源供给、水量调蓄、固碳增氧、空气净化、物种多样性保护等生态服务功能。保护长江水质和水景观，严格控制长江岸线开发强度，合理开发利用洲岛，促进沿江生产生活与长江保护相协调，持续发挥供给水源、调蓄水量、维持生物多样性和景观等重要作用。

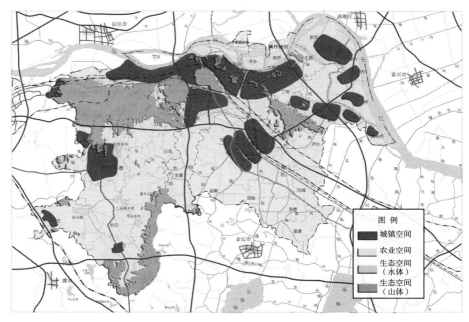

图 4 - 2　镇江市三类空间布局

资料来源：《镇江市国民经济和社会发展第十三个五年规划纲要》。

第三节　强化生态红线保护区

2013 年 5 月 24 日，习近平总书记在主持中央政治局第六次集体学习时强调，在整体谋划国土空间开发布局时，要牢固树立生态红线的观念，划定并严守生态红线。上述论断为镇江市强化生态红线保护区提供了重要的理论指导和思想支撑。

一　生态保护红线的界定与特征

生态保护红线的内涵。《国家生态保护红线——生态功能基线划定技术指南（试行）》（以下简称《指南》）是中国首个生态保护红线划定的纲领性技术指导文件。《指南》指出，生态保护红线是指在自然生态服务功能、环境质量安全、自然资源利用等方面，需要实行严格保护的空间边界与管理限值，以维护国家和区域生态安全及经济社会可持续发展，保障人民群众健康。党的十八届三中全会明确要求划定生态保护红线，建立国土空间开发保护制度。国务院《关于加强环境保护重点工作的意见》提出，要在重要生态功能区，陆地和海洋生态环境敏感区、脆弱区等区域划定生态红线。科学划定生态红线区域，构建与优化国土生态安全格局，对于有效加强生态环境保护与监管、保障生态安全、促进经济社会的协调可持续发展具有极为重要的历史意义和现实意义。

生态保护红线的特征。生态保护红线具有"三线合一"的特征，即生态功能保障基线、环境质量安全底线以及自然资源利用上线。生态保护红线的实质是生态环境安全的底线，旨在建立最为严格的生态保护制度，对生态功能保障、环境质量安全和自然资源利用提出更高的监管要求，以促进经济效益、生态效益和社会效益相统一。生态功能保障基线包括禁止开发区生态红线、重要生态功能区生态红线和生态环境敏感区、脆弱区生态红线。环境质量安全底线是保证空气清新、水质和粮食安全，维护人类生存最基本的环境质量需求，包括环境质量达标红线、污染物排放总量控制红线和环境风险管理红线。自然资源利用上线是促进资源能源节约，保障能源、水、土地等资源利用不突破最高限值。① 生态保护红线具有系统完整性、强制约束性、协同增效性、动态平衡性、可操作性等特征。

二 生态红线区域规划的核心内容②

2013 年 8 月，江苏省政府印发了《江苏省生态红线保护规划》，镇江市列入其中的生态红线区域共 57 个，总面积达 723.83 平方公里，占全市土地面积的比例为 18.82%。镇江市政府为贯彻落实省委省政府和党中央的最新要求，编制了《镇江市生态红线区域保护规划》（镇政办发〔2014〕147 号），设立市级红线区域 14 个，全市生态红线区域面积提高到 857.725平方公里，占全市土地面积的比例提高到 22.3%。《镇江市生态红线区域保护规划》具有明确的指导思想、规划原则、规划目标、区域类型、空间分布以及保护措施。

---

① 自然资源利用上线包括能源利用红线、水资源利用红线、土地资源利用红线等。能源利用红线是特定经济社会发展目标下的能源利用水平，包括能源消耗总量、能源消费结构和单位 GDP 能耗等；水资源利用红线是建设节水型社会、保障水资源安全的基本要求，包括用水总量和用水效率等；土地资源利用红线是优化国土空间开发格局、促进土地资源有序利用等，使耕地、森林、草地、湿地等自然资源得到有效保护。

② 本部分内容来源于《镇江市生态红线区域保护规划》（镇政办发〔2014〕147 号）。

指导思想。贯彻党的十八大精神，以维护并改善区域重要生态功能为重点，协调人与自然、环境保护与经济发展的关系，按照优化全市国土空间布局、推动经济绿色转型、改善人居环境的基本要求，划出对保障全市生态安全有重要意义的生态红线区域，切实加强保护与监管，为提升生态文明建设水平，实现区域经济社会的可持续发展奠定坚实的生态基础。

规划原则。坚持保护优先、合理布局等规划原则。第一，保护优先。以保护全市具有重要生态功能的区域，维护地区生态安全为根本目的，坚持把保护放在优先位置，为推动生态文明建设提供重要保障。第二，合理布局。遵循自然环境分异规律，综合考虑流域上下游关系、区域间生态功能的互补作用，按照保障区域、流域和全市生态安全的要求，明确不同区域的主导生态功能，科学合理确定保护区域。第三，控管结合。针对不同类型的生态红线区域，实行分级保护措施，明确环境准入条件，强化环境监管执法力度，确保各类生态红线区域得到有效保护。第四，分级保护。不同区域类型，按照一级管控区、二级管控区分类、分级进行保护。纳入规划的是对全市生态安全具有直接影响的具有流域性、区域性特征的重点保护区域。第五，相对稳定。生态红线区域关系到全市的生态安全和可持续发展，市级生态红线区域未经镇江市人民政府批准不得擅自调整，省级生态红线区域未经江苏省人民政府批准不得擅自调整。

规划目标。在《江苏省生态红线区域保护规划》的基础上，为切实保护镇江的生态环境，镇江设立了一批市级生态红线区域，并通过生态红线区域保护规划的实施，使受保护地区面积占全市土地面积的比例达到22.3%，形成满足生产、生活和生态空间基本需求，符合镇江实际的生态红线区域空间分布格局，确保具有重要生态功能的区域、重要生态系统以及主要物种得到有效保护，提高生态产品供给能力，为全市生态保护与建设、自然资源有序开发和产业合理布局提供重要支撑。

区域分类。规划共将生态红线保护区类型划分为自然保护区、饮用水源保护区等八大类型，详细内容见专栏 4 - 2。

| 专栏 4 - 2 |

镇江生态红线保护区域类型与区位

自然保护区。包括镇江长江豚类省级自然保护区和句容宝华山自然保护区。

饮用水源保护区。包括长江干流上的市区征润州、扬中二墩港和江心洲丹阳饮用水源保护区，以及水库型的句容北山水库、二圣水库、茅山水库和句容水库饮用水源保护区。

风景名胜区。包括镇江市区内的三山风景名胜区和南山风景名胜区，丹阳市的齐梁文化风景名胜区和季子庙风景名胜区，以及句容市的茅山风景名胜区。

重要湿地。包括沿江重要湿地和湖库重要湿地两种类型。沿江重要湿地：镇江市区的长江（镇江市区）重要湿地，扬中市的长江（扬中）重要湿地，丹阳市的夹江河流重要湿地和丹徒区的长江（丹徒）重要湿地。湖库重要湿地：丹阳市的练湖水城重要湿地，丹徒区的凌塘水库重要湿地、万顷洋重要湿地和横塘湖重要湿地，句容市的赤山湖、墓东水库和虬山水库重要湿地。

森林公园。扬中市的沿江森林公园。

洪水调蓄区。包括镇江市区的古运河洪水调蓄区、运粮河洪水调蓄区、京杭大运河（镇江市区）洪水调蓄区，丹阳市的吴塘水库洪水调蓄区、蛟塘洪水调蓄区、九曲河洪水调蓄区、京杭大运河（丹阳市）洪水调蓄区、丹金溧漕河（丹阳市）洪水调蓄区和香草河洪水调蓄区，句容市的洛阳河洪水调蓄区、中河洪水调蓄区，丹徒区的通济河、谷阳中心河、小金河、胜利河、幸福河、南北大河和世业中心河洪水调蓄区。

生态公益林。包括镇江市区的禹山、彭公山、四平山、嶂山和雩山生态公益林，丹徒区的巢皇山、横山（丹徒）、五洲山、十里长山生态公益林以及曲阳生态公益林、沪宁城际铁路丹徒段生态公益林、扬溧高速丹徒段生态公益林和沪宁高速丹徒段生态公益林，句容市的浮山、九华山、青龙山、空青山、高丽山、青山和九龙山生态公益林。

生态农业产业园。包括丹阳市的延陵行宫生态农业产业园，丹徒区的宝堰生态农业产业园、荣炳生态农业产业园和江心生态农业产业园，扬中市的扬中市丰乐家园现代农业产业园。

资料来源：《镇江市生态红线区域保护规划》（镇政办发〔2014〕147号）。

空间分布。镇江全市共划定省级及市级生态红线区域8个类型71个区域，总面积 857.725 平方公里，占全市土地面积的比例为 22.3%，类型分布详见《镇江市生态红线保护区规划》。其中，省级生态红线区域 57 个，总面积 723.83 平方公里，占全市土地面积的比例为 18.82%；市级红线区域 14 个，总面积 133.895 平方公里。

管控措施。生态红线区域实行分级管理，划分为一级管控区和二级管控区，一级管控区是生态红线的核心，实行最严格的管控措施，严禁一切与保护主体生态功能无关的开发建设活动；二级管控区以生态保护为重点，实行差别化的管控措施，严禁有损主导生态功能的开发建设活动。在对生态红线区域进行分级管理的基础上，按不同类型实施分类管理。若同一生态红线区域兼具两种以上类别，按最严格的要求落实监管措施。

三 积极推进生态保护和修复

构建生态安全格局。按照全市自然地形格局、基本农田保护区和重要生态功能区分布状况，结合现代农业发展方向和生态红线保护要求，形成"一廊一带两片"的生态安全格局。"一廊"指长江生态走廊，发挥供给水源、调蓄水量、维持生物多样性等重要功能，合理利用和保护长江岸线资源，完善长江沿岸防护林建设，保护岸边湿地，合理开发利用洲岛。"一带"指西部森林生态涵养带，是长江及太湖上游的水源涵养区，严格控制丘陵山地开发建设活动，加强天然林保护和植树造林，防止水土流失，保护野生动植物栖息地。"两片"指西部和东部农业生态涵养片，丘陵地区重点建设特色鲜果、优质茶叶、花卉苗木生产基地，发展生态型和观光型农业，平原地区重点建设优质稻麦、双低油菜、畜禽、特色水产基地，发展城郊型和体验型农业。

加强生态红线区域管控。重点加强对自然保护区、集中式饮用水源保护区、清水通道保护区，以及湿地、水体、山林等重要生态系统和自然资源的保护力度。明确各类生态红线区域保护措施，实施分级分类管理，对一级管控区内的建设项目，应叫停并限期拆除搬迁；对二级管控区内的开发建设项目，体量过大的压缩规模，布局不合理的调整布局，对生态环境有影响和破坏的限期整改。

推进自然恢复与生态修复。全面实施山水林田湖自然生态系统保护与修复，有序推进主要生态系统休养生息。加强河湖湿地保护，新建一批湿地自然保护区、湿地公园，治理退化湿地，推进句容赤山湖国家湿地公园和湿地生态恢复工程建设。加强生物多样性及栖息环境保护，建立生物物种资源数据库和种质资源保护繁育中心，实施珍稀濒危野生动植物拯救与特有物种保护工程，建设新民洲生物多样性保护与绿色发展示范基地，严格执行长江禁渔期制度和湖泊休渔制度，防范和控制外来入侵物种。实施山体复绿和宕口治理，加快推进国家级废弃矿山地质环境治理示范工程，重点推进高铁及高速公路沿线、郊野公园、水源地等生态敏感地带及周边矿山宕口的环境治理，分阶段修复和复垦船山矿、韦岗铁矿等大中型矿山和其他已关闭的宕口及废弃矿山土地。鼓励道路绿色设计与施工，对丘陵、水网等生态敏感地区的道路建设，采取工程治理、生物治理等方式修复受损生态系统。

第四节　规划建设镇江市生态新城

根据《国家新型城镇化规划（2014—2020年）》和《苏南现代化建设示范区规划》的要求，镇江全面展开了镇江生态新城的规划和建设工作，明确了阶段性发展目标，2020年拉开生态新城城市框架，2030年把生态新城建设成为具有示范意义的现代化生态新城。

一　建设生态新城的意义

镇江生态新城建设，是深入实施国家生态文明建设战略和建设苏南国家自主创新示范区的重要举措，是推进生态文明、建设生态城市的重要抓手，是探索新常态下城镇生态化发展道路和生态文明建设模式的重大实践。镇江生态新城的建设，肩负着探索城市建设与管理体制机制创新的历史使命，对于促进三线城市实现人与自然和谐发展具有重大的战略意义。

对践行国家生态文明建设战略具有重要意义。镇江生态新城建设紧紧围绕科学谋划空间开发格局、调整优化产业结构、着力推动绿色循环低碳发展、节约集约利用资源、加大生态系统和环境保护力度、建立生态文化体系、创新体制机制、加强基础能力建设等方面开展工作，努力为全国探索出一条具有普遍性意义的可借鉴、可复制的生态文明城市建设路径。

促进国家新型城镇化发展。生态新城建设过程中，将生态文明理念全面融入城镇化全过程，注重城镇化的集约发展、绿色发展和低碳发展，坚持城乡一体化统筹发展，将探索一条以人为本、集约高效、绿色低碳的新型城镇化道路。

推动长江经济带协同发展。生态新城地处长三角核心区，长江岸线达270公里，建设国家级生态新城，打造以经济发达、生态优美为特征的新区域，对于传递和带动长江沿线中西部城市走上经济快速发展与生态环境保护和谐共生的发展道路，加快缩小东西差异，具有重要意义。

促进苏南率先基本实现现代化。《苏南现代化建设示范区规划》明确指出，"在苏南建立经济发达和人口稠密地区生态建设与环境保护新模式，形成绿色、低碳、循环的生产生活方式，为全国建设资源节约型和环境友好型社会提供示范"。镇江生态新城建设，将努力探索一条可借鉴、可复制，以生态特色加快现代化建设步伐的新路径，为全国建设资源节约型和环境友好型社会提供示范。

二　生态新城规划的思路与目标

（一）指导思想与原则

全面贯彻党的十八大和十八届三中、四中、五中全会精神，以科学发展观为统领，坚持四个全面战略布局，以生态领先、特色发展为主线，以生态设计[①]为手段，创新城镇化的发展模式。建设低碳绿色基础设施，构建绿色产业体系，统筹新城不同区域的功能定位，推进生态新城绿色、有序、精致发展，探索以创意城市、智慧城市和生态城市于一体的新型城市

[①] 生态设计是 20 世纪 90 年代初荷兰公共机关和联合国环境计划署（UNEP）提出的一个环境管理领域的新概念，它融合了经济、环境、管理和生态学等多学科理论，是推行循环经济发展模式的有效途径。生态设计是指将环境因素纳入产品设计之中，在产品生命周期的每一个环节都考虑其可能产生的环境负荷，通过改进设计使产品的环境影响降低到最低程度。生态设计的概念一经提出，就受到发达国家政府和企业界的高度重视。1992年，美国技术调查局发布了有关环境协调性产品（ECP）设计的《绿色产品设计报告书》，在北卡罗莱那州设立了 ECP 研究中心，致力于对生态设计的技术开发；德国著名的 Wuppertal 研究所致力于将 MIPS（Material Intensity Per Service Unit）即单位服务的物质集约度概念应用于生态设计中，并得出了"MIPS 最小是生态设计的主要原则"的结论；荷兰以对中小企业生态设计的研究而闻名，在众多的生态设计原则中总结出了实际应用中最有效的 10 项原则。

化道路，努力创造环境导向、智慧管理、产城融合的生态新城建设的"镇江经验"，为全国新型城镇化建设探索实践路径。

建设开发原则。坚持绿色、创新、统筹等开发原则。第一，绿色开发原则。实施绿色发展战略，坚持"绿水青山就是金山银山"的理念，科学规划城市功能和产业布局，促进产业集群、企业集中、要素集约。构建现代绿色产业体系，大力发展循环经济和低碳经济。构建生产、生活、生态相和谐的绿色智慧发展模式，增强生态新城可持续发展的能力。第二，创新开发原则。实施创新驱动战略，协同推进科技创新、管理创新和制度创新。强化科技创新，以高端技术为引领，吸引高端人才，发展智慧产业；强化制度创新，先行先试和示范引领；强化管理创新，探索生态新城的智慧管理新模式。第三，统筹开发原则。推动沿江、沿线区域统筹发展，加强与苏南板块及长江中上游地区的交流合作，实现江河联动。推动港产城协调发展，加强生态新城与港口、周边农区的有机结合。第四，开放开发原则。加快形成与国际惯例接轨的管理服务体系，充分利用国际国内两个市场，吸引集聚优质资源和要素，加强国际合作，以开放促开发、以开发助开放。借鉴复制国外先进生态城镇建设管理经验，打造开放型经济新优势。

功能定位。镇江生态新城的总体定位是三大效益协同的生态示范城，可持续发展能力不断增强，绿色产业体系基本形成，创新创业能力不断提升，新型城镇化道路独具特色，江河交汇促进港产城联动发展，人与自然和谐共处。

生态文明先行区。尊崇"天人合一"的生存智慧，确保生态新城与镇江"现代化山水花园城市"的总体定位相呼应，力促自然生态文明与城市生态文化交汇共融，建设生态文化示范区。倡导"和谐共生"的道德理想，将低碳出行、理性消费等生活方式内植于心，构建绿色生活示范区。强化"集约集聚"资源开发理念，不占用基本农田，通过整理现有建设用地，打造生产生活生态空间优化的低碳新城。倡导"共享发展"的道德理想，开发本源性的生态文化资源财富，建设原住民与新市民共享发展成果的社会和谐示范区。

绿色产业集聚地。顺应知识经济和现代服务业发展要求，按照生态文明、以人为本的理念发展产业，创新经济发展方式，整合内外资源，培育特色优势产业，探索特色组织模式，构建高端化、高附加值化、绿色化的产业新体系，建设各类专业性产业园区和创业载体，打造长三角重要的医疗养生、技术研发、生态旅游和文化创意产业等绿色产业发展基地。

创新创业生态城。以苏南自主创新示范区建设为契机，强化区域创新合作与分工，依托高品质城市环境集聚最有价值的人才及人力资本，推进优势产业关键共性技术创新，充分释放科技人员的潜力与活力，形成有利于出创新成果、有利于创新成果产业化的新机制，推动大众创业、万众创新，不断提高创新型生态新城建设水平。

新型城镇化样板区。全面提升人民的生活质量，加大培训力度，提高人民参与开发与建设的能力，提升人民的收入水平。通过土地使用权的租赁或入股等多种方式，提高农地、绿道和水面的经济活力和价值，打造"从田间到餐桌"的最短食物供应链，保证农民长期的土地收益。探索建立由"资金＋土地＋地产"的土地城市化，转向"战略投资者＋政府＋产业"的新型城市化，走出一条城乡统筹新路子。

江河联动示范区。抢抓"一带一路"和长江经济带建设机遇，发挥镇江江海联运港区和京杭大运河转运组合优势以及公、铁、水、空综合交通优势，创新与沿江沿海城市合作与联动发展机制，优化完善枢纽服务功能，加快提升要素集聚能力，在长江经济带建设中发挥更大作用，打造贯穿沿江、联系京沪、沟通苏南苏北的重要示范区域。

（二）建设基础与规划目标

建设基础。镇江生态新城位于镇江市主城区南部，沪宁高速以北，范围包括镇江市丹徒区和润州区部分地区，总面积约 230 平方公里。生态新城地理区位优越，具备发挥江河联动示范的条件。生态资源丰富，发展潜力大，具备打造国家新型城镇化样板区的基础和条件。地理区位优势突出。生态新城位于长江和京杭大运河的"十"字形交汇处，是长三角辐射带动长江中上游地区发展的重要节点。镇江境内京沪高铁、沪宁城铁等 5 条铁路和沪宁、宁杭等 5 条高速公路穿境而过，距南京禄口、常州奔牛、无锡硕放、扬州泰州、上海虹桥等机场均在一小时车程内，具有良好的区位优势和便捷的交通网络。生态资源禀赋优越。镇江是国家生态文明先行示范区、国家生态市、国家低碳城市试点和江苏省生态文明综合改革试点，生态环境良好。生态新城区位于宁镇山脉末端，北邻 18 平方公里的南山国家森林公园，西靠 23 平方公里的十里长山，区内有 9.6 平方公里的西麓水库。山水资源丰富，地貌形态多元，具备建设国家级生态新城的客观条件。科教资源丰富。镇江是国家创新型试点城市，高新技术产业产值占比居全省首位，拥有江苏大学、江苏科技大学等 5 所高等院校和 30 多所中等技校，在校大学生 10 万人。生态新城内汇集 7 所院校的十里长山高校园区 2017 年即将竣工。发展潜力较大。镇江拥有 270 公里的长江自然岸线，长达 75.1 公里的深水岸线，物流成本、土地成本、房产价格等商务成本在沪宁线上最低，具有较强的产业、人口承载能力，发展潜力较大。

建设目标。到 2020 年，生态新城模块式城市开发建设取得重大突破，基础设施进一步完善，生态文明建设取得较大进展，综合经济实力、辐射带动能力、国内外影响力迈上新台阶，初步形成长江经济带上新型城镇化和生态文明建设示范区域。到 2030 年，生态新城建设成为"业态领先、经济发达"的繁荣之城，"知识密集、人才集聚"的创新之城，"绿色循环、低碳环保"的生态之城，"品质高雅、智能便利"的魅力之城，成为具有典型意义的国家新型城镇化和生态文明建设示范样板。

三　生态新城的空间布局①

生态新城自东向西分为五大模块，分别是"迎春花岛模块、桃花岛模块、杜鹃花岛模块、茶花岛模块和长春花岛模块"，形成张弛自然的空间节奏感，充分展现新城的生态性、立体性以及现代性等特征。

长春花岛模块。充分利用十里长山、仙人湖资源，建设大学城、国际会议中心、研究开发基地等，发展教育、会展、旅游休闲、研发等产业，外围区发展生态旅游农业和畜牧业。工业区主要发展建筑产业及其材料产业，为整个生态新城配套上水厂、垃圾处理场等相关设施。

茶花岛模块。打造徒步立体综合多元的核心城市空间，建设与核心区互动的若干产业园。围绕生态新城的功能定位，建设医疗保健制药产业园区、餐饮食品生物产业园区、文化产业园区、新能源产业园区、设计产业园区以及制造业研发园区。配套建设植物园、水族馆、动物园、运动公园

---

① 本部分内容来源于《镇江生态新城战略规划》。

等，铺设功能性绿道，真正实现产城融合。

杜鹃花岛模块。重点打造杜鹃花岛核心区和环绕核心区的医疗保健制药产业园区、餐饮食品生物产业园区、文化产业园区、IT节能新能源产业园区、设计产业园区和制造业研发园区。间以大面积的水域构成，充分利用现有的地形特征，建设略有起伏的环状绿带。

桃花岛和迎春花岛模块。此模块重点打造上湖桃花岛核心区。充分利用京杭大运河、上湖以及大面积养殖水面等资源，发展以水上客运、货运为核心的旅游休闲、物流仓储业等，建设运河型高端住宅模块，建设以水和湿地为主题的生态公园，着力发展水产养殖业。在工业区内着力培育与路面电车、热电联产、节能创能等领域相关的产业以及食品、生活消费品等。

四　建设生态新城的重点任务

构建绿色产业体系、打造绿色低碳公共交通体系、设计建设绿色生态走廊等，是建设生态新城的重要任务。

1. 构建绿色产业体系

发展绿色低碳产业，打造以现代服务业为核心、以都市工业和生态农业为支撑的特色产业体系。其中，现代服务业在产业结构中占比为80%以上。打造医疗健康产业链条。将着力发展医疗健康、旅游休闲、创意设计等产业。以医疗健康产业园区为依托，发展移动医疗、基因分析、团队医疗、医疗与养老以及医疗与保健等产业；应用互联网思维，以独特的医疗服务带动医疗健康产业的发展；布局应对社会老龄化的医疗服务系统；发展医疗健康研发产业，研究将染色体分析应用在癌症、白血病、痛风、糖尿病等疾病治疗方面的技术；加快新一代互联网技术与生物医学工程技术的融合应用，加强医院数字化系统、远程医疗系统、个体健康信息管理系统等关键技术的研制和产业化。发展教育产业。引进全球先进教育机构，积极发展学前教育；加强高等学校和科研院所与生态新城的企业互动，鼓励联合开展创新，培养各类优秀人才；重视技能教育，培养支撑生态新城各类产业发展的技能专业人才；发展研修培训产业，打造针对政府工作人员、企业中高层管理人员常规培训的研修体制。积极发展检验检测、创意设计、服务外包、跨境电子商务、管理咨询等高科技服务业。发展精致都市农业。在生态新城的外围区域，大力发展生态农业、IT 农业、观光农业、园艺及植物工厂等。发展都市型工业。策应生态新城建设，发展土木、新能源等产业。

2. 建设立体生态新城

促进土地集约利用。以总面积 35% 的开发用地，建设开发空间每平方公里 2 万居住人口的立体城市。紧凑布局生态新城功能区、工作地和居住区，呈现"局部人口高密度、整体开发低强度"的空间结构。集约利用空间资源，依托生态新城的信息流、物流、人才流、资金流等资源，建设专业性的产业园区和国际化社区、学校、医院以及其他服务机构，吸引国内外高端人才集聚，促进企业空间集中。遵循生态设计理念，构建低碳交通体系。实现 50% 的公共交通分担率，城际之间居民出行工具为高速公路和高速铁路，城市内出行工具为 LRT、地铁、巴士、水上巴士等公共交通工具。五模块之间出行主要依靠自行车，在生活区出行以步行和电动轮椅为主。最大限度地降低交通能源消耗，增添城市个性化风采，提高出行效率和安全系数。推广绿色建筑标准。政府投资新建的各类公共建筑，以及大型非住宅新建建筑全面执行绿色建筑标准。采用国内外最新的绿色建筑技术和 3D 打印技术，建设生态新城的住宅模块。鼓励商业地产和工业厂房建成绿色建筑物，探索冬暖夏凉的绿色建筑模式。打造低碳能源结构。推行能源供销模块化，实现高效率分布式能源系统。在五个模块分别设置热电联产系统，提高城市能源效率。推进区域混合能源供应系统建设，最大限度地利用可再生能源，提高能源阶梯综合利用率。实施城市能源管理系统（CEMS），实现能源的高效生产和利用。

3. 建立多元投融资机制

树立经营城市的理念，把生态新城作为最大的资产来经营。探索"负面清单＋特许经营"模式。推行投资领域负面清单管理，完善市政公用产品价格形成机制。对生态新城的基础设施建设从事业型向企业型、从福利型向营利型转轨，放开部分公用设施项目的建设和经营权。有偿使用或转让生态新城的公共设施、广告和冠名权等，全方位拓展生态新城建设资金来源。试点 PPP 融资模式。引导各类社会资本参与生态新城土地开发，新城部分土地可以出让、转让、拍卖、招租、综合开发；引进战略投资者与合作伙伴，支持社会资本参与生态新城的建设和运营，力求不产生新的地方政府债务。鼓励和支持国家政策性银行、国际金融组织加强与生态新城的战略合作，支持发展地方金融，探索推进金融支持生态新城重点工程建设。

4. 创新城市规划和管理模式

实践"多规合一"。生态新城以总体规划统领各类专项规划，将经济社会发展目标任务落实到具体空间板块，实现城市的合理布局和各种功能的科学匹配，实现真正意义上的"多规合一"。探索专家管理城市模式。生态新城邀请全球政治、文化、教育等各领域的知名人士，组成城市管理战略咨询委员会，组建高水平的运营团队，制定城市的运营规则，促进生态新城的开发和发展。实施智慧城市管理模式。实施信息战略，构建以 IT 为基础的城市管理系统，高效、可视、动态地管理与运营生态新城。构建 E-ID 卡系统，制定标准化的窗口服务流程，促进便民服务高效化。构建 E-城市公共服务系统，为市民提供教育、医疗、文化、住宅等服务。构建 E-交通管理系统，为公共交通管理提供优质的运行模式。构建 E-企业服务系统，提供数据模拟、电子商务等全方位服务，减少企业对后台办公的投入成本和法律风险。构建城市 E-能源管理系统，使能源生产和消费状况可视化和可预测，据此设计最优能源供应方案。

5. 统筹城乡发展

促进城乡居民共享发展。尊重自然与历史文脉，生态新城将以主题公园的形式，把槐荫村、报恩寺及周边村落的历史文化遗存打造成江南历史文化体验胜地，发展具有区域特点、民族特色、市场潜力的生态旅游和文化传承展示、民间工艺制作等区域性产业，吸纳原农村居民就业，使原住民共享生态新城发展成果。统筹城乡产业融合。充分发挥生态新城对周边农村的辐射带动作用，以市场为导向，在生态新城的外围区域，发展生态农业、IT 农业、观光农业、园艺及植物工厂等。以高品质农产品加工与科技研发为引擎，促进三次产业联动。以工促农、以城带乡。统筹城乡基础设施建设。全面导入共同沟，将生态新城的水管、煤气管道、电线、电话线等集中铺设在地下通道，以共同沟作为"大动脉"形成连接各个城市模块的网络。同时预留共同沟与周边农村基础管网对接口，支持城乡基础设施有序衔接。统筹城乡公共服务。统筹城乡社会保障，健全多层次、广覆盖的城乡社会保障体系。统筹城乡社会事业发展，使文化教育资源均衡发展。统筹生态文明建设。建立城乡一体的污染防治监控管理体系。

6. 加强生态环境保护

构建生态新城三道绿色生态廊道。第一道生态廊道是五个模块之间的水系和住宅模块的"运河之门",以十里长山的水源作为补充水源。五个核心区周围均由水系环绕,形成模块之间的水系绿色廊道。每个住宅模块被运河环绕,打造安静、安全的社区,发展水上交通和水上运动。第二道生态廊道是绿地,五大模块之间环绕水系的是绿色走廊,社区之间建设绿化带,营造一个郁郁葱葱的美好环境,为徒步、自行车、野营等创造外部条件。第三道生态廊道是环绕生态新城的农地,在生态新城的周边,发展高端农业、观光农业和景观农业,为城市居民提供安全生鲜食品,为生态新城提供生态屏障。

7. 培育区域创新系统

吸纳创新人才。加快十里长山大学城的建设进程,以产业技术研发和实用人才培训为重点,培养生态新城产业发展所需的各种技能人才。加强与上海、苏州、南京等地高校和教育培训机构的合作,共同培养专业硕士研究生,为生态新城的建设和运营储备人才。围绕新兴产业和生态新城发展需求,与江苏大学、江苏科技大学等加强合作,创新人才培养模式,联合培养 MPA 和 MBA 研究生,为生态新城开发提供经营管理人才。建设开放式创新载体。针对生态新城产业发展需求,依托江苏大学、江苏科技大学等高校资源,建设开放性合作实验室,开展关键技术的开放式研发。组建产业技术创新联盟,拓展创新创业服务链条,整合各种资源,吸纳重要用户参与创新和研发。吸引社会力量,建设跨界科技创新平台。加强科技园区、高新技术产业基地、产业研究院及成果转化和知识产权交易等创新平台建设。优化创新环境。促进科技服务业专业化、网络化、规模化发展,营造宽松开放的研究环境。强化科技金融服务,加快生态新城科技和金融资源的集聚与共享,构建多层次、多功能的科技金融服务体系。加强知识产权服务,提供从应用研究到成果转化等创新创业过程中所需的知识产权服务。推广科技保险服务,推进生态新城的高新技术企业和创新创业人员融资便利化。

8. 加强区域合作

创新与上海自贸区合作机制,加强与上海自贸区互动对接,建设上海自贸区的产业协作区和配套区。依托沿江公路与沪宁高速公路及京杭大运河的交汇条件，加强与苏锡常区域的合作，促进商贸流通。加快丹徒综合客运枢纽站建设，依托"宁镇扬同城化"，通过宁杭、沿江高速公路与宁杭、镇宣高铁对接，加强与南京城市圈的合作。加强对外合作开发，提升对外开放载体建设水平，加快建设跨境电子商务平台，提升示范带动作用。主动与西方发达国家的生态城镇建立"友好城市"关系，促进全方位的开放合作。加强与国际知名高校合作，吸引具有国际视野的高层次人才等。

五　建设生态新城的保障措施

生态新城开发建设以改革为先导，以创新为基础，着力破解发展瓶颈，加强组织保障，强化政策引导，健全工作机制。

成立组织机构。推进生态新城建设，是一项长期而艰巨的任务。成立生态新城组织实施部门，有责有权、把握政策、指明方向。进一步解放思想，提高认识，锐意创新，扎实工作，全面落实规划方案提出的各项目标任务，认真总结经验，保障生态新城建设顺利推进。建立生态新城部省际联席会议制度，定期研究解决有关问题。国家发改委等有关部门加强对生态新城开发建设的指导和协调，根据各自职能给予大力支持，并研究制定相关支持政策。组建专门机构做好实施工作，做好与国家有关部门的沟通衔接。协调处理好生态新城与周边区域发展之间的关系，建立统一规划、权责明确、共建共享的合作机制，保障生态新城开发建设顺利推进。

创新管理机制。2016 年 4 月，镇江交通产业集团与上海星景股权投资管理有限公司签署镇江生态新城基金战略合作协议，共同出资设立镇江生态新城基金，标志着镇江生态新城建设全面启动。镇江生态新城基金按照"政府引导、市场运作、科学决策、防范风险"的原则，实行决策与管理分离的管理体制，主要投资于基础设施建设、文化、旅游、生物医疗、健康、养老等产业和领域。镇江交通产业集团与上海星景公司合作，上海星景公司将镇江作为中长期战略布局的重点区域，发挥自身的品牌和资金优势，把握镇江交通产业转型升级机遇，服务镇江经济社会发展。相关各方要加强组织领导，完善工作机制，落实工作责任，制定实施意见。按照《国家级镇江生态新城建设方案》确定的目标任务，积极创造条件，加大工作力度，完善工作机制，有序推进生态新城建设方案的实施。

加大政策支持。加大金融政策支持，加大对生态新城生态建设及科技创新等项目的信贷投放力度；加强镇江与国家政策性银行、国际金融组织开展战略合作；探索推进金融支持重点示范工程建设。加大财政政策支持，对生态新城符合条件的节能减排、循环经济、清洁生产、新能源和可再生能源开发利用、生态系统修复等项目，在安排有关投资和专项资金时予以支持。加强重大项目支持，对重大基础设施和重大产业项目，按照相关政策，在规划编制、产业布局、审批核准等方面给予政策倾斜。支持引进国内外优质教育资源，开展合作办学，培养建设生态新城亟须的各类人才，鼓励留学归国人员到生态新城创业。支持驻镇高校联合国家科研院所成立生态新城研究院等。

镇江生态新城共分五期开发。启动区位于生态新城的东北部，总面积42平方公里，分为南北两个片区。南片区，打造文化创意、旅游度假、现代农业、健康养生等十大功能区域；北片区，形成以科技服务、创意智慧、会议综合和旅游度假为主的四大功能片区。镇江生态新城承载着国家生态新城先行先试的使命，将努力探索一条可借鉴、可复制、以生态特色加快现代化建设步伐的新路径。

参考文献

镇江市人民政府：《关于印发〈镇江市主体功能区实施规划〉及其配套政策的通知》，镇政发〔2014〕34 号。

镇江市人民政府：《镇江市主体功能区实施规划》（2014~2020 年）。

镇江市人民政府：《镇江市生态红线区域保护规划》，镇政办发〔2014〕147 号，2014年 9 月。

镇江市人民政府：《镇江市国民经济和社会发展第十三个五年规划纲要》（2016~2020年），2016 年 3 月。

镇江市人民政府：《镇江生态新城战略规划》。

第五章
低碳镇江，探索低碳城市建设模式

低碳城市是城市可持续发展的具体表现，是生态文明建设的重要内容。本章概述镇江低碳城市实践，研究镇江低碳城市建设方案，分析镇江低碳城市运行机制，探索低碳镇江建设模式。

第一节　镇江市低碳城市建设概述

低碳概念最初产生于经济领域，英国是低碳理念的发源地。本节综述低碳城市的起源与国外实践，分析镇江建设低碳城市的背景，回顾镇江低碳城市的建设历程。

一　低碳城市的起源与国外实践

低碳与低碳经济。"低碳经济"[①]　（Low Carbon Economy）最早见诸2003 年英国政府发表的《能源白皮书》。低碳经济的内容包括可再生能源开发、低碳建筑、低碳交通、低碳电力等。2006 年，前世界银行首席经济学家尼古拉斯·斯特恩呼吁全球向低碳经济转型，并在其主编的《斯特恩报告》指出，如果全球以每年 1% 的 GDP 投入低碳经济，未来可避免每年5% ~20% 的 GDP 损失。

低碳城市与低碳社会。2007 年，日本国立环境研究所等发表的《2050日本低碳社会方案：温室气体削减 70% 的可能性探讨》首次提出了"低碳

---

① 《能源白皮书》指出，低碳经济是通过更少的自然资源消耗和更少的环境污染，获得更多的经济产出；低碳经济是创造更高的生活标准和更好的生活质量的途径和机会，也为发展、应用和输出先进技术创造了机会，同时也能创造新的商机和更多的就业机会。

社会"① 的概念。学术界、国际组织和各国政府同年开始关注"低碳城市"。2008 年 11 月，英国议会通过了《气候变化法案》，自此，英国成为世界上首个为减少温室气体排放、适应气候变化而建立具有法律约束性长期框架的国家，并成立了相应的能源和气候变化部。按照《气候变化法案》，英国 2050 年温室气体减排额度要达到 60%，为此必须大力发展低碳经济。2007 年，美国参议院提出了《低碳经济法案》，表明低碳经济的发展道路已成为美国的战略选择。哥本哈根气候大会于 2009 年 12 月召开，中国宣布到 2020 年单 GDP 的 CO_2 排放要比 2005 年下降 40%～45%，非化石能源占一次能源消费比重约为 15%。低碳经济与低碳城市具有密切关系（见专栏 5-1）。

| 专栏 5-1 |

低碳经济与低碳城市的关系

低碳城市作为一种空间概念，是低碳经济的载体；低碳经济是低碳城市的核心，低碳经济侧重于对不可再生资源消耗及废弃物排放的约束。低碳城市致力于使国民经济更具有竞争力，在不依赖能源和物质大量消耗的基础上，使居民生活在一个空气清新、食品和饮水安全、有足够的闲暇、基础设施完备、人际和谐的城市。诸大建（2011）认为，低碳城市包括两方面的含义，在宏观层面是指经济增长与能源消耗及 CO_2 排放相脱钩。在微观层面，低碳经济包括如下三个方面的经济活动：在投入环节，要用可再生能源替代化石能源等高碳性能源；在转化环节，要大幅度提高化石能源的利用效率，包括提高工业能效、建筑能效和交通能效等；在经济产出环节，要通过植树造林、保护湿地等增加地球的绿化面积，吸收经济活动所排放的 CO_2（碳汇）。但至今为止，国际上尚没有形成广泛共识的低碳城市的概念，也没有公认的评估低碳城市的指标体系。

低碳城市建设的国际实践。新城市主义代表人物卡尔索普在《气候变化之际的城市主义》中，提出低碳城市建设有两种路径，一是以土地

---

① 日本的"低碳社会"是指"由于低碳排放带来气候稳定前提下的富有的、可持续的社会"。

为手段的空间路径，二是以工程技术为手段的技术路径①，并形成了四种低碳城市模式。② 低碳城市的实现需要一定的载体，主要体现在产业、交通、建筑、能源等方面，同时也应从价值观念、消费习惯等方面大力倡导低碳生活方式（张泉等，2009）。西方国家将交通、商业与公用建筑以及住宅能耗作为低碳城市的三大重点领域。欧盟是低碳经济和低碳城市的引领者。2005 年欧盟启动了排放指标、科研经费投入、碳排放机制、节能与环保标准、低碳项目推广等工作，2007 年把低碳经济确立为未来发展方向，并将其视为一场新的工业革命（夏杰，2011），率先推出低碳发展机制，以总量控制为前提的经济手段，如碳交易、碳税等政策工具组合发挥了重要作用。在低碳城市建设方面，斯德哥尔摩被欧盟授予"2010 欧洲绿色之都"的称号，马尔默已建成瑞典最大的光伏发电站，全国大部分太阳能能源都来自马尔默。丹麦首都哥本哈根、德国弗莱堡等城市均为世界著名的低碳城市。伦敦的低碳化战略以低碳建筑、绿色家居服务、低碳公共交通等为特色，伦敦为此制定了碳减排、可再生能源利用等目标，并建立了伦敦气候变化管理局等。柏林、哥本哈根等城市均建立了完善的热电联产和区域供热网络，同时发展微型发电和风力发电等。巴塞罗那规定，所有新开发建设的建筑物均需安装太阳能集热器。

二　我国低碳城市发展概述

有关资料表明，我国单位建筑能耗是同纬度西欧和北美国家的 2 ~ 3 倍，而每年新增的近 10 亿平方米建筑中只有 15% ~20% 执行了建筑节能设计标准。③ 2008 年初，世界自然基金会选定上海和保定作为试点，中国低碳城市实践进入迅速发展阶段。贵阳、杭州、德州、无锡、吉林、珠海、南昌、厦门等城市相继提出了城市低碳化构想，"低碳城市"由此成为我国自"花园城市"、"人文城市"等之后的热词。

---

① 诸大建：《中国低碳城市发展的关键问题》，《中州建设》2016 年第 8 期。

② 四种低碳城市模式：①传统发展，城市蔓延且无技术改进；②绿色蔓延，城市蔓延但技术改进；③简单紧凑，城市紧凑但无技术改进；④绿色紧凑，城市紧凑且技术改进。城市规划研究低碳问题，应优先思考空间路径，走绿色紧凑发展道路。

③ 《城市碳排放建筑占半数，"低碳房地产"将成趋势》，2010 年 5 月 29 日，http://news.xinhuanet.com/fortune/2010 –05/29/c_ 12155961.htm。

在实践层面，"十二五"规划把发展低碳经济作为国家战略，高于履行气候公约的义务。很多城市将发展低碳经济作为城市转型发展的新途径。上海是国内最早开展低碳城市研究和实践的城市，其低碳化有两个特点：一是以崇明生态岛建设为核心，由多元力量（国际机构、非政府组织、中央及地方政府、企业界和研究机构）共同推动低碳发展；二是产学研紧密合作，研究机构在低碳理念传播、相关研究以及规划方面发挥重要作用，企业在低碳城市建设方面发挥实施主体作用。2010 年，无锡低碳城市战略规划获专家评审通过，成为中国首个低碳城市规划。无锡明确提出了碳总量控制目标，通过完善低碳产业战略规划、构建低碳工业体系、培育低碳新兴产业等，构建城市低碳产业体系。

三 镇江建设低碳城市的背景

镇江是江苏省首批国家级低碳试点城市，是全国第二批低碳试点城市，镇江建设低碳城市有其独特背景和发展过程，低碳建设成效显著，由此形成了独具特色的"镇江样本"。

镇江建设低碳城市，是符合历史发展规律和区域区情的科学决断。"十二五"期间，镇江发展理念发生巨大变化，生态文明建设、绿色低碳发展被提到议事日程。在实现"两个率先"的关键时期，发展速度从高速转向中高速，产业结构从中低端转向中高端，增长动力从投资驱动转向创新驱动，镇江把绿色低碳循环发展纳入经济社会发展的战略位置，将生态文明建设作为"八个大力推进"的首要任务。面向未来可持续发展的新要求，唯有创新发展，才能避免动力衰退、低水平循环的"平庸之路"；唯有协调发展，才能避免畸轻畸重、顾此失彼的"失衡之路"；唯有绿色发展，才能避免资源枯竭、环境恶化的"透支之路"。百姓过去"盼温饱"现在"盼环保"，过去"求生存"现在"求生态"。顺应人民群众期盼，让老百姓吃上安全食品、呼吸清新空气、享受优美环境和健康生活，真正使绿色发展成为最公平的公共产品和最普惠的民生福祉。镇江地域面积狭小，但拥有独特的山水文化资源，这是镇江区域竞争的重大优势。建设低碳城市，彰显区域个性，寻求差异化的发展之路，是镇江市委市政府的共同认知。2011 年镇江市第六届人大第五次会议明确提出，统筹利用有限资源，积极申报国家低碳试点城市，2012 年镇江市成功获批国家第二批低碳城市试点。

四　镇江低碳城市建设回顾

镇江市低碳城市建设开始于 2012 年，确立了"2020 年在全国率先达到碳排放峰值"的总目标，计划到 2020 年单位地区生产总值碳排放强度下降到 1.15 吨/万元以下。

2012 年为镇江低碳城市建设元年。编制低碳发展规划和试点实施方案。编制完成了《镇江市"十二五"低碳城市发展规划》、《镇江市低碳城市试点工作初步实施方案》、《镇江市人民政府关于加快推进低碳城市建设的意见》（镇政发〔2012〕80 号）、《镇江市人民政府关于进一步加强节能减排工作促进可持续发展的实施意见》、《镇江市实施转型升级工程的意见》、《镇江市固定资产投资项目节能评估和审查办法》、《关于加强节能评估审查从源头上强化能耗控制的通知》、《关于推进我市万家企业节能低碳行动的通知》等一系列政策性文件，明确了镇江低碳城市建设的总体思路、原则、目标和任务，确定了重点工程，为多层次推进低碳城市建设提供了政策保障。

2013 年组织架构建规立制。成立低碳城市建设工作领导小组，以市主要领导为组长，市相关部门负责人为成员，办公室设在市发改委，负责贯彻国家和省有关方针政策，统筹解决在低碳城市建设工作中遇到的重大问题，对低碳城市建设工作开展情况进行跟踪、监督和评估。镇江市政府印发了《2013 年镇江低碳城市建设工作计划》，明确了碳排放强度下降率、非化石能源占比、节能降耗等十大工作目标，推出了实施优化空间布局行动、低碳产业行动等九大行动任务，并进行了目标任务分解。2013～2015 年，每年分别确定低碳九大行动细化任务 102 项、126 项、120 项，[①] 将年度任务分解纳入年度党政考核之中，确保各项工作有条不紊展开。整合政府《2013 年镇江低碳城市建设工作计划》及低碳城市建设管理云平台，全面直观展现全市温室气体排放情况，实现了低碳城市建设的系统化、信息化和空间可视化。通过碳平台对 48 家重点碳排放企业实施碳资产管理，在线监控企业煤、电、油、气消耗及生产过程碳排放，为企业搭建碳资产管理系统，引导企业实施节能降碳精细化管理，并为政府调控、公众咨询、

---

① 《群众》调研组编《中国低碳发展的镇江样本》，《群众》2016 年第 1 期。

社会监督提供服务。大力宣传人人都是生态文明建设者的理念，使生态文明建设成为全民行动。

2014 年全方位推进低碳城市建设。实施政策试点推进。镇江首次试行投资项目碳排放影响评估，对丹徒区热电联产等项目进行碳排放审查核算。习近平总书记 2014 年 12 月 13 日亲临镇江视察，称赞"镇江很有前途"。低碳城市建设做法被国家推荐到联合国做介绍，镇江低碳城市建设在国内外产生了重大影响。《福布斯》发布的中国大陆城市创新力排行榜镇江列第 19 位。镇江创成国家生态市、国家森林城市，荣获中国人居环境奖。低碳城市"九大行动"的 126 个项目顺利推进，对 48 家重点企业实施碳资产管理，对 166 个固定资产项目实施碳评估，单位 GDP 二氧化碳排放强度同比下降 4.8%。[①]

2015 低碳"镇江模式"走上国际舞台。2015 年 11 月 30 日，联合国气候大会在巴黎举行，习近平主席出席开幕活动，这是中国最高领导人首次出席联合国气候变化大会。镇江作为中国低碳城市代表参加气候变化大会，并作为全国低碳试点城市的唯一代表，成功举办"城市主题日·镇江"主题边会，赢得国际社会普遍赞誉；央视《新闻联播》报道了"探索中国低碳发展之路"的"镇江模式"。"低碳九大行动"扎实推进，全国首朵"生态云"一期工程上线运行，建成光伏发电项目 20 个，并网装机容量 75.3 兆瓦。细化措施，强力落实。按照"强基础、抓示范、明路径、争政策、造氛围、优考核"的工作思路，以"三个率先"为目标，以"四碳"创新为关键，以"九大行动"为抓手，抓好规划引领、目标约束、行动减碳、平台支撑、机制保障等各个环节，推进低碳城市建设走在前、当示范。加快建设国家生态文明先行示范区，推进省生态文明建设综合改革试点，抓好主体功能区产业准入、环境准入和分类考核等六个配套文件的落实，执行最严格的耕地保护和节约集约用地制度，加快构建"一区、一网、三带、十载体、多节点"的生态布局。推进低碳发展。实施新一轮低碳"九大行动"的 120 项任务，加快低碳产业、低碳园区、低碳景区、低碳校园、低碳机关建设，大力推进"金屋顶"计划[②]，使新建筑节能标准

---

① 镇江市人民政府：《2015 年镇江市政府工作报告》。
② "金屋顶"计划是指利用工业厂房屋顶资源建设分布式光伏发电项目。

执行率达100%，力争率先创成全国低碳模范城市。深化生态文明建设综合改革。全面落实《关于推进生态文明建设综合改革的实施意见》，建立健全主体功能区制度和资源有偿使用制度，实施严格的环境准入和生态保护，推进绿色低碳发展，创新管理体制机制，形成可复制和可推广的"镇江经验"。

2016年深入推进低碳城市建设。低碳城市建设是打基础、利长远、惠民生的大事实事，优化顶层设计和战略路径，干在实处、走在前列，推动绿色成为镇江发展的鲜明底色。2016年，围绕率先成为全国低碳示范城市，拓展联合国气候变化大会、中美气候领袖峰会成果，在低碳技术、低碳能源、低碳交通等领域加强国际合作，申请加入C40。2016年11月28日，举办了国际低碳技术产品交易博览会，发布了《低碳发展"镇江指数"》、《镇江低碳小镇建设计划》、《低碳在行动——镇江倡议》等系列成果，国家应对气候变化战略研究和国际合作中心发布了《低碳发展"镇江指数"》。率先打造低碳建设的先行区，重点推动一区、一园、一岛、一镇、一云、一院、一所、一行动的"八个一"建设，即国家生态城镇化示范区、中瑞镇江生态产业园、扬中"近零碳"岛、凤栖低碳小镇、生态云、镇江低碳产业技术研究院、碳排放权交易所以及低碳"九大行动"，全面提升镇江低碳城市建设水平，打造可观、可感、可复制的样板示范。大力推进"产业碳转型、项目碳评估、企业碳资产、区域碳考核"的四碳创新。加快推广LED照明、新能源汽车等低碳产品。推进扬中绿色能源岛建设，争取在省和国家层面立项，新建分布式光伏发电装机容量40兆瓦；瞄准零碳目标，推进雷公岛开发。①

五　镇江低碳建设成效显著

近年来，镇江低碳城市建设初见成效。率先在全国明确提出碳排放峰值时间，构建低碳管理云平台，项目化开展低碳"九大行动"，低碳城市建设得到习近平总书记的充分肯定。"十二五"期间，镇江市单位地区生产总值二氧化碳排放累计下降29.1%，超额完成目标任务10.1个百分点；单位GDP能耗下降5%，"十二五"期间累计下降23.78%，超额完成目标任务5.78个百分点；化学需氧量、氨氮、二氧化硫和氮氧化物四项主要污

---

① 镇江市人民政府：《2016年镇江市政府工作报告》。

染物减排超额完成"十二五"目标任务。[①] 2014 年，全市有 4 个辖市区实现了碳排放的负增长。截止到 2016 年 1 月，镇江已开展了 223 个项目的碳评估，实现降碳 185.42 万吨，节能 75.37 万吨标准煤，[②] 城市面貌焕然一新，天更蓝地更绿水更清。镇江已摸索出一条"产业结构优化辅以能源结构调整"的科学减排路径，2013～2014 年镇江累计关闭化工企业 347 家，淘汰落后产能企业 161 家。一大批企业因"减排倒逼"而转型升级。2015年，镇江单位地区生产总值能耗下降 7.4%，"十二五"期间累计下降25.69%，降幅均列全省第三，并累计完成"十二五"省下达约束性目标的142.7%，进度列全省第二，被评定为"超额完成等级"。镇江实现了生态环境和经济质量"比翼齐飞"，耗能重点企业节能减排出现成功案例，经济增长与生态保护更加协调（见专栏 5 - 2）。

| 专栏 5 - 2 |

江苏鹤林水泥的转变

江苏鹤林水泥曾陷入经济发展与环境保护的两难困境，被"生态云"亮过红灯和黄灯，被开发区管委会约谈，几度面临关停。压力之下，该厂进行了技术革新，在减少污染物排放等方面加大投入。"生态云"的数据监控显示，2014～2015 年，该厂年度减排工程单位粉尘和氮氧化物的排放量均降低了 65% 以上。污染物排放的减少增加了企业的生产效益。目前企业 60% 左右的原料来源于废料，而产量较 2010 年却增加了 89%。鹤林水泥厂的华丽转身，是镇江促进"偏低偏重"产业结构向"调高调优调轻"产业结构转变的缩影。

资料来源：郑晋鸣《建设低碳城市的镇江之路》，《光明日报》2015 年 12 月 17 日。

清洁能源消费占比不断提高。全国法院系统首家办公楼屋顶太阳能发电项目是镇江新区法院的 180 千瓦光伏发电站。镇江新区 3.5 兆瓦地面薄膜太阳能电站是江苏省首个并网发电的薄膜太阳能电站，年均发电量 409

---

① 《今年镇江市实施新一轮低碳九大行动》，2016 年 3 月 22 日，http：//www.js.xinhuanet.com/2016 -03/22/c_ 1118402133.htm。

② 周国洪、吴绍山：《镇江：三个维度创新打造低碳城市样本》，2016 年 2 月 5 日，http：//huanbao.bjx.com.cn/news/20160205/707438.shtml。

万千瓦时。2012 年全市屋顶太阳能热水器利用面积达 900 万平方米。首家家庭分布式光伏电站成功落户镇江句容市，农户屋顶储存电量不仅解决了农户自家用电，多余部分还可并网销售。截止到 2015 年年底，镇江已有约 400 万平方米的房屋屋顶配备了分布式光伏电站。

绿色低碳生活方式显露雏形。镇江公共交通低价便利，5 毛钱即可乘公交，淘汰 1 万多辆老旧机动车。2015 年镇江已有公共自行车站点 487 个，11790 辆自行车，办卡量超过 10 万张，使用人次近 200 万。市民骑车公里数若折算成自驾车出行，相当于每年减耗汽油 318 万升，减排二氧化碳约 6624 吨（曹当凌，2015）。酒店旅馆全面限制一次性用品，低碳生活逐渐成为全民生活方式。

生态新城建设全面启动。镇江率先实现省级以上园区循环化改造全覆盖，节能考核跻身全省前三名。谏壁片区和韦岗片区的环境综合整治深入推进，韦岗片区关停污染企业 128 家，谏壁片区完成重点企业治污项目 103 个。"一湖九河"水环境综合整治基本完成。太湖水治理考评得分位列全流域第一。实施 73 项大气污染防治工程，全市空气质量良好以上天数占比达 70%，PM2.5 平均浓度下降 13%。

第二节　镇江市低碳城市建设路径

镇江低碳城市建设自然条件优越，但产业结构偏重。科学谋划镇江低碳城市建设路径，实施"九大行动"计划，科学设计镇江低碳城市建设方案。

一　镇江市低碳城市建设基础

自然条件优越。镇江以"城市山林"、"真山真水"著称，长江岸线达 270 公里，河流 60 余条，总长 700 余公里。湿地总面积约 4.2 万公顷。水库湖泊众多，水域面积 526 平方公里，占全市土地总面积的 13.7%。森林资源丰富，2010 年全市森林碳贮量 372 万吨，每年可吸收二氧化碳约 15 万吨，[①] 为镇江建设低碳城市奠定了良好的碳汇生态基础。

产业结构偏重。由于多种原因，镇江产业结构偏重，2015 年第二产业产

---

① 镇江市人民政府：《镇江市低碳城市试点工作实施方案》，2012 年 10 月。

值占比为 49.3%，高于第三产业占比 46.9%。从工业结构看，电力、冶金、石化、建材等重化工业产值占比较高，经济增长对重工业的依赖度较大，战略新兴产业占比有待提高，工业结构亟须持续优化。从企业结构看，化工企业存在规模偏小、产品层次低等问题。工业能源消费占比较高，2014 年工业能源消费总量占全市能源消费总量的 80% 以上，工业排放在全市 PM2.5 来源中占 39.5%。2015 年工业能源消费占全市能源消费总量的 80% 以上。

二 低碳城市建设的理论与目标

建设理论。建设低碳城市，城市经济要以低碳为发展方向、市民生活要以低碳为行为特征、政府管理社会目标要以低碳为建设蓝图，重视在经济发展过程中代价最小化、人与自然和谐相处等内容。低碳城市规划，首先是确定合理的低碳发展目标，碳排放与城市发展阶段密切相关；其次是明确重点领域，低碳城市规划应着重关注空间布局、产业、建筑、交通和基础设施五大领域；最后是建立适当的保障机制，通过目标考核机制、市场机制和舆论引导，保证低碳规划的实施。开发低碳能源是建设低碳城市的基本保证，清洁生产是建设低碳城市的关键环节，循环利用是建设低碳城市的有效方法，持续发展是建设低碳城市的根本方向。

建设目标。低碳产业进一步壮大。基本建成以现代服务业、先进制造业与现代高效农业为主体的，技术领先、资源节约、环境友好的低碳产业体系。城市功能分区布局合理，低碳建筑、低碳社区、低碳交通出行等重点领域的低碳化效果显著，低碳城市建设与管理模式初步形成。探索建立能源消费总量控制制度，并逐步加强其约束力度，制定重点行业、企业碳核算方法，逐步推行碳排放权交易，努力把镇江建设成"特色鲜明、品质高雅、业态领先、令人向往"的现代化山水花园城市，为力争 2020 年在全国率先实现二氧化碳排放总量达到峰值奠定基础。

三 低碳城市建设的"九大行动"

镇江以全国低碳城市试点为抓手，2013 年以来每年持续实施优化空间布局、发展低碳产业、构建低碳生产模式和低碳能源等"九大低碳行动"。将九大低碳行动细化分解为若干项工作，并细化年度目标任务，全方位推动低碳城市建设。2016 年镇江实施新一轮"低碳九大行动"，细化分解为

146 项任务，制定了碳排放、绿色交通出行等十个方面的主要目标。

1. 优化空间布局

率先编制完成《镇江市主体功能区规划》和《关于推进主体功能区建设的实施意见》，配套推出产业准入、环境准入以及规划引导等六大政策。率先试点"多规合一"，实施推动城市总体规划与土地利用总体规划和主体功能区规划衔接。修改完善全市低碳城市中长期发展规划，推进各辖市区编制本地低碳发展规划。积极争创国家级高新技术产业开发区和国家级综合保税区。① 推进中瑞镇江生态产业园建设，一期"中瑞创新中心"项目投入使用。出台《加快镇江生态文明先行区的建设意见》，编制完成《生态新城核心区（11.1 平方公里）规划》，全面开展启动区建设。实施《镇江市低碳高校园区建设规划导则》、《镇江市低碳高校园区建设实施细则》及《镇江官塘新城低碳规划》。推进产业集中集聚集约发展。推进 20 个先进制造业特色园区建设，实现销售收入占全市规模以上制造业销售收入的 48% 以上。推进 30 家市级现代服务业集聚区建设，实现营业收入占现代服务业营业总收入的 50% 以上。推进 30 个现代农业园区建设，实现产值占现代农业总产值的 40%。加快建立完善财税分成、利益共享的产业"三集"发展机制。

2. 发展低碳产业

大力发展低碳型战略性新兴产业。重点发展高端装备制造、新材料、航空航天、新能源、新一代信息技术、生物技术和健康六大低碳型战略性新兴产业。加快发展现代服务业。整合旅游资源，推进旅游市场化建设步伐，扩大 4A 级旅游景区、省四星级乡村旅游区和省级特色旅游示范区（镇、村）。扩大现代物流业②、文化产业的产值规模。引进股份制商业银行。加快发

---

① 2014 年 11 月根据《国务院关于同意支持苏南建设国家自主创新示范区的批复》，镇江高新技术产业开发区升级为国家高新技术产业开发区。国务院以国函〔2015〕13 号文件批复同意镇江出口加工区整合优化为综合保税区。

② 惠龙易通国际物流股份有限公司，被称为物流供应链的"整合者"，是镇江物流行业企业低碳转型的典型案例。惠龙易通 2003 年起专注于发展物流电商，构建了惠龙易通货物运输集中配送电子商务平台。该公司于 2011~2014 年投资 2.6 亿元人民币建设打造了全国性的智能化货物运输集中配送电子商务平台。平台协同引入了保险、电信、银行三大运营商的总部，共同整合全国的空驶车船运力帮助货方承运各种商品，做到空驶运力与待运货物的信息在线预报、智能实时配对、在线网签承运合同、在线收发货电子单证回笼、在线运费收付、在线理赔、在线跟踪呼叫调度服务，实现全国一张网、货物集中配送全覆盖。该平台自上线以来，货方会员的运费支出降低 30%，车船返程顺带的运费收入增加 70%。

展现代农业，推进30家现代农业产业园区实现总产值330亿元，农业基本现代化综合得分81分以上。加快传统产业升级改造（见专栏5-3）。

| 专栏5-3 |

加快传统产业升级改造和化解产能过剩

运用低碳技术和信息化技术，加快改造提升机械、化工、轻工等传统产业。深入开展信息化和工业化"两化融合"示范试点，2014年力争工业企业应用信息技术开展设计、生产、管理的比例达到80%，应用电子商务的企业比例达到50%。关闭小化工企业50家以上，淘汰"高耗能、高污染"落后产能企业30家，对单位产品（工序）能耗超限额和仍在使用国家明令淘汰设备的企业，实施惩罚性电价或淘汰类差别电价。化解产能过剩矛盾，其中压缩钢铁产能总量20万吨以上、水泥（熟料及粉磨能力）产能100万吨以上。推进4个高污染燃料禁燃区建设，在划定的4个高污染燃料禁燃区内，对10蒸吨/小时及以下的高污染燃料锅炉实施清洁能源、可再生能源、热电联产机组替代或淘汰，对10蒸吨/小时以上的不能稳定达标排放的锅炉实施烟气污染治理设施提标改造或实现清洁能源、可再生能源替代等。

资料来源：《镇江市人民政府办公室关于印发2014年镇江市低碳城市建设工作计划的通知》，http：//www.fae.cn/fg/detail573371.html。

3. 构建低碳生产模式

加大清洁生产力度。加强生产过程中节能、节水、节电、节材等降碳先进技术、工艺的推广和应用，完成自愿性清洁生产审核企业40家，全市大中型工业企业清洁生产审核通过率超过75%，完成省下达的强制性清洁生产审核目标任务。加快园区循环化改造。完成镇江经济技术开发区国家级园区循环化改造示范试点建设任务，丹徒、丹阳、句容经济开发区省级园区循环化改造取得明显成效。推进丹阳后巷循环经济园区等省级"城市矿产"试点示范建设。加快节能减排重点项目建设（见专栏5-4），确保实现年节能10万吨标煤以上。开展"万家企业节能低碳行动"，确保年节能20万吨标煤以上。实施全市电机能效提升计划，推进淘汰1998年以前生产的Y系列在用低效电机。实施丹徒、征润州污水处理厂扩建和东区污水处理厂建设，新增污水处理能力 5 万吨/日，实施中水回用工程，日利用中水 0.5 万吨。实施一批低碳示范项目，2015 年 2 月，官塘片区成为国家首批 8 个低碳城（镇）项目之一。官塘片区地处镇江市主城中南部，北接老城区，南邻丹徒新城，西北与南山风景区紧密相连，东部为丁卯科技城，总用地面积 13.92 平方公里，规划居住人口 15 万人。作为镇江低碳城市建设的重要载体，官塘片区依托南山、安基山、四平山、大莱山、回龙水库、四明河等优越的生态环境与资源，通过系统的低碳规划建设，致力打造"山水花园城市样板区"、"国家级低碳示范区"。

4. 严格项目准入门槛

研究制定《镇江市主体功能区制度产业准入管理暂行办法》和《镇江市主体功能区制度环境准入管理办法》。全面实施《镇江市固定资产投资项目碳排放影响评估暂行办法》。加强固定资产投资项目节能评估审查和竣工验收工作，严控化工、建材、冶金、燃煤电力等高碳行业产能增加，探索建立能源消耗和碳排放总量控制预警机制（见专栏 5 - 4）。

| 专栏 5 - 4 |

促进高碳行业节能减排

镇江市政府编制发行《镇江市固定资产投资项目碳排放影响评估暂行办法》（镇政发〔2014〕8 号），加强固定资产投资项目节能评估，严格控制化工、建材、冶金、燃煤电力等高碳行业产能增长。推进钢铁、化工、建材、电力等主要耗能行业节能减排，组织实施燃煤锅炉（窑炉）改造、余热余压利用、能量系统优化等工程，开展"万家企业节能低碳行动"。推进发电设施低碳化，完成煤电企业发电机组节能环保改造项目，适时有序推动谏壁电厂、高资电厂发电机组"上大压小"改造工程，建设绿色环保燃煤机组。建设高污染燃料禁燃区，限制中心城区燃煤使用，实施清洁能源、可再生能源、热电联产机组替代或淘汰。推进"感知能效、智慧监管"，实施智慧节能减排工程。加快节能服务体系建设，培育壮大本土化专业节能服务公司。2015 年，镇江市节能工作在省政府组织的考核中综合得分进入全省前三名。

资料来源：《镇江首次跻身全省节能考核三甲》，中国江苏网，http://jsnews2.jschina.com.cn/system/2015/10/16/026639756.shtml。

5. 实施碳汇建设行动

新增绿化造林 3 万亩,建成 35 个村庄绿化示范村,力争创成国家森林城市。完成国省干线公路环境整治和绿化 100 公里。"十二五"期间累计造林面积 21.5 万亩,林木覆盖率达 26.5%,加强碳汇林建设。打造绿色生态健康居住区,新建小区绿化率超过 30%。加快沙山、四平山等 5 座山体公园建设。加强城镇街道、广场、公园绿化,实施城市立体绿化。加强对自然保护区、森林公园和重要山体等生态功能区保护。积极开展湿地恢复与保护工作,实现自然湿地保护率 42%以上。强化饮用水源地保护,确保饮用水源地水质达标率 100%。加强高标准基本农田建设,在农业治理区、高标准粮田建设区和万顷粮田建设区建成 100 万亩高标准基本农田。全方位保护生态功能区。

6. 实施低碳建筑行动

严格执行建筑物节能强制性标准,新建建筑节能标准执行率达到 100%,实施建筑节能 65% 的设计标准。实施建筑节能改造和监测。加快建筑节能改造,完成既有居住建筑 8 万平方米和公共建筑 35 万平方米的节能改造。推进可再生能源建筑规模化应用,完成可再生能源应用建筑面积 170 万平方米。开展建筑节能能效测评工作。推进绿色建筑示范。大力推广绿色建筑,重点推进镇江新区、润州官塘片区、南徐新城、大学城以及省级以上绿色建筑示范区执行绿色建筑标准,完成绿色建筑 100 万平方米,创建"江苏省绿色建筑示范市"。推动建筑工业化和住宅全装修,完成模块建筑 5 万平方米。实施近零碳工程,推进国家级"绿色零碳岛"项目建设。

7. 实施低碳能源行动

加快普及天然气、水能等清洁能源利用。加大燃气、污水处理等管网向乡村延伸,向乡村铺设污水管网 5000 米。推进丹徒天然气热电联产项目建设,加快建设句容抽水蓄能电站项目,推进页岩气开发勘探相关前期工作。推广运用新能源。优化能源消费结构,严格控制煤炭消费总量,设立总量控制试点。研究制定煤炭消费总量控制方案,将总量分解至各重点行业及重点企业,实行新、扩、改项目煤炭消费等量或减量替代,控制煤炭消费总量。推广使用天然气、太阳能等清洁能源,推动太阳能光热利用、光伏发电协同发展和规模化发展。推进太阳能光伏项目建设，备案分布式光伏项目 50 兆瓦以上。推进秸秆发电、造粒（燃料）等综合利用工程。实施省级餐厨废弃物无害化处理和综合利用试点，建设餐厨废弃物处理中心一期项目。加快推进垃圾焚烧发电厂一期扩建项目。加快实施以沼气发电为主的农村清洁能源建设。推进绿色照明。推行道路照明改造试点使用 LED 节能灯具，在机关、学校、医院等单位推广运用 LED 节能灯等节能产品。推进镇江新区商贸核心区、官塘片区、高校园区等执行绿色建筑标准，鼓励发展家庭太阳能光伏电站。推动智能电网应用示范，开展电动汽车充电站、充电桩的建设和示范运营，推动工矿企业、智能用电小区、智能家居控制系统研究及示范应用。加快发展集中供热系统，扩大供热范围。划定高污染燃料禁燃区，区域内禁止燃烧高污染燃料，禁止直接燃用生物质燃料。2017 年完成镇江市区、丹阳市、句容市、扬中市城市高污染燃料禁燃区建设，高污染燃料禁燃区覆盖城市建成区面积 80% 以上。

8. 实施低碳交通行动

2014 年镇江市正式成为国家级低碳交通试点示范城市。编制实施了《镇江市建设绿色循环低碳交通运输城市区域性试点实施方案》，该实施方案涉及 48 个项目，涵盖绿色循环低碳综合交通运输建设工程、绿色循环低碳公共交通示范工程、节能环保运输装备推广工程、集约高效交通运输组织模式示范工程、绿色循环低碳交通基础设施建设工程、官塘新城综合示范区建设工程、智慧交通建设工程、绿色循环低碳交通能力建设工程 8 大门类。坚持"公交优先"发展战略。继续实行公交扶持，15 公里内乘坐 0.5 元。新改建农村公路 300 公里，镇村公交开通率达 100%。推进交通工具低碳化。建设市区公共自行车服务系统二期工程，新增 3000 辆公共自行车。扩大新能源公交车和新能源长途客车投放规模（见专栏 5-5）。推进全市船舶使用液化天然气。加快老旧机动车淘汰报废工作。推进低碳示范道路建设。加快交通运输部低碳高速公路示范项目（镇江新区至丹阳高速公路）、交通运输部低碳国省干线公路示范项目（312 国道镇江城区改线段）和官塘低碳新城低碳城市道路示范项目建设。实施低碳水运工程。加快低碳镇江港建设，港口生产单位吞吐量综合能耗下降 1.6% 以上。

| 专栏 5 - 5 |

镇江低碳公共交通

镇江大力推广环保新能源客车，截至 2016 年 3 月，全市共有 298 辆新能源客车用于班线和旅游包车运输，298 辆新能源客车以电动或 LNG 燃料为主，占镇江市所有营运客车的 19.56%。根据全国低碳交通试点城市的相关要求，镇江还将进一步推广使用新能源客车，预计"十三五"期间，将逐步淘汰高耗能、高排放、高污染的老旧营运客车，到 2020 年，全市新能源客车占比将达到 30%。以 1 辆新能源电动客车代替 1 辆传统能源客车，1 年可以减少 69 吨二氧化碳排放，对于 PM2.5、碳氢化合物、二氧化硫等有害物质可实现"零排放"，既能助推低碳镇江建设，又能为旅客提供舒适的乘车环境。

资料来源：《今年镇江市实施新一轮低碳九大行动》，2016 年 03 月 22 日，http://www.js.xinhuanet.com/2016 - 03/22/c_ 1118402133.htm。

9. 实施低碳能力建设行动

加快平台建设。完善镇江低碳城市建设管理云平台，在全市重点用能企业开展能源消耗和碳排放实时监测、管理工作，按照国家和省级温室气体清单编制指南，编制全市及辖市、区碳排放清单。推进低碳计量技术研究平台、低碳计量检测技术服务平台、低碳单位论证和低碳产品认证咨询服务平台建设。成立低碳发展协会。筹备成立镇江市低碳发展协会，搭建政企学研沟通平台。实行公共机构重点用能单位管理制度。对公共机构进行分类和分片管理，按市级单位年消耗 50 吨标准煤、辖市区 20 吨标准煤确定各地区的重点用能单位，并对重点用能单位在节能规划、节能管理、节能措施和保障监督等方面实行标准化、规范化管理。探索建立生态补偿机制。落实生态补偿基金，开展生态补偿试点，制定市域生态红线保护规划及保护管理方案，对不同主体功能区排污权有偿使用和交易实行梯度价格。加强低碳培训。将低碳发展理念纳入党政干部培训课程，将低碳知识纳入中小学教学课程，开展低碳业务知识培训，提高低碳发展水平。提升低碳城市服务水平。加大关键共性技术攻关，组织实施一批节能技术推广应用示范工程。开展节能专项执法等行动，以行政或法律手段，淘汰钢铁、水泥等落后产能。

10. 实施构建低碳生活方式行动

加强低碳宣传。围绕低碳城市建设，制定宣传方案，积极开展低碳系列宣传活动。组织开展低碳日、地球熄灯一小时等低碳宣传活动，在全市社区和大中小学大力开展低碳系列宣传活动。开展示范试点创建。开展低碳企业、机关、学校、社区、景区、村庄等低碳示范试点创建工作，开展"美丽乡村"创建活动。提升城市管理水平。对151条主次干道建立"街长制"，延长夜间保洁时间。开展城市环境综合整治，集中对渣土车、人力客运三轮车，并配合货运车和犬类管理等方面存在的问题开展专项整治，建立长效管理机制。加强鼓励引导。落实国家相关财政补贴政策，做好资金拨付和监管工作。推进资源性产品价格改革，促进低碳生活方式早日养成。

第三节　创新低碳城市运行机制

强化低碳城市顶层设计，坚持规划先行，协同市场力与行政力，全方位创新低碳城市建设与运行机制。

一　强化低碳城市顶层设计

坚持顶层设计规划先行。规划先行与明晰边界。2013年率先规划实施主体功能区制度，优化生产力空间布局。选取句容市开展"多规合一"试点，综合考虑资源禀赋、环境容量、承载能力等因素，以乡镇（街道）为基础，把全市划分为优化开发、重点开发、适度开发、生态平衡四大区域，统筹谋划人口分布、经济布局、国土利用和城市化格局。编制生态红线区域保护规划，划定总省级及市级生态红线区域，控制开发强度在28%左右。优化产业结构和空间布局。发展低碳产业、环境保护产业、战略新兴产业，提升优化传统产业，发展现代服务业和生态农业。规划建设若干"三集园区"，推动产业集中集聚集约发展，优化产业空间布局。落实责任主体。构建市生态文明建设委员会框架，推进生态文明建设办公室实体化运作。层层签订生态文明建设责任状，出台推进生态文明建设综合改革的实施意见、建设重点任务实施方案，以及法治保障、工作纪律保障、问责办法等一系列政策举措，促进低碳发展责任落实。

二　创新低碳城市建设机制

构建四碳管理体系，扎实开展"四碳创新"。建设碳平台，对全市重点碳排放企业进行在线监测，同步推进全市生态环境数据加载，把碳平台拓展成为生态环境建设云平台。建成全国首朵"生态云"，使生态文明建设可观、可感、可监控、可考核。实现了低碳城市建设与管理工作的科学化、数字化和可视化，摸清了城市碳家底。管理碳资产，扎实开展重点企事业单位碳直报工作，建立碳排放统计工作体系，为开展碳交易做好基础工作。开展碳评估，在全国率先实施碳评估，出台了《镇江市固定资产投资项目碳排放影响评估暂行办法》（镇政发〔2014〕8号），全面实施固定资产投资项目碳排放评估暂行办法，从源头上控制高能耗、高污染、高排放项目。探索建立"碳补偿"机制，将其作为黄灯项目的整改措施，纳入固定资产投资项目碳评估体系。实行碳考核，以县域为单位，制定全市碳排放目标责任考核制，建立碳排放总量和强度双控考核制，将考核结果纳入全市目标管理考核体系，发挥考核评估指挥棒的导向引领作用。开展重点碳排放企业在线监测。对年碳排放2.5万吨（及以上）二氧化碳当量的48家重点碳排放企业进行在线监测，实现企业碳资产精细化管理，为参与全国碳交易奠定基础。

实施低碳倒逼机制。在全国率先开展城市碳排放峰值研究，根据历史数据，综合考虑人口、GDP、产业结构、能源结构，利用全市碳排放变化趋势分析模型，确定2020年左右实现碳排放峰值的战略目标，构建了碳排放峰值实现的倒逼机制。构筑促进镇江低碳产业发展的"防火墙"，对多项固定资产投资项目开展碳排放影响评估。实施碳评、能评、环评等"多评合一"，率先实施碳排放总量和强度双控考核制度。

优化考核机制。2013～2015年，每年分别确定低碳"九大行动"细化任务102项、126项、120项，并将任务分解纳入年度党政目标管理考核体系，确保各项工作有序开展。调整优化国民经济和社会发展指标体系，增加"三集"园区产值收入占比、战略性新型产业收入占比、落后产能淘汰率、空气质量、城镇绿化覆盖率等生态指标，加大服务业、文化产业、单位GDP能耗、污染排放等指标权重，切实发挥绿色考核的导向作用。

三　丰富低碳城市建设载体

建设全国首朵"生态云"。2013 年以来，镇江综合运用云计算、物联网、智能分析（BI）、地理信息系统（GIS）等先进信息化技术，在全国首创开发运营低碳城市建设管理云平台。2015 年进一步整合国土、环境、资源、产业、节能、减排、降碳等数据资源，打造上线全国第一朵"生态云"。通过建立数据、管理、服务、交易、查询 5 个中心，形成面向政府、企业、社会的虚拟化网络服务中心，实现全市重点污染企业以及重要的水体、山体、大气等实时在线监测，建立起生态文明建设的目标、过程、项目、重点领域的管理体系。试点建设"近零碳"示范区。选择扬中市、世业洲、江心洲 3 个县域及其乡镇作为"近零碳"示范区的试点区域。扬中全力打造"绿色能源岛"和"近零碳"示范区（见专栏 5－6）。世业洲将打造零碳示范区，2012 年世业洲获批设立省级旅游度假区，《丹徒区世业洲总体规划（2013—2030）》确定致力于建设零碳示范区，打造休闲养生模式的国家级旅游度假区。以生态为依托，从规划理念、体系、内容和方法上按零碳城市的最新规划理论进行，依靠风能、太阳能、水能、生物质燃料和城市垃圾回收生产能源等新能源，发展绿色交通，健全慢生活交通设施，使用清洁能源电动车组织旅游线路。启动生态新城建设。镇江生态新城（官塘低碳新城）被纳入国家发改委组织编制的《国家应对气候变化规划（2014—2020 年）》中所列的 6 个试点项目，同时被纳入全国首批 13 个 APEC 低碳发展城镇推广入库项目。着力培育低碳园区。依托中瑞自贸协定，规划建设 20 平方公里的中瑞镇江生态产业园。推进低碳高校园区、科技新城低碳园区、南山创意产业园等重点载体建设。

| 专栏 5－6 |

扬中全力打造"绿色能源岛"

2015 年扬中提出打造"绿色能源岛"目标，编制完成了《扬中市绿色能源岛（太阳岛）实施方案（2015—2020）》，重点规划建设屋顶分布式光伏发电、风电、新能源微电网、生物质能等清洁能源项目，打造清洁、低碳、安全、高效的可再生能源生产和消费模式。扬中在全省县级市中率先设立财政基金，对光伏发电项目进行补贴奖励，启动了一批"金屋顶"工程。截至 2015 年底，该市已备案建设屋面光伏发电项目 38 个，装机容量 38.98 兆瓦，15 家企业、132 户居民得到了市财政补贴，共兑现奖励资金 66 万元。扬中市把绿色能源岛建设列为 2016 年十大民生工程之一，提出了建设屋顶分布式光伏发电 42 兆瓦，建设新能源微电网示范项目 1～2个，运营新能源公交车 40 辆的绿色能源岛建设目标。

资料来源：孙薇、孙国庆《扬中全力打造"近零碳"示范区》，2016 年 3 月 18 日，http：//jsnews2. jschina. com. cn/system/2016/03/18/028148273. shtml。

四　丰富低碳城市建设主体

政府推动。制度约束。配套出台产业准入、环境准入、规划引导、财政支持、土地管理、分类考核 6 个政策文件，建立有差异的评价体系，将主体功能区制度细化落实到基层。资金支撑。设立市生态补偿专项基金，专项用于生态修复、环境损害等生态补偿。2016 年 3 月全市专项基金总额为每年 3.1 亿元左右，[①] 各辖市区也相应设立本级的生态补偿"资金池"，有效调节了生态保护利益相关者之间的利益关系。对经国家备案的节能服务公司所实施的合同能源管理项目，且项目符合国家目录范围和有关条件的，优先帮助申报国家合同能源管理项目财政奖励资金，支持其享受节能量国家每吨标准煤 240 元奖励、省每吨标准煤 60 元配套奖励的财政政策。每年从市级节能专项资金中安排一定资金，对在市区注册并在全市范围内实施合同能源管理项目且取得明显成效的节能服务公司，给予一定资金扶持。探索低碳发展地方立法。坚持立法引领和执法规范双管齐下，加强重点领域、重点行业、重点企业的碳排放管理，保障低碳城市建设在法治化轨道上行稳致远。2016 年 5 月，国家发改委公开向社会征求《环境污染第三方治理合同（示范文本）》意见，表明第三方治理在正规化、法制化管理上又迈出坚实的一步。

国际合作。大力推进国际合作，全面提升低碳建设的国际化水平。2016 年 10 月，镇江举办了国际低碳技术产品交易博览会，成立了镇江绿色低碳发展研究和国际合作中心，筹建镇江国际低碳技术交流平台，参加

---

① 夏锦文：《探索绿色低碳发展的镇江模式》，《光明日报》2016 年 3 月 16 日，第 13 版。

第 7 届世界清洁能源部长级论坛，积极申报应对气候变化国际城市联合组织（C40）。拓展中美气候峰会、联合国巴黎气候峰会成果，在低碳技术、低碳能源、低碳交通等领域加强国际交流合作，吸收借鉴国外的好做法、好经验，因地制宜转化成低碳建设的新模式。2016 年 6 月 1 日，镇江市领导先后与美国能源基金会主席艾瑞克、美国加州能源委员会主席伟森米勒、美国加州州长特别代表肯·艾利克斯、美国先进能源经济机构 CEO 理查德进行了会谈，就低碳城市、近零碳示范区、生态新城建设等领域的合作进行了对接。

企业主导。合同能源管理是充分运用市场化手段促进节能降耗的新模式。[①] 结合镇江市实际，2014 年镇江市经信委编制了《关于加快推进合同能源管理的实施意见》（镇经信〔2014〕147 号），其中的发展目标为，从2015 年起，每年增加节能服务企业 3～5 家，每年实施合同能源管理项目20 个以上，至 2020 年全市节能服务公司超过 30 家，合同能源管理项目超过 100 个，建立充满活力、特色鲜明、规范有序的节能服务市场。同时，提出了加快培育节能服务产业市场以及加强节能服务管理体系建设的重要任务（见专栏 5 - 7）。

| 专栏 5 - 7 |

"十三五" 时期镇江合同能源管理的重要任务

加快培育节能服务产业市场。引导支持节能服务公司做强做大，加强重点用能企业节能改造，推进公共机构节能改造，加快大型公共建筑节能改造，突出道路照明、景观照明、交通运输、相关市政服务等重点，要优先采用合同能源管理方式，运用先进节能技术和产品，加速节能改造步伐，开展公用事业节能改造。

加强节能服务管理体系建设。按照国家有关要求，对符合支持条件的节能服务公司实行审核备案、动态管理，向社会公告推荐，强化节能服务机构指导和管理。本市机关、事业单位和社会团体开展的合同能源管理项

①　这种新机制能有效解决用能单位实施节能技术改造过程中缺乏资金、技术、人才、管理等问题，有利于节能新技术、新产品的推广应用，对促进节能服务产业发展壮大具有重要意义。

目，以及政府出资开展的能源审计、节能诊断和节能改造项目，通过有关平台发布节能项目信息，相关单位通过招标等竞争性方式，选择节能服务机构进行节能服务，建立节能项目信息发布制度。加大科研投入力度，支持企业、科研单位和高等院校掌握先进的节能技术，开发具有自主知识产权的通用性、关键性节能技术和设备，促进节能技术的成果转化和应用推广，推进节能技术进步。

　　资料来源：镇江市经信委《关于加快推进合同能源管理的实施意见》（镇经信〔2014〕147号）。

　　贯彻落实《江苏省项目节能量交易管理办法（试行）》（苏政办发〔2015〕27号），鼓励企业通过节能技改取得节能量，进入交易市场，开发绿色金融资产。实行区域能源消费增量控制和能耗等量或减量置换的项目，通过节能量交易进行能耗平衡替代。探索区域之间的节能量交易机制，能源消费增量超标的地区向有余量的地区购买，以经济手段控制地区能源消费总量。2016年7月，镇江完成首笔项目节能量交易（见专栏5-8）。试点第三方治理污染。推行第三方治理已是大势所趋，2014年，国务院下发《关于推行环境污染第三方治理的意见》（国办发〔2014〕69号）。2015年12月31日，国家发改委、环境保护部、能源局联合下发《关于在燃煤电厂推行环境污染第三方治理的指导意见》。2016年5月4日，国家发展改革委环资司发布《环境污染第三方治理合同（示范文本）》向社会公开征求意见的函。贯彻落实《关于推行环境污染第三方治理的意见》，试点第三方治理污染。排污企业承担污染治理的主体责任，第三方治理企业按照有关法律法规和标准以及排污企业的委托要求，承担约定的污染治理责任。镇江市引入环境服务公司，鼓励推行环境绩效合同服务等方式，对工业集聚区企业污染进行集中式、专业化治理。

| 专栏5-8 |

镇江市完成首笔项目节能量交易

　　2016年7月，镇江市经信委在对句容市宁武高新技术发展有限公司年产2000吨聚氨酯催化剂项目和江苏顺达新材料有限公司年产1000吨有机锡材料项目进行能评审查时，向项目建设单位提出了新增能耗实施等量置换的要求，同时积极协调帮助企业开展节能量交易。两家公司通过购买江苏鸿泰钢铁有限公司二轧生产线技术改造项目形成的节能量387吨标准煤，顺利获得省节能量证书，成为镇江市首笔项目节能量交易。

资料来源：王小月《镇江市完成首笔项目节能量交易》中国江苏网，http：//js. xhby. net/system/2016/07/08/029130144. shtml。

五　创新低碳城市建设投融资模式

推广运用PPP模式①。《生态文明体制改革总体方案》明确了我国建立绿色金融体系的国家战略。吸引社会资本参与镇江低碳城市建设，公共基础设施投融资和公共服务供给机制的重大创新，是推进政府治理现代化的一项重要举措，对于培育镇江低碳城市建设新动力具有重大意义。为贯彻落实《关于在公共服务领域推广政府和社会资本合作模式指导意见的通知》（国办发〔2015〕42号）、《财政部关于推广运用政府和社会资本合作（PPP）模式有关问题的通知》（财金〔2014〕76号）和《江苏省关于推进政府与社会资本合作模式有关问题的通知》（苏财金〔2014〕85号）等相关文件精神，加快转变政府职能，完善财政投入及管理方式，充分发挥社会资本特别是民间资本的积极作用，培育合格市场投资主体，2015年镇江市人民政府办公室颁布了《关于推进政府和社会资本合作（PPP）模式的工作意见（试行）》（镇政办发〔2015〕）。截止到2016年4月底，镇江推介了9个PPP项目，总投资约240亿元，有力地支撑了低碳城市建设工作。

试点绿色债券。绿色债券是近年来国际社会为应对气候环境变化开发的一种新型金融工具，具有清洁、绿色、期限长、成本低等特点。2007年欧洲投资银行（EIB）发行了首个绿色债券，2013年国际金融公司与纽约摩根大通共同发行了IFC绿色债券之后，绿色金融市场蓬勃发展。气候债券倡议组织2015年公布的数据显示，截至2015年9月底，全球总共发行了497只绿色债券，绿色债券市场从2011年的110亿美元增长到2015年

---

① 2015年7月，镇江市成立了海绵城市建设PPP项目工作领导小组。目前，江苏省政府采购中心分别向镇江市及中国光大水务有限公司发出成交通知书，这意味着镇江海绵城市建设PPP项目，成了全国首个成交的海绵城市建设PPP项目，同时又成了财政部PPP项目试点和住建部海绵城市建设试点的"双示范"项目，这也意味着镇江市在城市公共建设运营领域首次向社会资本投融资"开闸"。

的 420 亿美元，且发行量逐年递增。全球以欧洲投资银行、世界银行为代表的开发银行是绿色债券市场主要的发行者。根据"欧洲 2020 项目债券"计划，旨在为能源、交通、信息和通信网络建设融资的债券由项目的负责公司承担发行责任，并由欧盟和欧洲投资银行以担保的方式提高信用级别，旨在吸引更多的机构投资者。2016 年 7 月，"中节能华禹（镇江）绿色产业并购投资基金"在镇江新区注册，成为镇江首只绿色基金。该基金目标规模 50 亿元，首期认缴规模 39.6 亿元。"中节能华禹（镇江）绿色产业并购投资基金"的合作设立，有利于依托中节能的行业资源优势，推动镇江节能环保产业的快速发展。

参考文献

诸大建：《中国低碳城市发展的关键问题》，《中州建设》2016 年第 8 期。

王建国、王兴平：《绿色城市设计与低碳城市规划——新型城市化下的趋势》，《城市规划》2011 年第 2 期。

夏杰：《低碳城市目标下的城市发展模式转型》，《江苏城市规划》2011 年第 1 期。

陈洪波：《低碳城市规划：目标选择与关键领域》，《华中科技大学》（社会科学版）2011 年第 2 期。

李克强：《深刻理解〈建议〉主题主线，促进经济社会全面协调可持续发展》，http：//www. china - up. com/newsdisplay。

雅伟：《发改委：推进环境污染第三方治理法制化进程》，http：//www. chinacitywater. org/zwdt/swyw/96041. shtml。

周国洪、吴绍山：《镇江：三个维度创新打造低碳城市样本》，http：//huanbao. bjx. com. cn/news/20160205/707438. shtml。

郑晋鸣：《建设低碳城市的镇江之路》，《光明日报》2015 年 12 月 17 日。

夏锦文：《探索绿色低碳发展的镇江模式》，《光明日报》2016 年 3 月 16 日，第 13 版。

第六章
循环镇江，促进社会循环发展

循环经济是对传统线性经济模式的革命，有其特定的发展背景和内涵特征。发展循环经济是镇江生态文明建设的必由之路。"十二五"时期，镇江发展循环经济成效显著，率先实现省级以上园区循环化改造全覆盖。"十三五"时期，镇江发展循环经济的目标明确，将打造循环镇江，促进社会循环发展。

第一节 镇江市发展循环经济概述

国内外循环经济发展实践具有多元性，20世纪末期我国开始重视发展循环经济，镇江市循环经济实践取得了显著成效。

一 循环经济的内涵与国内外实践

（一）循环经济发展背景与内涵

20世纪60年代，美国经济学家鲍尔丁最早提出了"循环经济"一词。循环经济是以生态学和可持续发展为理论基础，依据4R（减量化Reduce、再利用Reuse、资源化Recycle、再制造Remanufacture）原则，把经济活动组织成以资源循环使用、避免或减少废物产生为特点的生态经济。循环经济的提出，是人类对传统经济发展模式不断反思的结果。18世纪60年代，随着英国第一台纺织机和蒸汽机的使用，人类进入了以线性经济为主的工业文明时代。在生产力大幅度提高的同时，自然资源消耗速度加快，环境污染严重，生态灾难频繁，出现了世界"八大公害"，由此引发了"环境

运动"。但"末端治理"无法从根本上解决环境污染，循环经济的理念便
应运而生。1972 年，联合国人类环境会议提出了"只有一个地球"，呼吁
各国人民重视保护人类赖以生存的地球。1992 年，联合国环境与发展大会
提出了全球实施可持续发展战略的纲领。2002 年，在南非召开的全球可持
续发展世界首脑会议，强化了全球环境无边界的观点，全球环境一体化
已成共识。循环经济的基本特征是把资源—产品—污染排放单向经济流
程转化为资源—产品—再资源化的循环流程，最大限度地提高资源利用
效率，实现在资源投入不变甚至减少的条件下促进经济增长的目标。循
环经济与线性经济相比，在生产、消费和废弃方面具有不同特点（见表
6-1）。

表 6-1　线性经济与循环经济的比较

线性经济	循环经济
生产 以资源、环境为外生变量的生产； 以追求利润为最高目标，忽视环境问题的不可持续发展的生产； 以供大于求的生产活动为主要生产方式； 大量生产助长对资源的过度需要； 自然资源的廉价性助长对资源的浪费； 对产品生产过程中所增加的环境负荷缺乏认识	以资源、环境为内生变量的生产； 利润的追求和环境保护相平衡的可持续发展的生产； 依据 4R 原则，形成可持续发展的资源利用； 扩大生产者的责任，延长产品的使用寿命； 改善产品的服务维修体制； 发展产品的生态化设计； 利用 LCA、MINS 等方法对企业的环境影响和环境效率进行评估
消费 对产品便利性的追求是消费扩大化和过剩化的主要动机； 消费价值观以对产品的大量占有（Well - Having）为目标； 对产品消费过程中所增加的环境负荷缺乏认识	避免增加环境负荷，寻求便利性、满足感的消费方式，从而引导最优消费； 完善产品的修理，增强使用寿命，并鼓励循环使用； 重视商品使用功能（Well - Being）的消费价值观
废弃 废弃物排放量巨大； 对废弃物增加环境负荷缺乏认识	废弃物排放量最小化以及废弃物无害排放； 对排放废弃物者的责任追踪到底

资料来源：江心英、张海峰《循环经济理论与区域实践》，中国农业科学技术出版社，2006。

（二）循环经济的国外实践

以芬兰、德国、日本、美国为代表的发达国家率先将实施可持续发展

战略目标定位为"发展循环型经济，建立循环型社会"。多数西方国家的循环经济发展模式是政府立法①、企业主导、公众参与。1972年德国就制定和颁布了《废弃物处理法》，1996年颁布了《循环经济和废物管理法》，确立了产生废弃物最少法、污染者承担治理义务以及政府与公民合作三原则，随后又制定了《包装条例》、《限制废车条例》和《循环经济法》等法规。德国发展循环经济的核心项目是垃圾处理和再生利用，玻璃、塑料、纸箱等包装物的回收利用率必须达到72%。1976年美国联邦政府制定了《固体废弃物处置法》，1990年加州政府通过了《综合废弃物管理法令》，要求通过资源削减和再循环减少50%的废弃物。美国在造纸、炼铁、塑料、橡胶业、家用电器、计算机设备等方面实践循环经济。2000年日本颁布了《循环型社会形成推进基本法》，强调建设循环型社会。企业是发展循环经济的行为主体，"拓展生产者责任"②成为基本趋势。美国杜邦化学公司建立了企业内部的循环经济模式，注重各工艺之间物料循环，遵循"减量化、再利用、资源化、再循环"原则，实现了少排放甚至零排放目标。1994年底该公司减少了25%的废弃塑料物，减排了70%的空气污染物排放量。发展循环经济是一项系统工程，需要提高广大社会公众的参与意识和参与能力。发达国家十分重视对循环经济的社会宣传，以提高国民的循环经济意识（见专栏6-1）。

| 专栏6-1 |

西方国家鼓励民众参与循环经济

德国。政府就循环经济发展问题的有关立法，邀请民众代表参加座谈会讨论。报纸经常刊登有关再生资源利用和环境保护问题的信息。国家环境部每两年进行一次全国范围的环保意识调查，以增强国民促进循环经济

---

① 1923年芬兰制定了《自然保护法》，这是世界上最早的有关环境保护的法律之一。

② 瑞典议会1994年通过了关于产品包装、轮胎和废纸等废弃物循环利用的"生产者责任制"法规，规定生产者应对其产品在被最终消费后继续承担有关环境责任。欧盟WEEE指令明确要求生产商、进口商、经销商在2005年8月13日以后，负责回收、处理进入欧盟市场的废弃电器和电子产品，该指令的影响范围涉及近100种终端产品。ROHS指令要求，自2006年7月1日起，在欧盟市场禁止销售含有铅、汞、镉、六价铬、聚合溴化联苯乙醚和聚合溴化联苯6种有害物质的电子电器产品。

发展和环境保护的意识。

美国。美国环境保护局与全国物质循环利用联合会开设网点，宣传有关再生物质的知识，并成立"美国回收利用日"组织，将每年 11 月 15 日定为"回收利用日"。美国各类环保组织经常举办各类活动，鼓励居民积极参与社区再生物质利用项目，购物时使用可循环利用的包装品，购买可以维修和重新使用的物品等。

英国。英国没有"照明工程"，夜晚照明以不影响人们正常生活节奏为准则。超市、私人店铺歇业后其橱窗的灯光及时关闭，一些从事特殊服务的店铺采用定时关灯装置。在居民住宅楼，楼道公用灯采用自动断电装置。

资料来源：江心英，张海峰《循环经济理论与区域实践研究》，中国农业科学技术出版社，2006。

不同国家循环经济发展模式各具特色。例如，补贴、立法、监督三位一体的芬兰模式①，日本的"新阳光计划"②，英国伯丁顿社区零能源发展（ZED）模式③等。英国伯丁顿社区是由伦敦最大的商住集团皮保德、环境专家及生态区域发展工作组于 2000 年联合开发的，实现了"零能源发展"（Bed ZED：Beddington Zero Energy Development），成为引领英国城市可持续发展的典范。伯丁顿"零能源发展"社区包括 78 个住户、办公场所、商店、咖啡屋、健康中心和幼儿园。由于绿色设计代表未来发展趋势，其房产很快升值，意味着绿色建筑市场业已形成。

（三）中国循环经济实践

发展背景。循环经济是实现中国经济绿色转型发展的现实选择。20 世纪 90 年代中期，我国经济增长方式问题受到了国家高层领导的重视。1995

---

① 《各国自出高招，确保环境可持续发展》，http：//www.gdepb.gov.cn。
② "阳光计划"是日本为应付石油危机于 1974 年提出的新能源技术开发计划。1978 年和 1989 年又分别提出了"节能技术开发计划"和"环境保护技术开发计划"。1993 年，日本政府将上述三个计划合并成了规模庞大的"新阳光计划"。"新阳光计划"的主要研究课题大致可分为七大领域，即再生能源技术、化石燃料应用技术、能源输送与储存技术、系统化技术、基础性节能技术、高效与革新性能源技术及环境技术。
③ 刘学敏：《英国伯丁顿社区发展循环经济的启示》，http：//finance.sina.com.cn/review/20050228/09251388547.shtml。

年 9 月，中共中央十四届五中全会通过的《关于制定国民经济和社会发展
"九五"计划和 2010 年远景目标的建议》指出："改变中国国民经济整体
素质低、产业结构不合理、经营粗放、浪费严重、效益不高的关键，是实
行两个根本性转变：经济体制由传统的计划经济向社会主义市场经济转
变，经济增长方式由粗放型向集约型转变。"时任国家主席江泽民在 2002
年全球环境基金第二届成员国大会上指出："只有走以最有效利用资源和
保护环境为基础的循环经济之路，可持续发展才能得到实现。"这一论断
是对我国发展循环经济的重要意义与实践经验的高度概括和总结。2002 年
6 月，全国人大颁布了《清洁生产法》，这是我国第一部促进循环经济发展
的法律。同年，国家环保总局将辽宁省作为省级试点地区。2003 年，中共
十六届三中全会通过了《中共中央关于完善社会主义市场经济体制若干问
题的决定》，明确提出五个统筹，首次将"坚持以人为本，树立全面、协
调、可持续的发展观，促进经济社会和人的全面发展"作为全党的指导思
想，这就是后来所说的"科学发展观"，这是党执政 50 多年来在国家发展
观上的历史性突破。2004 年，由经济学家萧灼基、吴敬琏掀起的一场
"GDP 崇拜"的争论，把反思传统经济发展模式从学术界推向了公众面前。
2004 年，"两会"迅速回应，新华社以《走出"GDP 崇拜"误区，"科学
发展观"热涌"两会"》为题对此进行了重点报道，以绿色 GDP① 替代传
统 GDP 统计的呼声渐起，山西等地试点计算绿色 GDP。2005 年，全国
"两会"明确提出，中国要积极发展循环经济，同年，颁布了《循环经济
法》，中国发展循环经济进入了"快车道"。十八届五中全会正式将"大力
发展循环经济"写进"十三五"规划纲要，把建设循环型社会作为国家发
展战略的重要目标。

　　在实践层面，自 1998 年引入"循环经济"概念以来，我国循环经济
发展可概括为两个阶段。1998～2002 年为理念宣传和理论探讨阶段，2002
年以后为全面试点与大力发展阶段。2002 年在辽宁开展了建设循环经济省
的试点工作。江苏、山东等省以及贵阳、盘锦、日照等市也陆续开展了循
环经济建设试点。2004 年 7 月国家环保总局首次召开了"国家环保总局推

---

① 所谓绿色 GDP，是指从传统 GDP 中减去经济活动过程中所付出的自然资源耗减成本之后
　所得到的经济活动财富总量。

进循环经济试点经验交流会"。2004 年颁布了《贵阳市建设循环经济生态城市条例》，这是我国首部循环经济领域的法规。2005 年全国"两会"明确提出，中国要积极发展循环经济，走新型工业化道路。2006 年"十一五"规划把能耗指标与经济增长、物价、就业和国际收支并列为宏观调控目标，把"循环经济"定为"十一五"规划中的 11 个关键词之一，把人口资源环境类 8 个指标划分为约束性指标，这在中国历史上是绝无仅有的。十八大做出了建设生态文明的战略部署，将生态文明建设纳入中国特色社会主义事业"五位一体"的总体布局，要求把生态文明建设融入经济、政治、文化、社会建设的各方面和全过程，着力推进绿色发展、循环发展、低碳发展。十八届三中全会从完善体制机制上做了进一步部署。实现全面建成小康社会和现代化建设目标，破解资源环境约束的最佳路径就是绿色发展、循环发展和低碳发展。

二 镇江市决策层重视发展循环经济实践

镇江市委市政府高度重视发展循环经济，重点领域循环型产业链条已初步形成，生态环境质量显著改善，循环经济发展成效显著，但仍存在某些局限。

决策者高度重视循环经济发展。镇江 2002 年开展了循环经济试点工作，在 1700 多家企业中确定了 8 家试点单位。2003 年在全省率先成立了以分管副市长为组长、市相关部门参加的全市清洁生产领导小组。后将清洁生产领导小组调整为以市长为组长、相关分管副市长为副组长、各相关部门负责人为成员的全市发展循环经济领导小组，以进一步强化对循环经济工作的组织领导，统一协调全市循环经济发展的重点事项。2003 年完成了《镇江市循环经济建设规划》，明确了镇江市"十一五"发展循环经济的战略思路、基本目标、重点领域和对策措施。2010 年率先编制了《镇江市循环经济发展"十二五"规划》。2013 年编制了《镇江市化工产业循环经济发展规划（2013—2020）》。2015 年启动了《镇江市"十三五"循环经济发展规划》的编制工作。

推进循环经济体制机制改革。构建了财税和价格收费激励机制。实行差别电价和阶梯式水价，专项补助列入科技支撑计划的循环经济重大科技开发项目。持续推进生态文明体制机制建设，对不同功能区实施分类管理，建立责任追究制度。完善城市绿色循环治理机制，建设智慧镇江，构建"公交优先"的综合交通体系。探索绿色金融政策，有序扩大绿色信贷、绿色证券、绿色债券、绿色保险等试点范围。设立了生态补充资金池。循环经济促进服务机制不断完善。建成了循环经济信息共享平台，探索循环经济促进公共服务体制机制。构建了一批低碳循环平台，建设了镇江"中国电能云"、"生态云"平台，初步实现了绿色管理智能化，促进了低碳城市建设管理的数字化、网络化和空间可视化。探讨低碳城市建设长效保障体制和绿色政绩考核体系等。

实施主体功能区战略。试点"多规合一"，以边界思维优化城市空间，以空间规划促进循环经济发展。出台了《镇江市生态文明建设规划》（2015～2020 年）、《镇江市主体功能区规划》、《镇江市生态红线区域保护规划》等专项规划。2014 年镇江市委六届九次全会提出了"坚持生态领先，推进特色发展"的战略定位。实施产业集群战略，规划建设了 80 个产业集聚区。实施低碳战略，开展了"四碳"创新，实施了九大低碳行动计划，全方位推动循环经济发展。

三　镇江资源循环高效利用成效显著

创成多个循环经济试点示范基地。"十二五"时期，镇江在打造循环经济试点示范企业、资源循环利用、生态工业园区、低碳城市、海绵城市、循环经济教育基地载体建设等方面成效显著（见表 6 - 2）。镇江新区先后获批国家级循环经济园区、国家循环化改造示范试点园区以及国家循环经济标准化试点单位，并建成了循环经济信息共享平台。丹徒经济开发区、镇江高新区、丹阳经济开发区和京口工业园区等成为省级生态工业园区。镇江先后获批低碳城市、海绵城市、餐厨废弃物资源化利用和无害化处理试点城市等，创建成两处国家级循环经济教育示范基地。2015 年底，全市创成省级节水型企业（单位）31 家，省级节水型社区 22 个，省级节水型学校 19 所和节水型高校 3 所。

表 6 - 2　"十二五"时期镇江市循环经济试点示范项目

年　份	试点示范内容
2011	江苏鹤林余热发电项目经国家发改委审核，成为"碳交易"项目

年　份	试点示范内容
2012	2012 年 12 月启动首批市级工业循环经济示范企业（园区）的创建工作，构建了企业间、产业间完善的循环经济产业链条。 2012 年镇江市成为国家第二批低碳城市试点，实施了发展低碳产业、调整产业结构的八大行动计划，推出了全国第一朵"生态云"，创新实践了"四碳"建设管理方案。 2012 年镇江新区国际化工园区获批国家循环化改造示范试点园区
2013	2013 年 5 月国务院批准执行的《苏南现代化建设示范区规划》中明确提出建设"镇江生态文明实验区"。 2013 年 7 月江苏省将镇江市生态文明建设综合改革列为全省重点改革试点
2014	创建国家级循环经济教育示范基地。江苏恒顺生态农业发展有限公司为以健康产业为主题的循环农业观光教育示范园；江苏省镇江青少年综合实践基地为标准化蔬菜生产展示基地。 入围第四批餐厨废弃物资源化利用和无害化处理试点城市，餐厨废弃物＋生活污泥的协同处理方法全国领先。 镇江新区批准为国家循环经济标准化试点单位，构建了化工、造纸、光伏、静脉产业四大重点循环产业链，初步建成了循环经济信息共享平台。 入围全国首批生态文明先行示范区，成为国家生态文明建设先行示范区和全省唯一生态文明建设综合改革的试点市
2015	入围国家"海绵城市"建设试点市，在削减城市径流污染负荷以减少面源污染、节约水资源、保护和改善城市生态环境等方面开展试点

资料来源：根据《苏南现代化建设示范区规划》等相关信息整理而成。

　　节能减排成效显著。"十二五"时期单位地区生产总值二氧化碳排放累计下降 29.1%，超额完成目标任务 10.1 个百分点；单位 GDP 能耗累计下降 25.7%，[①] 超额完成目标任务 5.78 个百分点；化学需氧量、氨氮、二氧化硫和氮氧化物四项主要污染物减排超额完成"十二五"目标任务。在化工、建材行业形成成功的企业案例（见专栏 6-2）。三废治理成效显著，生活垃圾集中处置率和危险废物处置利用率为 100%，工业固体废物综合利用率由 2010 年的 92.9% 提高到 2015 年的 97.3%，废气治理设施处理能力显著增强，城市污水集中处理率不断提高。实施若干余热余压回收利用

---

① 夏锦文：《聚力"强富美高"，深化特色发展为高水平全面建成小康社会扎实奋斗——在中国共产党镇江市第七次代表大会上的报告》，2016 年 9 月 26 日。

技术改造项目。秸秆综合利用率水平居全省第二，全市大中型规模养殖场畜禽粪便无害化处理与资源化利用率达标。

| 专栏 6-2 |

镇江企业循环经济实践案例

案例一：位于镇江新区的镇江江南化工有限公司是国内生产草甘膦的"老字号"，该企业多年来一直倡导循环经济理念。2013年，江南化工与隔路相望的江苏利洪硅材料有限公司进行重组，实现了重组后的"大循环"。具体而言，原江南化工年产5万吨草甘膦，产生的约5万吨氯甲烷废气，经过净化恰可用来生产有机硅单体；而优化和升级原利洪公司装置后，其年产8万吨有机硅，副产的3万吨稀盐酸，在净化和提纯后又全部用于草甘膦生产。两大产业的副产废弃物，互为对方原材料，立足资源综合利用的循环生产，真正实现了变废为宝。2014年，江南化工的循环经济账单显示，公司因此共节约17671万元。

案例二：水泥行业历来被视为高能耗、高污染行业。鹤林水泥为"变废为宝"引进了余热发电项目。2010年，鹤林水泥就投资1.3亿元建设余热发电站。利用水泥生产过程中产生的蒸汽，电站发电供企业自用，形成了热资源的循环利用。随后，企业又投入8000万元，上马电站二期项目。目前余热发电站年可发电2亿千瓦时，可解决公司生产用电量的40%，折算可节能6万吨标准煤，扣除发电成本后，每年能为企业节约电费1亿元。

资料来源：王永娟《生态镇江：建设低碳城市 只有起点没有终点》，2015年11月27日，http://china.eastday.com/c/20151127/ulai9117226.html。

资源循环利用效率显著提高。镇江新区为全省第一家国家级循环化改造示范试点园区，形成了新型硅材料产业链等四条循环经济产业链。丹阳、句容、丹徒等省级经济开发区完成循环化改造任务。丹徒经济开发区实施了余热回收利用、蒸汽冷凝水回收利用等一系列循环经济项目。重点行业循环化发展水平提高。火电行业脱硫脱硝低氮提标改造进展顺利，排放达到燃气轮机排放标准。在新增4000兆瓦燃煤发电机组的压力下，镇江市火电行业二氧化硫、氮氧化物排放量分别较2010年削减了41.2%、35.9%，成为全市大气污染物减排主力军。全市所有新型干法水泥生产线均新建 SNCR 尾气脱硝工程，100% 烟气脱硫设施全覆盖。[①] 加大对化工、冶金、建材等污染企业的综合整治，关停并转两大片区不符合产业政策的中小企业等。循环经济领域关键技术实现突破。创新了废旧轧辊的再利用技术，实施了废橡胶粉再资源化，再生循环利用太阳能硅片废切割液，生物质发电促进秸秆和稻壳等农业废弃物再利用等。

四　重点领域循环型产业链条初步形成

园区循环化改造不断深入，在全省率先实现省级以上经济技术开发区园区循环化改造全覆盖。其中，镇江新区被列为首批国家级循环化改造试点，丹阳、句容、丹徒经济开发区被列为省级循环化改造试点。促进产业"三集"发展，2015 年园区产业集中度超过 60%。在重点领域形成了七大循环型产业链条。依托国电谏壁电厂和华润高资电厂等企业，充分利用其粉煤灰、脱硫石膏等副产品及生产建筑材料，形成了电厂废弃物脱硫副产品循环利用产业链；焚烧市区污水处理厂的污泥发电，灰渣作为建筑辅材，形成污水污泥综合循环利用产业链；依托江苏金东纸业等大型造纸企业再处理生产过程中的废水，实现中水回用，形成水循环利用链；依托镇江赛锡、江苏环太、扬中佳明等静脉企业，形成了光伏废弃物切削液溶剂等综合利用产业链；依托江苏索普化工园和丹徒经济开发区内的基础化工，初步形成化工园区封闭式循环产业链；依托焦化集团、江苏鹤林等企业，回收焦炉煤气，形成余热余压的循环利用产业链；镇江宏顺热电有限公司与中盐镇江盐化有限公司进行了外供蒸汽、回收利用余热的高效循环经济项目合作，相互间形成冷热水循环利用的闭合链条。此外，句容市临港工业集中区内的江苏建华管桩、句容华电、台泥水泥、北新建材 4 家公司正在建设彼此相互利用物料和废弃物的循环经济链条。

五　生态环境质量显著优化

"十二五"时期，镇江强力推进大气、水、土壤污染防治和重点片

区、重要水体、山体、城乡环境综合整治，生态环境质量全面提升，2014 年荣获中国人居环境奖。主要污染物排放提前一年完成"十二五"目标任务，2015 年空气质量达二级标准的天数比例达到 70%，PM2.5 浓度较 2014 年下降 3%。地表水优于Ⅲ类水质的比例达到 73%，饮用水源水质达标率 100%。在生态指标、制度建设、能力建设、生产方式以及生活质量五个方面优于全省均值，实现了"环境质量"领先的目标。

第二节　"十三五"时期镇江市循环经济发展探索

"十三五"时期是镇江 2020 年实现碳峰值的攻坚期，发展循环经济的机遇与挑战并存。科学界定循环经济发展目标是关键，促进生产方式、生活方式和流通方式低碳循环化是核心工作。

一　循环经济发展机遇与挑战

（一）发展循环经济已成全民共识

党的十八大将生态文明建设纳入"五位一体"总体布局，把初步建立资源循环利用体系作为 2020 年全面建成小康社会目标之一。2015 年，十八届五中全会提出了"创新、协调、绿色、开放、共享"的五大发展理念。《中共中央关于制定国民经济和社会发展第十三个五年规划的建议》明确指出，将支持绿色清洁生产，推进传统制造业绿色改造，推动建立绿色低碳循环发展产业体系等。《中国制造 2025》指出，要大力发展再制造产业，实施高端再制造、智能再制造等。一系列国家战略和发展策略，预示着"十三五"时期循环经济发展将进入快车道。

（二）发展循环经济的微观环境日益优化

镇江市财政实力不断增强，生态文明建设步伐不断加快，绿色低碳产业发展迅速。发展循环经济将催生出新产业和新业态，汽车零部件再制造产业、机电产品再制造产业的市场规模将会不断扩大，废弃电器电子产品、报废汽车资源化利用将形成规模，建筑垃圾、餐厨废弃物资源化利用产业化正逐步形成。循环经济商业化模式不断创新，互联网＋回收体系的智能回收模式渐成趋势，利用 APP、网站、微信等平台，资源再利用产业将成为镇江市"十三五"时期新的经济增长点。

（三）循环经济发展面临的挑战

环境总容量偏小。镇江市域土地面积占全省土地总面积的 3.6%，人均土地面积低于全省人均土地面积（0.95 亩），是全省十三个省辖市中面积最小的城市，人地矛盾不断加剧，生态功能区占比相对较高，环境容量"先天不足"。投融资体制不健全。虽然镇江市循环经济科技投入逐年递增，但增速及增幅与发达地区差距较大，支撑企业进行循环经济技术创新活动的资本市场不发达，绿色金融体系尚未健全，循环经济发展缺乏多元化投入。企业间协同创新能力弱。科技创新是循环经济发展的决定性因素，尽管镇江市循环经济发展的科技环境不断优化，重点领域实现了重大突破，已有激光加工、光纤材料两个国家级技术创新联盟和 26 家各类产业技术创新联盟。但因为目标架构、技术路线、资源整合等方面不匹配，促进循环经济发展的协同创新能力较弱，经济活动主体间还没有形成真正的技术创新联盟，循环经济关键技术主要靠少数大型企业研发，这些都不利于发展循环经济。

二 循环经济发展定位与目标

坚持科学的指导思想和规划原则，科学界定"十三五"时期循环经济发展目标和具体指标。

指导思想。深入贯彻落实党的十八大，十八届三中、四中全会关于生态文明建设的战略部署，以科学发展观和"四个全面"战略布局为统领，坚持"五个发展"和"五位一体"理念，聚焦生态优先，突出民生改善。围绕加快转变经济发展方式，遵循"减量化、再利用、资源化，再创造"原则，以资源高效循环利用为核心，着力构建循环型产业体系，推动流通领域的循环化改造，普及绿色循环文化，构建覆盖全社会的资源循环利用体系，构建循环型的生产方式、流通方式和生活方式，完善循环经济发展的体制机制。力争 2020 年把镇江市建设成为现代化山水花园城市和循环经济示范区。

发展定位。重构绿色低碳产业体系，打造循环经济技术创新体系，推行循环型生产方式；加强循环经济宣传，形成浓厚的绿色循环文化氛围，普及绿色生活方式；初步建立覆盖全社会的资源循环利用体系；打造绿色流通体系，持续提高生产系统与生活系统的循环化程度。2020 年初步建立循环经济发展体系和长效机制，三大效益显著提升，资源产出率提高到 18% 左右，可持续发展能力显著增强。

发展指标。"十三五"时期镇江市资源利用效率显著提高，单位 GDP 水耗、能耗和建设用地占用明显下降，主要污染物排放削减量达到省下达的控制目标。资源产出率为 18%，万元 GDP 能耗为 0.45 吨标煤/万元等，具体指标见表 6 - 3。

表 6 - 3　镇江市"十三五"时期循环经济规划指标

指　标	2015 年	2020 年
资源产出率（%）	12	18
万元 GDP 能源消耗（吨标煤/万元）	0.51	0.43
万元 GDP 取水量（立方米/万元）	110	90
主要再生资源利用率（%）	70	75
工业用水重复利用率（%）	77	82
工业固体废物综合利用率（%）	97.9	99
城镇生活垃圾再资源化率（%）	80	>85
二氧化碳排放量（%）	提前达标	
单位 GDP 化学需氧量排放量（千克/万元）	1.33	超额完成省控目标
单位 GDP 氨氮排放量（千克/万元）	0.16	
单位 GDP 二氧化硫排放量（千克/万元）	2.02	
单位 GDP 氮氧化物排放量（千克/万元）	2.19	
循环经济教育示范基地（个）	2	新增 2 个国家级

注：单位 GDP 能耗和万元 GDP 用水量按 2010 年不变价格计算。

三　构建循环型生产方式

推动资源利用减量化，构建绿色循环型产业链条，提高园区循环化发展水平，构建循环型生产系统，系统促进生产方式循环化。节约集约利用土地资源，推进节能减排，提高水资源利用效率，全面促进资源利用减量化。

节约集约利用土地资源。贯彻落实《国土资源部关于推进土地节约集约利用的指导意见》（国土资发〔2014〕119 号），2020 年单位建设用地第二、第三产业增加值比 2010 年翻一番，单位固定资产投资建设用地面积下降 80%，城市新区平均容积率比现城区提高 30% 以上。坚持"严控增量、主动减量、优化存量"并举，提高排污收费，严格环境执法，加大化工企业改造提升和关停搬迁力度，推进符合条件的化工企业 100% 进区入园。提高开发园区土地利用强度，完善工业标准厂房建设和租赁，共享园区基础设施，优化企业类型。2020 年园区单位平方公里的产值超过 55 亿元，投产企业用地每平方公里工业销售产值 100 亿元以上。贯彻落实国土资源部《开展城镇低效用地再开发试点指导意见的通知》（国土资发〔2013〕3 号），盘活城乡低效存量土地，采取多种方式推进城镇低效用地再开发。开展城乡土地整理复垦，盘活存量土地，保证建设占用耕地的占补平衡。实施新一轮沃土工程，采用配方施肥技术，再造农业生产流程，发展节地减材高效农业，2020 年全市主要农作物化肥、农药使用量实现零增长，全市测土配方施肥技术普及率达 95%（见专栏 6-3）。

| 专栏 6-3 |

节约用地的主要内容

提高工业园区的用地强度。根据产业政策和相关标准，加强行业用地定额标准和投资强度控制标准，创新"工业房地产"模式，完善工业标准厂房建设和租赁，提高工业生产土地集约化指数和经济强度。制定开发区、工业园区设立和用地标准，共享园区基础设施。对开发园区既有工业企业绩效实施动态评估，持续实施"腾笼换鸟"，优化企业类型，持续提高开发园区既有土地的产出效率。

盘活城乡建成区存量土地。贯彻落实国土资源部《开展城镇低效用地再开发试点指导意见的通知》（国土资发〔2013〕3 号），采取多种方式推进城镇低效用地再开发。统计摸底五类城镇低效存量建设用地，科学评估城镇低效用地①现状与开发潜力，盘活低效用地和存量建设用地，增加城镇建设用地有效供给。坚持"控制总量、用好增量、盘活存量、提高效益"的原则，优化配置建设用地，回收闲置土地。有序推进新建住宅实行街区制，促进内部道路公共化，节约城区交通路网建设用地。城市新区、各类园区、成片开发区域新建道路必须同步建设地下综合管廊。

发展节地减材农业。遵循镇江市土地节约集约利用"1+3"政策构架，鼓励扬中探索土地制度改革，提高土地复垦补助标准，推进地方与省合作补充耕地试点工作，推动优质耕地集中连片。严守耕地保护红线，确保全市耕地总量不低于国家下达的耕地保有量任务指标。实施新一轮沃土工程，积极发展节地农业。采用配方施肥技术，推广高效复合肥和有机肥的使用，2020年全市测土配方施肥技术普及率达95%，实现化肥农药施用量零增长。发展立体农业和设施农业，推广农作物间作、套作、轮作等耕作技术，提高复种指数和土地产出效率。开展城乡土地整理复垦，盘活存量土地，保证建设占用耕地的占补平衡。

资料来源：镇江市发展和改革委员会《镇江市"十三五"循环经济发展规划》，2016年9月。

持续推进节能减排。抓好工业、建筑、交通运输和公共机构等重点领域节能，管控电力、冶金、石油化工、建材、造纸行业等高耗能行业的能源利用强度，开展电煤总量控制等，推进区域热电联产节能工程，强化结构节能减排，落实工程节能减排，完善管理节能减排。力争2020年镇江市全社会万元GDP能源消耗达到0.45吨标煤/万元。

提高水资源利用效率。贯彻落实《江苏省节约用水条例》，实行区域用水总量和强度双控制，严格划定水资源开发利用、用水效率、水功能限制纳污"三条红线"。发展节水农业，2020年农业灌溉系数力争高于65%。提高工业企业用水效率，争取2020年单位工业增加值用水量下降为12万立方米/万元。推广雨水综合利用和中水回用，鼓励城市尾水资源化利用，扩大再生水利用规模。普及一户一表，鼓励使用节水型器具，提高生活用水效率（见专栏6-4）。

---

① 城镇低效用地是指城镇中低效产业用地（含工业、仓储、物流、科研等用途）、低效商业用地、旧城用地、旧村用地和其他低效用地五类。2013年国土资源部确定内蒙古、辽宁、上海、江苏、浙江、福建、江西、湖北、四川、陕西10个省份为开展城镇低效用地再开发试点。

| 专栏 6 - 4 |

节水生产主要举措

积极发展节水农业。借鉴以色列经验，应用滴灌技术，全面提高水资源的使用效率。促进信息技术与农业基础设施的深度融合，完善田间排灌体系，扩大农业节水灌溉面积。调整种植业结构，推广微灌、滴灌、间歇性灌溉、低压管道输水等工程节水技术，减少农业用水，鼓励实行综合节水措施，推进农业用水循环利用。2020 年农业灌溉系数力争达到 65%。

提高工业行业用水效率。继续开展造纸、电力、建材等八大高耗水行业的节水专项整治行动，工业集聚区推广串联用水、中水回用和再生水利用等节水技术，建设节水型工业集聚区。强化用水定额管理和总量控制，建立和完善重点取用水企业水资源管理控制指标。继续对镇江市八大高耗水行业实施节水工程，提高水资源综合利用效率。工业集聚区统筹规划建设集中式污水处理设施和再生水利用系统。加快城镇污水处理厂配套管网建设，控制面源污染。

扩大再生水利用规模，建设再生水利用系统，推广水资源再生利用技术及运营模式。匹配排水型企业与耗水型企业。制定再生水价格标准，提高再生水利用率。按照海绵城市标准建设新城区，推广雨水综合利用和中水回用，推进城市尾水资源化利用。城乡绿化、环境卫生、建筑施工、道路以及车辆冲洗等市政用水，冷却、洗涤等企业生产用水以及观赏性景观、生态湿地等环境用水，应最大限度地使用再生水。

提高生活用水效率。居民生活用水推行一户一表，鼓励使用节水型器具。公共建筑使用节水型器具，完善用水计量设施。

资料来源：镇江市发展和改革委员会《镇江市"十三五"循环经济发展规划》，2016 年 9 月。

加速生产过程绿色化。推广产品设计生态化，促进工业生产过程绿色化和智能化，推动农业生产精准化，加快废弃物再资源化，实现生产过程绿色循环化。推广产品生态设计。推行产品生态设计①是制造企业的必然

---

① 资料显示，70%～80%的产品生命周期环境影响决定于产品设计阶段，因此，实施产品生态设计是发展循环经济的重要手段。

选择。贯彻落实《关于电动汽车动力蓄电池回收利用技术政策（2015 年版）》，坚持动力蓄电池设计生产原则，明确回收电池的企业主体。① 在汽车、船舶等机械装备制造业，试点产品生态设计，提高产品模块化和智能化，推广先进内燃机、高效变速器、轻量化材料、整车优化设计以及混合动力等节能技术和产品，降低汽车、轮船等机械设备的燃料消耗量，从源头上管控三废排放和资源利用减量化。实施绿色制造工程。在工业领域，围绕钢铁、建材、化工等重点行业，持续推进电机系统、变压器、工业锅炉等设备的节能改造。推广应用余热余压利用、能量系统优化、电机系统能效提升、高效节能工业锅炉窑炉等节能新技术。推广水循环利用、重金属污染减量化、废弃物再资源化、脱硫脱硝降氮除尘工艺技术。促进制造过程智能化，建设智能工厂或数字车间，加快人机交互、工业机器人、增材制造等技术和装备在生产过程中的应用，提升镇江建材、造纸、纺织、冶金等行业的自动化水平。鼓励机械制造企业实施"互联网＋设计"发展战略，实现柔性化生产。推进能源生产智能化，建立能源生产运行的公共服务网络，加强能源产业链上下游企业的信息对接，支持电厂与电网协调运行。管控农业生产过程的"四节"和资源综合循环利用，推广农作物病虫害绿色防治技术，生态调控技术、理化诱控技术、生物防治技术以及科学用药技术等，提高农药利用效率和防治效果。力争 2020 年全市农作物病虫害统防统治率超过 62%。

减少三废排放量。强化工业"三废"治理和再资源化，重点实施工业污水毒性削减工程和乡镇工业园污水处理厂尾水深度处理工程，加强废水的污染防治。全面实施电力、水泥、钢铁等行业脱硝工程，新建燃煤机组全部配备脱硝设施，推广使用干熄焦、转炉干法除尘技术等，强化工业废气污染防治。建立工业固体废物资源化处理系统，促进"城市矿产"开发利用规模化，促进工业固体废弃物再资源化，力争 2020 年工业固体废物处置利用率接近 100%。建立农业废弃物肥料化、饲料化、能源化、基料化、

---

① 《关于电动汽车动力蓄电池回收利用技术政策（2015 年版）》明确规定：电动汽车生产企业（含进口商）应承担电动汽车废旧动力蓄电池回收利用的主要责任，动力蓄电池生产企业（含进口商）应承担电动汽车生产企业售后服务体系之外的废旧动力蓄电池回收利用的主要责任，梯级利用电池生产企业应承担梯级利用电池回收利用的主要责任，报废汽车回收拆解企业应负责回收报废汽车上的动力蓄电池。这意味着，绝大多数电动汽车的动力电池回收责任主体是电动汽车生产商。

原料化"五化"综合利用体系，力争2020年全市秸秆综合利用率达95%（见专栏6-5）。

| 专栏 6-5 |

"三废"治理的主要举措

强化工业"三废"治理。加强废水的污染防治。重点实施工业污水毒性削减工程和乡镇工业园污水处理厂尾水深度处理工程，推动重污染行业工业废水的深度处理与回用，推广重金属企业废水零排放工艺。巩固工业点源的化学需氧量和氨氮减排工程治理效果，实施污染治理集中化，重点加强化工、造纸、印染、医药、电镀、食品加工、酿造等行业的污染防治。整合集中分散的重金属企业，确保工业废水中的重金属、有毒有机物等污染物持续稳定达标排放。强化工业废气污染防治。全面实施电力、水泥、钢铁等行业脱硝工程，新建燃煤机组全部配备脱硝设施，推广使用干熄焦、转炉干法除尘技术等。促进工业固体废弃物再资源化。加大对粉煤灰、煤炭、煤渣、尾矿、冶金废渣、脱硫石膏等工业固废的综合利用力度，建立工业固体废物资源化处理系统，实现一般工业固体废弃物的无害化和减量化处置与资源化利用。放大丹阳后巷循环经济产业园区省级"城市矿产"试点的示范效应，扩大"城市矿产"试点单位规模，以电线电缆、通信工具、家电、铅酸电池、塑料、橡胶、玻璃等废旧物资的再生利用为重点，促进"城市矿产"开发利用的规模化和产业化。支持丹阳龙江钢铁资源综合利用发电项目发展再制造产业，提高再生资源回收利用水平。

推进农业废弃物再资源化。实施畜禽粪便资源化利用工程，推广"畜禽粪便—沼气—作物"等养殖废弃物沼气处理模式，促进禽兽养殖废弃物的再资源化，深化"三沼"综合利用。实施农业秸秆资源化利用工程，推广农作物秸秆用作还田肥料、畜牧饲料、食用菌基料、生物质能料、工业原料等资源化利用技术，促进农作物秸秆循环利用和土壤培肥，促进秸秆工业原料化利用。

资料来源：镇江市发展和改革委员会《镇江市"十三五"循环经济发展规划》，2016年9月。

推广清洁生产审核。贯彻落实《中华人民共和国清洁生产促进法》，加快推行清洁生产。分类管理，对重金属污染行业以及钢铁、水泥等产能过剩行业，重点实施清洁生产审核。对超标、超总量排污企业实施强制性清洁生产审核。全面实施低费清洁生产方案，加大对中高费方案的政策支持力度，新上项目应充分体现清洁生产内容。

四　促进产业结构低碳化

落实《镇江市国民经济和社会发展第十三个五年规划纲要》产业发展目标，重构绿色循环制造业新体系，推动传统制造业生态化，做大做强环境服务业，发展现代生态农业，促进产业结构低碳化。

重构绿色循环制造业新体系。以《〈中国制造2025〉镇江行动纲要》为指导，做大做强船舶制造海工配套、汽车制造及配套、航空航天三大特色产业。培育发展节能装备、水污染防治装备、大气污染防治装备、固体废弃物处理和资源综合利用装备、环境监测仪器、环保材料和药剂六大产品集群。建立健全高性能、轻量化、绿色化的新材料产业创新体系和标准体系，巩固提升碳纤维及复合材料、新型金属材料、新型高分子材料三大板块优势，梯次培育电子新材料、新型显示材料、特种合金、石墨烯等新产品。贯彻落实《江苏省政府办公厅关于促进智能电网发展的实施意见》（苏政发〔2016〕14号），加快发展新能源产业。促进新能源汽车、新一代信息技术、生物技术与新医药等战略新兴产业规模化和高端化发展（见专栏6-6），推动传统制造业生态化。

| 专栏6-6 |

战略新兴产业发展重点

新能源产业。大力发展智能电网产业，打造坚强智能电网；鼓励发展成本低、电压低以及污染小的智能微电网①产业和储能产业，促进分布式

---

① 微电网（Micro-Grid）也译为微网，是一种新型网络结构，是一组由微电源、负荷、储能系统和控制装置构成的系统单元。微电网是一个能够实现自我控制、保护和管理的自治系统，既可以与外部电网并网运行，也可以孤立运行。微电网是相对传统大电网的一个概念，是指多个分布式电源及其相关负载按照一定的拓扑结构组成的网络，并通过静态开关关联至常规电网。开发和延伸微电网能够充分促进分布式电源与可再生能源的大规模接入，实现对负荷多种能源形式的高可靠供给，是实现主动式配电的一种有效方式，是传统电网向智能电网的过渡。

电源与可再生能源的大规模利用，建设智能新农村。加快开发风电，推进太阳能多元化利用，因地制宜开发利用生物质能；以光伏、风电、氢能、生物质能产业为突破口，发展具有世界先进水平的太阳能光伏电站系统及设备，风电控制系统及设备，氢能发电技术及设备，生物质气化、储存、燃烧技术及设备，核电级高端设备及关键零部件等。支持医院、大学校园、养老园区、数据中心、大型交通枢纽、商业综合体等发展基于分布式能源和可再生能源的建筑智慧能源微网。

新能源汽车产业。加快提升新能源汽车整车规模制造能力，增强动力电池、驱动电机、电控系统、充电桩等关键领域的配套能力，发挥国家级新能源汽车创新平台作用，掌握突破新能源整车设计、电池材料、汽车轻量化等关键共性技术。

新一代信息技术产业。全面掌握云计算、物联网、移动互联网、工业互联网、电子商务研发与集成应用能力，促进产业链高端延伸。

生物技术和新医药产业。大力发展生物医药产业、生物医学工程产业，加快突破重大关键技术，加快培育具有自主知识产权及自主品牌的生物技术和新医药产品。

资料来源：《〈中国制造 2025〉镇江行动纲要》，2015 年 10 月。

依托镇江市成为国家工业绿色转型发展试点城市，策应供给侧结构改革，促进热电、化工、建材等传统产业生态化改造。按照国家产业政策和环保标准的要求，形成常态化淘汰落后产能的管理机制，动态管控高碳和高污染行业。开展化工、医药、电镀、食品等行业的专项整治，重点推进化工、纺织印染等企业"入园进区"工作，严格控制化工、建材、冶金、燃煤电力等高碳行业产能过快增长，建立能源消耗和碳排放总量控制预警机制。加强对特种金属业的绿色循环化改造，加快建设两个核心基地，重点发展高技术含量、高附加值和替代进口产品，提高其综合利用水平。

做大做强环境服务业[1]。推进镇江环境服务业市场化、社会化与专业

---

[1] 我国环境保护总局印发的《2000 年全国环境保护相关产业状况公报》中，我国环境服务业首次被定义为与环境相关的服务贸易活动，具体分为环境技术服务、环境咨询服务、污染治理设施运营管理、废旧资源回收处置、环境贸易与金融服务、环境功能及其他环境服务六类。

化发展进程。引入市场竞争机制，鼓励社会资本参与固废管理和城市污水处理厂等环境工程项目，并以 BOT、TOT 模式运营，试点污染治理设施运营管理市场化进程。鼓励社会力量开展环境咨询服务，通过合资合作方式，引进跨国环保企业参与环境服务项目。策应国家"水十条"和"土十条"政策，发展合同能源管理、环境咨询、设施运营、工程设计和承包等节能环保服务业。构建先进环保技术、装备和产品，完善环保产业服务体系。鼓励政府和社会资本以 PPP 模式发展节能环保产业。依托镇江高新区，发展水资源保护和利用领域的研究开发、设备制造、水务工程管理与运营、水科技咨询培训及展示，培育若干节能环保产业基地。鼓励社会力量开展 ISO14000 环境管理体系、环境标志产品和其他绿色认证等咨询服务。推动农业生产和农林产品标准化体系建设，扩大标准化技术应用，开展"三品一标"农产品认证等。

发展现代生态农业。贯彻落实《全国农业可持续发展规划（2015—2030 年）》，优化调整种养业结构，促进种养循环、农牧结合、农林结合。因地制宜推广节水、节肥、节药等节约型农业技术，以及"稻鱼共生"、"猪沼果"、林下经济等生态循环农业模式。到 2020 年国家现代农业示范区基本实现区域内农业资源循环利用，农业科技进步贡献率超过 60%。推动农村第一、第二、第三产业融合发展，鼓励社会资本进入农村服务业领域。推广"戴庄经验"，实施"互联网＋农业"行动计划，放大"亚夫在线"农业电子商务平台的示范效应，促进农村电商发展。依托"镇江国家农业科技园"，发展农业科技研发产业和农业创业孵化产业等现代服务业。

五　发展绿色循环流通产业

发展智慧循环型物流。实施互联网＋行动计划，优化物流组织模式，扩大电商物流规模，建立再生资源回收体系，有序发展逆向物流①，构建逆向循环物流系统（见专栏 6 - 7）。

---

① 逆向物流就是从客户手中回收用过的、过时的或者损坏的产品和包装开始，直至最终处理环节的过程。2012 年越来越被普遍接受的观点是，逆向物流是在整个产品生命周期中对产品和物资完整的、有效的和高效的利用过程的协调。然而对产品再使用和循环的逆向物流控制研究却是过去的十年里才开始被认知和展开的，其中较知名的论著是罗杰斯和提篷兰柯的《回收物流趋势和实践》，佛雷普的《物流计划和产品再造》等。

| 专栏 6 -7 |

镇江市发展智慧循环型物流的内容

优化物流组织模式。贯彻落实《镇江市物流产业发展规划（2015—2020 年)》，推广甩挂运输等先进运输方式，共同配送，统一配送，多式联运，减少返空和迂回运输。建立以城市为中心的公共配送体系。建设城乡跨区域配送中心，减少流通环节，扩大统一配送和共同配送规模。完善城乡配送网络体系，统筹规划、合理布局物流园区、配送中心、末端配送网点三级配送节点，搭建城市配送公共服务平台，推进县、乡、村消费品和农资配送网络体系建设。发挥邮政及供销合作社的网络和服务优势，加强农村邮政网点、村邮站、"三农"服务站等邮政终端设施建设，促进农村地区商品的双向流通。完善城市配送车辆标准和通行管控措施，建设城市绿色货运配送体系。

扩大电商物流规模。发展镇江电商物流，构建电子商务物流服务平台和配送网络。建成一批区域性仓储配送基地，吸引制造商、电商、快递和零担物流公司、第三方服务公司入驻，提高物流配送效率和专业化服务水平。利用高铁资源，发展高铁快件运输。结合跨境贸易电子商务试点，完善快递转运中心。加大分布式光伏发电、冷链技术的应用推广。鼓励物流企业运用物联网技术，推行立体化存储、标准化装载、机械化搬运和信息化管理的发展模式。

建立再生资源回收体系。实施再生资源回收工程，建立再生资源回收物流体系，构建低环境负荷的循环物流系统，发展包装物、废旧电器电子产品等生活废弃物和报废工程机械、农作物秸秆等废弃物的回收物流。建设回收物流中心，提高回收物品的收集、分拣、加工、搬运、仓储、包装、维修、再制造等管理水平。构建绿色微信回收服务平台，打造电子废弃物绿色循环的 O2O 模式。

有序发展逆向物流。支持企业开展机动车零部件、工程机械、机床等产品的再制造和轮胎翻新，发展产品再制造产业。

资料来源：镇江市发展和改革委员会《镇江市"十三五"循环经济发展规划》，2016 年 9 月。

推进流通基础设施集约化。提高仓储业利用效率和土地集约化水平，鼓励采用低能耗、低排放运输工具和节能型绿色仓储设施，在仓库、堆场等推广金屋顶工程。在"百城千店"示范企业基础上，创建一批集门店节能改造、节能产品销售、废弃物回收于一体的绿色商场，重点做好建筑、照明、空调、电梯、冷藏等的技术改造，鼓励企业使用屋顶、墙壁光伏发电等节能设备。开展合同能源管理，建立商场节能量交易机制和温室气体排放核查制度。按照国家标准，升级改造商品交易市场场地环境以及照明、空调等关键设备，推动交易场地绿色化。加强信息化技术推广应用，建设智能商业设施和智能商圈，推广统一商品信息编码。建设农村、社区、学校的物流快递公共取送点，鼓励交通、邮政、商贸、供销、出版物销售等开展联盟合作，完善存储、转运、停靠和卸货等基础设施，加强服务网络建设，提高城乡共同配送能力。

打造绿色供应链系统。倡导绿色采购，推进绿色销售、绿色包装、绿色配送和绿色回收，促进快递包装材料循环利用，打造绿色供应链系统。发挥流通业对生产企业的引导作用，促进制造企业生产绿色产品。鼓励企业借助实体店、网店及互联网平台采购绿色低碳产品，与绿色低碳商品的生产企业建立战略合作，引导企业低碳化、标准化和品牌化生产，拒绝高耗能、高污染及过度包装产品，打造绿色低碳供应链。

推广绿色循环包装。加强对包装印刷企业的环境整治力度，引导企业采用环保材料，提升印刷过程 VOCs[1] 防治水平，加强包装印刷废物无害化理处置。推动包装减量化和无害化，鼓励采用可降解、无污染和可循环利用的包装材料，推动绿色包装材料的研发生产。促进快递包装材料循环利用。[2] 发挥行业协会督促作用，生产销售方便打包操作、容易拆开的包装产品，鼓励重复使用和回收再利用包装材料，提高托盘等标准化器具和包装物的循环利用率。鼓励物流企业与电商联手合作，以激励政策鼓励消费者响应二次利用，建设统一快递包装回收体系。完善奖惩机制，鼓励电商采用新型环保包装材料，对包装耗材再利用。对电商物流包装产品实施生态设计，鼓励企业生产宜于拆解、便于利用的循环型包装产品，降低环境

---

[1] 《上海市印刷业 VOCs 排放量计算方法（试行）出台》，《印刷技术》2016 年第 6 期。

[2] 来自国家邮政局的数据显示，2015 年全国快递业务量预计达 200 亿件，但同时有机构预测，因包裹产生的包装垃圾超百万吨，将带来严重的资源浪费和环境污染。中国电商包装使用的胶带每天可绕地球一周。

负荷。

完善流通服务体系。推动绿色产品和技术认证，建立流通领域能源管理体系，加强绿色流通信息化和标准化建设等，全员参与完善绿色流通的服务体系（见专栏6-8）。

| 专栏6-8 |

镇江市完善流通服务体系的内容

推动绿色产品和技术认证。探索对流通领域节能产品和技术实行认证的途径和方法。开展流通领域节能减排战略研究，攻克流通领域节能减排的重点领域和关键技术。加快建设一批服务平台，开展绿色产品和技术认证相关的政策培训、人才培训和技术培训。

建立流通领域能源管理体系。组织实施流通领域减碳行动，放大镇江"四碳"创新和"生态云"平台效应，研究商品碳足迹计算方法，建立流通领域减碳积分激励机制。研究制定对流通企业能耗考核的计量和统计方法，统筹设计商业建筑整体能耗考核指标，鼓励相关企业开展对标行动，建立符合流通企业特点的能源管理体系。

加强流通业信息化建设。加强对流通渠道和末端网点的信息掌控，提高大数据分析水平，提高流通效率，以信息化带动流通业绿色低碳发展。完善流通领域重点行业节能减排的标准体系，将绿色流通纳入制度化和标准化发展轨道。建设再生资源回收公共服务平台，完善信息采集、分析、处理和发布机制，构建便民利民的回收网络，为资源回收处理及再利用相关服务商提供信息，引导资源合理配置，促进回收体系各环节的对接和整合，促进回收与利用环节的有效衔接。充分发挥流通企业面向广大消费者分散销售且便于集中回收的优势，倡导销售者责任，利用销售配送网络，试点建立服务消费类再生资源逆向物流回收渠道。

资料来源：镇江市发展和改革委员会《镇江市"十三五"循环经济发展规划》，2016年9月。

第三节 践行绿色循环生活方式

贯彻落实《关于加快推动生活方式绿色化的实施意见》（环发〔2015〕

135 号），培育居民绿色消费理念，构建全民绿色行动体系，建立绿色循环生活支持系统，力争 2020 年公众绿色生活方式的习惯基本养成。

一　培育绿色消费理念

深入开展全民教育，广泛推进主题宣传，着力培育绿色消费理念，2020 年绿色消费理念成为社会共识。

系统开展全民教育。构建生活方式绿色化宣传联动机制，整合各类宣传资源，加强资源环境国情和生态价值观教育，宣传"俭以养德"等传统价值观，开展全民绿色消费教育。开展绿色生活教育活动，制定公民行为准则，增强道德约束力，让绿色生活成为公众自觉自律的行为。开展全市中小学节水教育社会实践基地建设和节水辅导员培训。丰富循环经济教育内容，鼓励高校设置循环经济相关专业，依托国家循环经济教育示范基地，推动大中小学生认知和实践循环经济活动常态化。持续推广环境友好使者、光盘行动等品牌环保公益行动。

宣传循环经济理念。开展全民循环经济推广行动，普及循环经济概念，国家公务员率先实践循环型绿色生活方式，扩大其对家庭成员的正面影响。倡导公众人物履行社会责任，试点推出循环经济形象大使。普及生态文明法律法规，宣传《中华人民共和国循环经济促进法》，提升公民保护环境的法律意识。增强全社会理性消费意识，引导公众秉持节约优先，力戒奢侈浪费。充分发挥新闻媒体作用，开发面向公众的循环经济和绿色生活 APP，促进绿色生活指数融入日常生活，切实增强全民节约意识。开展针对重点人群的循环经济理念的宣传，加强对青壮年人群理性消费行为的引导，使其践行健康时尚的绿色生活方式。

营造绿色消费社会氛围。把绿色消费纳入节能宣传周、科普活动周、低碳日、环境日等主题宣传活动中，发挥工会、共青团、妇联以及有关行业协会的作用，强化宣传推广。主要新闻媒体和网络媒体在黄金时段、重要版面发布公益广告，宣传绿色消费的重要性和紧迫性，宣传报道绿色消费实践，加强舆论监督，营造良好社会氛围。

二　倡导全民绿色行为

引导居民践行绿色循环生活方式，加大政府绿色采购力度，增强绿色产品供给能力，构建全民绿色行动体系，倡导全民践行绿色行为。

引导居民践行绿色循环生活方式。倡导绿色生活方式，推广绿色服装，引导绿色饮食，鼓励绿色居住，优选购买绿色建筑，发展绿色休闲经济，有序引导绿色消费。严格执行强制或优先采购节能环保产品制度，制定相关实施细则，鼓励公众购买节水节电环保产品，提高节能节水再生利用产品的消费比重。鼓励全民低碳出行。优先发展公共交通，采用单行道路方式组织交通，优化调整城市公交线网；发展轨道交通、有轨电车、BRT或大运量公共交通，扩大公共交通专用道的覆盖范围；科学设置公交站点，完善换乘枢纽体系，增加公交可达性，实现中心城区公交站点500米内全覆盖。加强城市综合交通枢纽建设，促进不同运输方式和城市内外交通之间的顺畅衔接、便捷换乘。加强城市自行车道和步行道系统建设，鼓励居民绿色出行。深化公务用车改革，持续开展新能源汽车"分时租赁"服务。逐步淘汰高耗能、高排放、高污染的老旧营运客车，力争2020年全市新能源客车占比将超过30%。①

加大政府绿色采购力度。贯彻落实《政府绿色采购法》，完善绿色采购制度。执行政府优先采购和强制采购节能环保产品制度，扩大政府绿色采购范围，健全标准体系和执行机制，扩大政府绿色采购规模。持续实施政府绿色采购政策。加大政府采购环境标志产品力度，优先采购节能、节水、节材产品及可再生产品。鼓励党政机关和公共机构购买新能源汽车，推进办公区充电基础设施建设。完善电煤气阶梯价格制度，为绿色消费项目提供专项补助资金和税收减免。完善政府绿色采购的执行机制。加强需求管理，制定绿色采购需求标准规范，制定颁布绿色采购需求表。探讨将绿色采购需求内置于招标文件与合同中，重视绿色采购合同的履约过程，依托抽检和追溯制度，科学评价绿色采购的环境影响。

增强绿色产品供给能力。出台财政税收政策，鼓励企业生产绿色产品，增强绿色产品供给能力。按行业制定符合生态环保要求的标准，对绿色产品生产企业给予政策扶持和技术支持。开展绿色信贷，对采用先进节能技术、有利于绿色消费的项目，给予专项资金补助或税收减免。加强监

---

① 《今年镇江市实施新一轮低碳九大行动》，2016年3月22日，http：//www.js.xinhua-net.com/2016-03/22/c_1118402133.htm。

管执法力度，强化对绿色产品的监测、监督和管理，维护正常市场秩序。推动绿色产品生产和绿色基地建设，扶持绿色产业。建立绿色产品营销体系和绿色产品追溯制度。增强政府供给绿色产品能力。持续扩大投放混合动力公交和纯电动大运量公交车，加快对传统动力公交车的替代工作。落实《关于推行节地生态安葬的指导意见》，按照节地生态标准建造公墓，推广实施生态节地安葬，力争2020年新增公益性公墓节地生态安葬率达到100%。

三　建立绿色生活支持系统

强化绿色循环生活的法治环境，搭建绿色生活公共服务平台，完善生活类再生资源回收利用体系，全面建立绿色循环生活支持系统。

强化绿色循环生活的法治环境。落实上级政府颁布的节能法、循环经济促进法等相关法律。结合镇江实际，修订完善《镇江市城市节约用水管理办法》，研究制定餐厨废弃物管理与资源化利用条例、限制商品过度包装条例、报废机动车回收管理办法、强制回收产品和包装物管理办法等专项条例，明确经济活动主体的责任义务。推动粗放型经济社会系统向循环型转变。制定水、大气和土壤污染防治等地方法规条例，构建绿色生活指标体系，制定绿色生活目标，细化评价考核办法，激励绿色生活践行者。

构建绿色生活公共服务平台。健全环境信息公开制度，建立环境保护网络举报平台，全面推进信息公开，倡导全民参与，让公民成为保护环境的建设者和监督者。定期发布绿色产品信息。加强绿色生活信息发布，帮助消费者获取绿色产品信息，为公众践行绿色生活提供服务。规范绿色产品认证标准和认证机制，建立查询平台，发布国家认证的有机食品、环境标志产品和绿色装饰材料等。

健全社会资源循环利用体系。落实《再生资源回收体系建设中长期规划（2015—2020年）》，完善镇江市以回收网点、分拣中心和集散市场（回收利用基地）为代表的三级回收网络，建立城乡一体化的再生资源回收体系。推进公共机构和政府机关废旧商品回收体系建设，分类回收城市生活垃圾，开展餐厨废弃物、建筑垃圾、包装废弃物、园林废弃物、废弃电器电子产品和报废汽车等城市典型废弃物回收和资源化利用，不断提高玻璃、塑料、纸箱等包装物品的回收利用率。实施"互联网＋再生资源"

回收模式，鼓励互联网企业参与搭建城市废弃物回收平台，力争 2020 年镇江 85% 以上社区及乡村实现回收功能的覆盖。鼓励镇江东部地区深化生产系统与生活系统的循环链接，推动企业余能、余热在生活系统的循环利用，扩大中水和再生水等应用范围。组织回收企业与公共机构对接，通过开展义务回收、协议回收、定期回收和流动回收等多种方式，建设规范收集、安全储运及环保处理的示范模式。

参考文献

诸大建：《循环经济：上海跨世纪发展途径》，《上海经济研究》1998 年第 10 期。

诸大建：《从可持续发展到循环型经济》，《世界环境》2000 年 1 期。

江心英、张海峰：《循环经济理论与区域实践》，中国农业科学技术出版社，2006。

第七章
转型镇江，推动产业生态化发展

产业生态化是加快镇江生态文明建设的重要途径。推进工业绿色转型，促进现代服务业生态化发展，发展现代生态农业，建立健全产业生态发展长效机制，促进镇江绿色转型发展。

第一节 镇江市产业生态化发展概述

产业生态化理论研究与实践是当前热点之一。经过多年的发展，形成了"产业共生"、"产业代谢"、"产业生态系统"等重要理论。产业生态化是镇江加快生态文明建设的重要途径。

一 产业生态化的内涵与特征

产业生态化理论源于 Robert U. Ayres（1988）提出的产业代谢理论，后续发展为产业生态学。迄今为止，产业生态化的概念还没有统一界定。基于生态化目的，厉无畏（2002）指出"生态化是指产业依据自然生态的有机循环原理建立发展模式，将不同的工业企业、不同类别的产业之间形成类似于自然生态链的关系，从而达到充分利用资源、减少废物产生、物质循环利用、消除环境破坏以及提高经济发展规模和质量的目的"。[①] 基于产业生态化的过程，郭守前（2002）认为"产业生态化创新，是指把产业系统视为生物圈的有机组成部分，在生态学、产业生态学等原理的指导下，按物质循环、生物和产业共生原理对产业生态系统内和各组分进行合

---

① 厉无畏、王慧敏：《产业发展的趋势研判与理性思考》，《中国工业经济》2002 年第 4 期。

理优化组合，建立高效率、低消耗、无（低）污染、经济增长与生态环境相协调的产业生态体系的过程"。① 他认为产业生态化创新是一种变革，是全过程的生态化。产业生态化的核心就在于将产业活动物质生产过程中资源和能量的消耗纳入生态系统总交换中，实现产业生态系统的良性循环。综上，产业生态化的核心是产业系统的生态化，其目的是为了提高资源利用效率和减少废弃物排放，产业生态化是由低级向高级演变的过程。

产业生态化的特征。产业生态化的核心特征是提高生态效率，即"资源节约与环境友好"，以更少的资源能源消耗和更少的废弃物排放促进产业发展和经济增长。要实现这一目标，最根本的途径就是提高人类产业活动的生态效率，这也是产业生态化的核心要义。形成生态产业链，生态产业链是一个由不同企业组成的动态的企业联盟，具有很强的系统性，即产业集群发展。其技术特征是以绿色技术为支撑，技术是产业生态化的重要支撑。产业生态化的实现是以技术创新为前提的，实现生产和消费过程的减量化、再利用和资源化都离不开技术创新。产业生态化的实现离不开绿色技术创新与发展，废弃物处理、污染治理、新能源的开发等产业生态化过程中的重大问题，无一例外都需要先进技术的支撑。其驱动力特征是政策依赖性强。相比于传统产业发展方式，产业生态化具有很强的外部环境依赖性，很难单纯依靠企业在市场机制下自发地进行污染治理、工艺改造等生态化转变，产业生态化的过程更需要政府规制，改善市场资源配置的效率，实现经济发展与生态的和谐。因此，地方政府的绿色转型治理能力，是产业生态化发展的重要外部条件。

二 镇江市产业生态化发展概述

镇江市转型发展的核心内容是优化产业结构，促进产业绿色转型发展，推进工业绿色发展，是镇江稳增长、调结构的重要举措。2015 年 6 月，镇江成为全省唯一的全国工业绿色转型发展试点城市，围绕"率先实现工业绿色转型发展"的目标，镇江市经济和信息化委员会编制了《工业绿色转型发展试点城市实施方案》，全方位推动工业绿色转型。扩大现代服务业规模。积极培育新兴服务业态，提升重点服务业发展质量，优化现

---

① 郭守前：《产业生态化创新的理论与实践》，《生态经济》2002 年第 4 期。

代服务业发展路径，实施服务业"八大"重点工程，促进镇江现代服务业生态化发展。优化现代农业结构。推动现代农业循环化融合发展，促进农业生产过程绿色化，发展现代生态农业。

第二节　镇江市推进工业绿色转型发展

2015 年 6 月，镇江成为江苏省唯一的全国工业绿色转型发展试点城市。镇江市经济和信息化委员会编制了《工业绿色转型发展试点城市建设推进方案（2016—2017）》，全方位推动工业绿色转型。①

一　工业绿色转型的指导思想与预期目标

《工业绿色发展规划（2016—2020 年）》指出，到 2020 年绿色发展理念将成为工业全领域全过程的普遍要求。如前所述，镇江产业结构偏重，重化工企业占比较高，当前经济下行压力大，企业绿色改造融资难，推进绿色发展的体制机制尚需完善。因此，坚持科学的指导思想，促进镇江工业绿色转型，对于建设生态文明至关重要。

工业绿色转型的指导思想。全面贯彻十八届五中全会精神，坚持绿色发展理念，围绕"生态领先、特色发展"的战略部署，以《〈中国制造2025〉镇江行动纲要》为指导，融入"互联网＋"思维，一手抓存量工业的绿色转型，一手抓新兴产业的绿色发展，按照全生命周期理论，开展绿色设计，开发绿色产品，推行绿色制造，建设绿色工厂，发展绿色园区，打造绿色供应链，培育和壮大绿色经济，全面降低工业生产的能耗、水耗、物耗及排放，逐步构建富有镇江特色的节地、省工、高效、低耗、清洁的绿色制造产业体系。

转型发展的总体思路。立足"三条主线"，实施"五大工程"，多管齐下，实现"一个目标"，即围绕"构建科技含量高、资源消耗低、环境污染少的产业结构和生产方式，力争率先成为全国工业绿色转型发展示范城市"的发展目标，立足"传统产业提升改造、战略性新兴产业发展和循环

---

① 本节主要内容来源于 2016 年镇江市经信委编制印发的《工业绿色转型发展试点城市建设推进方案（2016—2017）》。

经济产业链培育"三条主线，着力打造"高端产业集聚基地、清洁生产示范基地、循环经济发展基地和生态修复样板基地"（四基地）以及"工业绿色转型发展云平台"（一平台）。

转型发展的预期目标。围绕上述总体思路，以"优、轻、高、强、绿"为工业绿色转型方向，以"三主线"和"四基地一平台"为依托，促进工业绿色转型发展。2017 年实现战略性新兴产业销售收入占规模以上工业比重提高至 50%，信息化发展水平总指数提高至 91，规模以上万元增加值能耗、万元工业增加值用水量比 2013 年分别下降 20.7% 和 30.1%，主要工业废弃物综合利用率达到 99.5%。力争 2017 年在产业结构调整、资源能源利用效率、污染物排放水平等方面取得显著成效，具体指标体系见表 7 - 1。到 2020 年绿色发展理念成为工业全领域的基本要求，工业绿色发展推进机制基本形成，绿色制造产业成为经济增长新引擎和国际竞争新优势，工业绿色发展整体水平显著提升。

表 7 - 1　镇江市工业绿色转型发展指标体系

序号	指　　标	2017 年	属　性
1	战略性新兴产业销售收入占规模以上工业销售收入比重（%）	48	预期值
2	单位 GDP 能耗（吨标煤/万元）	0.5	约束值
3	规模以上工业能源消费总量（万吨标准煤）	1550	约束值
4	万元工业增加值能耗（吨标煤/万元）	0.6	约束值
5	万元工业增加值水耗（立方米/万元）	7.8	约束值
6	信息化发展水平总指数	91	预期值
7	工业用水重复利用率（%）	95	预期值
8	单位 GDP 二氧化碳排放量（吨/万元）	1.5	约束值
9	重点行业主要污染物排放下降幅度（%）	6	约束值
10	非化石能源占能源消费量比重（%）	6.5	预期值
11	主要工业固体废物综合利用率（%）	99.5	预期值
12	重点行业企业清洁生产审核率（%）	100	预期值
13	水功能区达标率（%）	80	预期值

资料来源：国家工信部《关于同意镇江市工业绿色转型发展试点实施方案的批复》（工信部节函〔2015〕271 号），2016 年 5 月 24 日。

二　工业绿色转型的发展路径

围绕镇江产业结构、生产方式和体制机制存在的问题，结合镇江"十三五"国民经济和社会发展规划目标，工业绿色转型必须关注优化产品结构、三集发展、绿色制造、改善能源结构等领域。为此，镇江市经信委提出重点实施工业发展"三集"行动、绿色制造推广行动等八大行动计划。

1. 构建绿色制造业体系

产业结构是一个"资源配置器"，是环境资源的消耗和污染物产生的质（种类）和量的"控制体"，对环境产生重要影响。[①] 落实《镇江市国民经济和社会发展第十三个五年规划纲要》目标，按照长三角特别排放标准要求，以《〈中国制造 2025〉镇江行动纲要》为指导，按照"促进存量产业绿色化再造，扩大绿色新增产业规模"的发展思路，优化绿化产业体系。支持镇江经济技术开发区、京口工业园对化工、食品、纺织、冶金、建材等传统制造企业实施清洁生产审核，推进绿色低碳发展。鼓励以工业固废为原料，生产绿色建筑材料。依托江苏扬中新能源产业园，大力发展新能源产业。依托镇江经济技术开发区静脉产业园，发展资源循环利用产业。依托中瑞镇江生态产业园，发展节能环保产业。

2. 改造提升传统产业

围绕化工、冶金、电力、建材和造纸五大高耗能的传统行业，开展绿色转型和改造提升专项行动。严格控制丹徒开发区高资片区新增化工、建材、热电等高污染项目，支持下蜀镇的建材和能源企业之间形成循环经济链条。化工行业专项整治以提高企业入园进区集中度和绿色循环发展为重点，推进生产体系密闭化、物料输送管道化、危险工艺自动化、企业管理信息化；电力行业实现超低煤耗，近零排放，已有百万千瓦级燃煤机组通过改造，在煤耗和排放方面达到国内一流水平；建材行业控制水泥等高耗能产品总量，落实产业结构政策，化解过剩产能，实施重点企业节能减排项目，开展水泥窑协同处置生活垃圾及污泥项目试点；造纸行业以高档生活用纸、高强瓦楞纸、特种纸为发展重点，优化产品结构，重点开发绿色

---

① 王丽娟、陈兴鹏：《产业结构对城市生态环境影响的实证研究》，《当代教育与文化》2003年第 4 期。

纸产品，实现产品的绿色化、高端化、规模化、品牌化；冶金行业重点推广应用绿色装备、绿色工艺技术，开发下游高附加值的细分产品，调整产品结构。淘汰落后产能。促进钢铁行业调整产品结构，行业前两位企业（集团）钢铁产能集中度提高到 85% 左右；培育 1～2 家大中型水泥企业（集团），行业前两家水泥生产企业集中度超过 75%；船舶行业前两位企业（集团）产能集中度提高到 85% 左右。2016 年底基本解决主城区东西两个片区的环境污染突出问题，韦岗片区成为苏南山丘科技文化、休闲旅游度假区和生态文明示范区，谏壁片区成为生态良好、特色鲜明的现代产业园区与新型城镇化融合发展示范区。2017 年全市产业过剩行业的产能规模得到有效控制。

3. 培育壮大新兴产业

落实新兴战略产业发展规划，引导和支持新兴产业高起点、绿色化发展。不断提升新兴战略产业占比，以此带动全市工业的快速转型。高端装备制造重点突出绿色造船、纯电动汽车、氢能源汽车、低油耗飞机等绿色产品。新材料产业重点采用降低能耗和物耗的生产工艺和设备。太阳能、氢能等新能源产业要从生产向应用拓展，推动有条件的企业成为综合能源解决方案提供商。大力发展绿色制造产业。扩大绿色产品生产规模，提升电动汽车及太阳能、风电等新能源技术装备制造水平，支持节能环保装备、产品与服务等绿色产业成为镇江"十三五"时期新的经济增长点。

4. 促进工业集聚集约发展

产业生态化是由多个彼此相关的企业共同组成的产业共生体，具备生物群落的基本特征，拥有中心企业和外围企业的结构特征，这是产业"三集"发展的理论基础。镇江市严格落实主体功能区规划，全面推行项目绿色准入评估，按照"四个一律不准"的要求，严把项目准入关，加快产业集中、集聚、集约发展，全市重点打造 10 个先进制造业绿色示范园区。2017 年先进制造业园区应税销售占工业应税销售比重提高 5% 以上。打造高端产业集聚基地。按照产业生态化的要求，调整优化产业布局，推动产业转型升级，构建绿色低碳的现代化工业产业体系。重点打造航空航天配套产业基地和通用飞机整机制造、高端电气设备产业、汽车及零部件、特种船舶和配套设备、现代物流业、中瑞生态产业园等高端产业集聚基地。打造循环经济发展基地。实施园区循环化改造工程，培育和延伸园区内企业间和企业内部循环链条，构建资源联供、产品联产和产业耦合共生的循环经济发展模式。提高镇江新区、丹徒、丹阳、句容等一批国家级、省级园区循环化改造能力。2017 年基本完成省级以上开发区循环化改造。鼓励军民融合发展。围绕航空航天、新材料、船舶与海洋工程、新一代信息技术、特种车辆五大军民融合产业，培育军民融合企业，引进军民融合重点项目，打造军民融合产业特色优势，积极创建国家军民结合产业示范基地，形成军民高效互动、协调发展的良好格局。

5. 实施工业全流程绿色化

贯彻落实我国《工业绿色发展规划（2016—2020 年）》，推广生态设计，实施源头控制，根据资源综合利用、清洁生产、单位土地和厂房面积产出、生产过程能耗、产品能效等级、两化融合指数、数控一代企业覆盖率等绿色技术应用指标，开展绿色产品、绿色企业、绿色园区认定活动，有序构建绿色制造体系，实现厂房集约化、原料无害化、生产洁净化、废物资源化和能源低碳化。推广产品生态设计。实施产品生态设计是发展循环经济的重要手段，推行产品生态设计是制造业企业的必然选择。贯彻落实《关于电动汽车动力蓄电池回收利用技术政策（2015 年版）》，鼓励镇江高新技术产业开发区、丹阳开发区等在船舶、汽车等机械装备业推行产品生态设计，提高产品模块化。推广先进内燃机、高效变速器、轻量化材料、整车优化设计以及混合动力等节能技术和产品，从源头上管控三废排放和资源利用减量化，降低产品全生命周期的物耗与能耗。加强过程控制，对镇江经济技术开发区、京口工业园、丹徒开发区高资片区等重点化工、建材、冶金、燃煤电力企业的生产过程实施在线实时监控，建立能源消耗和碳排放总量控制预警机制，促进生产过程低碳化。加大末端治理力度，加大对企业污染治理的投入力度，推进节能降耗。加大开发园区循环化改造力度，促进循环经济技术覆盖重点行业。

6. 打造清洁生产示范基地

普及先进适用的清洁生产技术、工艺及装备，提高钢铁、水泥、造纸等重点行业的清洁生产水平，使工业二氧化硫、氮氧化物、化学需氧量和氨氮排放量明显下降，高风险污染物排放大幅削减。突出重点行业，加强清洁生产先进技术应用和标准执行，加大综合整治和落后淘汰力度。力争2017 年镇江高耗能、高污染行业企业清洁生产审核率达 100%，通过

ISO14000 认证率超过 40%，工业固废综合利用率达到 99.5%，万元 GDP 用水量下降 30% 左右，再生资源循环利用率超过 65%，50% 以上企业单位产品资源消耗及排放达到行业先进值，创建省级以上清洁生产示范企业 10 家以上，培育 5 家以上国家行业清洁生产标杆企业。减少三废排放量。强化工业"三废"治理和再资源化，重点实施工业污水毒性削减工程和尾水深度处理工程。全面实施脱硝工程，强化工业废气污染防治。建立工业固体废物资源化处理系统，扩大"城市矿产"试点规模，促进工业固体废弃物再资源化（详细内容参见第六章）。

7. 优化绿色能源

优化能源结构。推动绿色电力调度，优先调用可再生能源发电和高能效、低排放的化石能源发电资源。2016 年我国制定完成下一阶段载重汽车整车燃油效率标准，并于 2019 年实施；2017 年启动全国碳排放交易体系，将覆盖钢铁、电力、化工、建材、造纸和有色金属等重点工业行业。为此，镇江制定了煤炭总量控制方案，实施煤炭消费总量控制。新上以煤炭为原料的项目，严格按照国家规定实施煤炭消费等量或减量替代，推进锅炉（窑炉）清洁能源替代燃煤项目。推广实施"金屋顶"计划，加快推进存量工业厂房分布式光伏项目的建设。对符合太阳能光伏发电利用要求、新建屋顶面积在 1000 平方米以上、在 20 个先进制造业园区内的工业厂房，按照满足建设分布式屋顶光伏电站的要求进行设计。开展"智慧能源"管控行动。以"中国电能云"平台为依托，提升企业用电管理水平，创建"全国工业领域电力需求侧管理示范区"。2017 年底 40% 以上的规模以上工业企业成为"中国电能云"平台上线用户。推进企业能源管理中心建设，在电力、化工、建材等高耗能行业中，3 年选择 10 家左右的重点企业建立能源管控中心的试点示范，全面提升企业能源管理水平。运用合同能源管理模式，围绕淘汰落后电机、推广高效电机和提升电机系统能效，推进电机系统节能改造。打造工业绿色转型发展云平台。以镇江"生态云"及"一核六面"中的"节能低碳"管理平台为基础，通过与产业转型、环境保护、资源资产、空间布局等专题管理平台的数据交换、互联互通，形成工业绿色转型发展云平台。以高耗能行业、重点用能企业、主要用能设备为重点，在全国率先建成集区域和企业能耗监测预警、节能量交易管理、节能改造服务等为一体的综合性平台，达到可控、实用、实时、共享的建设目标。

8. 打造生态修复样板基地

建设长江生态走廊，有效保护重要水源、湿地、耕地、水体以及山体，2016 年水功能区达标率提高到 78% 以上，生态恢复治理率达到 60% 左右，污染土壤修复率达到 65% 左右。重点实施矿山地质环境保护和恢复治理、生态绿化、水环境整治三大工程。

三　促进工业绿色转型的保障措施

完善组织保障。建立由市政府主要领导挂帅、分管领导具体负责的推进联席会议制度，实行"月调度、季督查、年考核"的工作推动机制。研究出台推动工业绿色转型发展的具体政策，协调解决试点城市创建中的问题，联席会议由各辖市区人民政府、镇江新区管委会、市政府办、金融办、发改委、经信委、财政局、科技局、国土局、规划局、环保局、统计局、水利局、住建局、质监局、交通局等部门组成，日常办事机构在市经信委。建立管理、监察、服务"三位一体"的节能监管体系，加强市、区（县）节能监察机构建设。

创新管理模式。完善考核指标体系。在对各辖市区人民政府及市各有关部门的节能目标责任考核中，将推进工业绿色转型发展的相关指标纳入考核范围，同时积极探索改进和完善考核评价指标体系，实行个性化、差异化的"绿色"考核，降低经济总量方面指标的权重，提高工业绿色转型发展指标的权重。严格实行负面清单制度。对照产业导向、生态优先、节能减排和投入产出四条标准，制定企业投资"负面清单"。落实《镇江市产业类固定资产投资项目综合评估工作办法》，强化绿色化准入约束。贯彻落实主体功能区制度，在各功能区执行差异化的土地政策、财政政策、产业政策和环保政策。

保障绿色融资。创新金融模式，促进绿色发展。优化绿色发展融资环境，构建多层次、多功能的绿色金融服务体系。实施绿色信贷，鼓励金融机构加大对工业绿色转型发展的信贷支持。严格执行差别化电价政策，对火电、水泥、钢铁、化工、造纸等高耗能企业分为限制类、淘汰类、允许类和鼓励类，实行差别化电价。

增强节能基础能力。加强企业能源管理体系建设，督促年耗能 5000 吨标煤以上的重点用能企业建立能源管理体系。鼓励企业开展能源审计工作，通过能源审计，分析企业用能现状，查找问题，提出切实可行的节能技改措施。推行合同能源管理，培育专业化节能服务公司，采用合同能源管理方式为用能单位实施节能改造。打造评估、诊断、融资、投资、运营、考核为一体的节能服务产业链。

舆论宣传保障。充分利用现代信息传播手段加大绿色发展的宣传引导。运用"镇江企业政策通"网络和手机平台，及时发布国家、省、市工业绿色转型发展的扶持政策。健全专家咨询和公众参与机制，对涉及公众环境权益的重大示范创建项目，在项目启动建设前，通过评审会、听证会、论证会或公示等形式，充分听取专家和公众的意见，形成全社会参与，共同创建工业绿色转型发展示范城市的社会氛围。宣传国家绿色发展政策，增强社会公众对工业绿色发展的关注度，营造全社会关注工业绿色发展的浓郁氛围。

第三节　镇江市促进现代服务业生态化发展

持续扩大现代服务业规模，提高服务业占比，提升服务业发展质量，优化现代服务业发展路径，促进镇江现代服务业生态化发展。

一　持续扩大现代服务业规模

"十三五"时期镇江将持续扩大现代服务业规模，着力推进服务业高端化和集约化发展，全面形成以服务经济为主的现代产业体系。服务业增加值年均增速高于全市 GDP 增速，2020 年全市服务业增加值占全市 GDP 比重高于 50%。

打造旅游业成为服务业第一支柱产业。积极发展生态旅游业，全面构建"畅游镇江"体系，推进旅游业提档升级，把镇江打造成为国际知名的山水花园城市与文化旅游名城、国内一流的旅游目的地、长三角地区重要的休闲度假胜地。整合镇江全域旅游资源，充分彰显山水、江河、湖岛等特色生态旅游资源，加快构建以"三山"、南山、西津渡为核心的主城旅游发展核，以环茅山养生度假乡村旅游区、丹阳国家级旅游产业创新发展示范区、江岛温泉养生旅游区三大旅游发展区为主体，以沿江连岛旅游带、沿古运河旅游观光带、沿高速公路区际快速通道带、沿城市山林绿道慢行城乡体验带四大旅游带为支撑的"一核三区四带"的大旅游空间格局。打造旅游精品，构建以观光和专项旅游产品为基础，休闲度假和商务会展旅游为重点的旅游产品体系。重点开发礼佛福地、长江连岛、倾城浪漫、茅山问道、创意时尚五大主题旅游产品，打造"畅游镇江"旅游精品线路。实施"旅游＋"行动，延长和完善旅游产业链条，推动旅游商品研发产销、旅游装备制造、旅游娱乐、酒店住宿、特色餐饮等相关产业联动发展。提升旅游综合服务功能，构建旅游信息共享平台，建设"三山"旅游服务集聚区，深入推进"智慧旅游"项目建设。加强旅游市场开拓和营销，提升镇江旅游品牌的国际知名度和影响力。推进宗教文化旅游资源开发，发挥宗教资源对旅游的影响力和拉动力。深化旅游业管理体制改革，提升旅游业策划、建设、经营和管理的市场化水平，鼓励国际资本、民间社会资本投资旅游业。

壮大现代物流和文化创意特色主导产业。以提质增量为导向，不断提升现代物流业和文化创意业发展水平，壮大特色主导产业。发挥江海河、公铁水联运优势，着力推进大港口、大物流体系建设，形成以镇江新区港口综合物流园为核心的"一核三片八区"物流产业格局，强化沿江物流带腹地产业集聚功能，打造长江经济带重要物流枢纽和长三角区域性物流中心。加强物流业与制造业、商贸业联动发展，加强资源整合协调，推进货运枢纽型、生产服务型、商贸服务型、口岸型、综合型等特色物流园区建设。加快现代物流示范城市配送体系发展，优化物流节点布局。运用"互联网＋"等新兴技术，积极发展智慧物流。文化创意产业，实施"文化＋"行动，促进文化与网络以及文化与科技、旅游、金融产业融合发展，提升文化创意产业发展水平，建设文化产业强市。整合人才、品牌、资金，打造文化创意产业链，形成分工合理、重点突出、各具特色的文化创意产业空间新格局。大力发展创新设计、新兴传媒、动漫游戏等新兴产业，提升广播影视、出版发行、演艺娱乐等传统产业的发展质量，积极培育与文化创意产业相关的教育培训、健康、旅游、休闲等服务性消费需求。壮大文化产业发展主体，重点支持大型文化企业做大做强，扶持中小文化企业快速发展。以资本为纽带，引进和培育一批大型文化产业集团和骨干企业，推进民间文化投资，做强文化产业实力。

二 培育新兴服务业态

实施"互联网+"行动计划①。培育发展电子商务、云计算和物联网、服务外包、健康养老以及环境服务等服务业新兴业态，加快形成业态创新优势。加快平台载体建设，促进电商集聚发展，全面拓展电子商务应用，优化电商发展生态环境，营造创新创业浓厚氛围，开展电子商务示范工程建设和跨境电子商务试点，创建国家电子商务示范城市。力争 2020 年全市电子商务交易额占社会消费品零售总额比重超过 15%。

壮大服务外包业规模。抢抓国际服务外包产业转移机遇，放大镇江市成为国家级服务外包示范城市的平台效应，加快引进服务外包龙头企业，大力发展高技术、高附加值服务外包产业，促进其向产业价值链高端延伸，促进服务外包业快速发展。推进制造企业服务化，鼓励部分具有核心技术的制造企业，通过合同能源管理、设备租赁服务等方式，加快产业转型，形成专业技术服务优势。到 2020 年，服务外包合同额和执行额分别达到 50 亿美元和 30 亿美元。

促进健康养老业发展。建设健康养老服务体系，创新医养结合发展，满足人民群众多层次健康与养老服务需求，打造长三角地区知名健康服务和休闲养老胜地。到 2020 年，医疗卫生机构每千人病床数（含住院护理）6 张；护理型床位占养老服务总数 60% 以上，养老床位占老年人口总数达到 45‰；建成全面覆盖居民家庭、城乡社区、养老机构的医养融合服务体系。重点推进圌山休闲养生园、茅山康缘健康园、新民洲生态健康养老产业园等医养融合重点项目，尽快形成具有市场竞争力的新型健康服务产业特色。

培育环境服务业。培育和规范环境服务业市场，推进重点领域环境服务业发展与模式创新，形成以低碳、节能和清洁生产技术服务为特色的环

---

① 李克强总理在 2015 年政府工作报告中首次提出实施"互联网+"行动计划。"互联网+"是创新 2.0 下的互联网与传统行业融合发展的新形态、新业态，是知识社会创新 2.0 推动下的互联网形态演进及其催生的经济社会发展新形态。"互联网+"代表一种新的经济形态，即充分发挥互联网在生产要素配置中的优化和集成作用，将互联网的创新成果深度融合于经济社会各领域之中，提升实体经济的创新力和生产力，形成更广泛的以互联网为基础设施和实现工具的经济发展新形态。

境服务产业高地。① 出台相关扶持政策，加强产业引导，培育一批涵盖环境咨询、环保设备、工程设计等产业链各个环节，能够提供高质量环保服务产品，具有较强竞争力的环境服务骨干企业。依托国家低碳城市试点、生态文明先行示范区建设以及新区循环化改造试点园区建设等项目，加快形成低碳环保技术、交易和管理服务平台，抢占低碳产业服务高地，打造低碳服务产业特色。鼓励发展提供系统解决方案的环境综合服务商，探索合同环境服务等新型环境服务模式。

三　提升重点服务业发展质量

加快推进现代商贸、商务金融、软件信息和科技服务等服务业高端化发展，提高服务业发展质量。强化现代商贸业的规划布局，加快建设镇江主城及丹阳、句容、扬中的城市中央商贸集聚区，提升丹阳眼镜市场、汽摩配市场，扬中电气工业品城、丁卯市场群，句容特色农产品市场以及正阳汽配城等专业市场水平。加快发展特色商业街、品牌直销购物中心、城市商业综合体等平台和载体，建设区域性商贸流通中心。全面推动商务服务业发展提速，实现金融业规模良性扩张和效益稳步提升，建设区域性、特色化商务金融服务中心。培育和吸引商务服务企业，做大做强会计审计、法律、知识产权、人力资源服务及旅行社服务等重点商务服务业。健全金融服务体系，优化金融服务环境，有效服务实体经济。大力发展金融创新服务，鼓励企业上市，提升金融业发展和服务水平。加快创业投资发展，加快新区、丹阳等地省级创投集聚发展示范区建设。大力发展软件信息和科技服务产业，不断加大对软件产业发展扶持力度，切实推动骨干企业培育、集聚区建设等重点工程，鼓励本地企业积极对接智慧城市、信息化生产生活服务需求，发展基于互联网的信息和数字内容服务，积极培育移动支付、移动商务等信息消费市场。培育壮大检验检测、创业孵化、成果转化等科技服务产业，引领和支撑产业转型升级。②

---

① 本部分内容主要来自《镇江市"十三五"现代服务业发展规划》。

② 本部分内容来源于《镇江市国民经济和社会发展第十三个五年规划纲要》。

四　实施服务业八大重点工程

"十三五"时期，镇江市将实施促进现代服务业发展的八大工程。[①] 八大工程具体为：服务业布局优化工程、服务业集聚区提升培育工程、服务业与制造业融合发展工程、服务业标准化建设工程、服务业重点项目引领行动、服务业"走出去"与"引进来"工程、服务业区域及行业品牌培育工程、服务业支撑平台建设工程。

第四节　镇江市发展现代生态农业

农业生产系统具有生态价值和工具价值。优化现代农业结构，推动现代农业循环化融合发展，促进农业生产过程绿色化，发展现代生态农业。

一　优化现代农业结构

现代生态农业是指基于生态原理，运用系统工程方法，合理组织农业生产，实现农业高产优质高效持续发展，达到生态系统与经济系统良性循环，协同实现"三大效益"的现代农业。[②] "十三五"时期，镇江重点发展优质粮油、高效园艺、特种养殖、碳汇林业、休闲农业五大产业，大力发展生态农业，推广绿色食品、有机食品生产技术，延伸链条、壮大规模、提升知名度。发展优质粮油产业，实施粮油高产增效工程，稳定粮食总产量，建设一批粮油产品集中加工区，打造华东地区一流的粮油生产加工基地。鼓励发展应时鲜果、名优茶叶、绿色蔬菜、花卉苗木等高效园艺产业，实现"一村一品"和"一镇一特"。围绕畜牧业和渔业，发展优质、高效、生态、安全的现代畜禽产业，建成一批高水平的标准化养殖小区，提升现代渔业产业园发展水平，做大做强江鲜特色产业。巩固"国家森林城市"成果，实施长江防护林、森林植被恢复、绿色家园建设、森林文化创建等工程，拓展造林绿化空间，提高林业林木蓄积量和综合效益，积极

---

① 具体内容参见《镇江市"十三五"现代服务业发展规划》。
② 王洋、李东波、齐晓宁：《现代农业与生态农业的特征分析》，《土壤与作物》2006 年第 2 期。

发展碳汇林业产业。支持发展"科教型、体验型、休闲型、度假型"四大休闲观光农业。大力发展融经济、生态、旅游、科教为一体的现代都市农业，拓展农业功能，推进农业产业升级，提升农业综合开发效益。

二　促进现代农业循环化融合发展

贯彻落实《全国农业可持续发展规划（2015—2030年）》，优化调整种养业结构，推广"稻鱼共生"、"猪沼果"、林下经济等生态循环农业模式。推动镇江农业"接二连三"，推进农业产业化经营，引导和支持"农民＋基地＋龙头企业"的发展模式，通过合作与联合的方式发展五大特色主导产业、农产品加工业和农村服务业，让农民分享产业链增值收益。鼓励和引导龙头企业为农户提供技术培训、贷款担保、农业保险资助等服务，发展一村一品、村企互动的产销对接模式。发展"互联网＋农业"，做大做强"农联·亚夫在线"、"镇江原味生活"等服务平台，加快推进电子商务等新兴业态发展，培育一批网络化、智能化、精细化的"特色产业＋绿色生态＋精深加工"的现代农业孵化基地，形成示范带动效应。构建农产品生产、加工、流通、销售及农业休闲旅游于一体的农业全产业链，促进农村第一、第二、第三产业融合发展。积极培育新型经营主体。提升农民素质，培育一批爱农业、有文化、懂技术、善经营的新型职业农民。发展多种形式适度规模经营，大力发展专业大户、家庭农场、合作社、龙头企业、社会化服务组织等新型经营主体。开展农民合作社、综合社示范创建，积极推广"戴庄经验"，支持发展"龙头企业＋合作社＋农户"的产加销一体型合作社、综合服务型合作社。引导家庭农场领办或联合组建农民合作社，提高合作社的规模容量和运行质量。深入实施农业龙头企业质量提升行动，重点扶持一批产业关联度大、市场竞争力强、辐射带动面广的农业龙头企业和农产品出口企业。

三　促进农业生产过程绿色化

因地制宜推广节地、节水、节肥、节药等节约型农业技术，发展精准农业。坚持最严格的耕地保护制度，实施"藏粮于地、藏粮于技"战略，开展耕地质量提升行动，提升耕地生产效率。实施农田水利规划工程，全面清淤整治农村河道，推进农田水利设施建设，基本实现农田水利现代化，发展节水农业。推广农作物病虫害绿色防治技术，提高农药利用效率和防治效果，力争 2020 年全市农作物病虫害统防统治率超过 62%。建立健全"1＋1＋N"新型农技推广模式，充实专家技术人员，加强基层农技推广服务体系建设。到 2020 年，国家现代农业示范区基本实现区域内农业资源循环利用，农业科技进步贡献率达到 60%。探索建立农会、行业协会等相关农业服务组织，建立市县两级服务体系。通过股份制、股份合作制等方式，吸收供销社、信用社等农村企业参与农业社会服务体系建设，建立合理的利益联结机制，构建农产品可追溯管理体制，确保食品安全，实现互利共赢。

第五节　镇江市建立产业生态发展长效机制

强化产业生态发展的市场化推进机制，构建产业生态发展的支持系统，完善产业生态发展的规制系统，构建绿色低碳技术支持系统，建立健全产业生态发展长效机制，确保镇江产业绿色可持续发展。

一　强化产业生态发展的市场化推进机制

产业生态化发展的动力系统包括市场力和行政力，即政府引导、市场主导。探索设立产业绿色基金，吸引社会资本进入绿色发展市场。创新绿色金融模式，促进金融业与绿色产业发展深度融合。推行合同能源管理，培育专业化节能服务公司，打造节能服务产业链。引入第三方污染治理新模式，培育环境治理服务市场。推进环境资源的产权化。环境资源具有非排他性、非强制性、无偿性和不可分割性等特征。合理定价环境资源，是推动产业生态化发展最基本的动力。试点开展明晰环境资源产权①工作，规避"公有墓地的悲哀"之现象，防范环境资源过度使用和低效使用。政府制定规则，对污染量进行定价。镇江试点了资源强度和资源总量双控制度，实施"用能权、用水权、排污权、碳排放权"初始分配方法，增加资源节约高效利用内生动力。

---

① 作为一种特殊的产权，环境资源产权已成为世界各国普遍关注的问题。1960 年，美国经济学家科斯出版了《社会成本问题》一书，该书成为西方产权理论发展的重要标志。科斯认为，确保产权主体所要求的超越其责任与义务边界的成本应得到充分补偿，可用界定产权的方法解决外部性，以尽可能实现资源配置最优化。

二　构建产业生态发展的支持系统

推进产业生态化的发展，必须发挥政府的引导与示范功能。利用行政力量推动产业生态化发展，是世界多数国家的选择。发挥财政补贴政策支持作用。政府把对资源产品的补贴用于对环境补贴，刺激环境友好型产品和服务的需求量。有序扩大政府部门对生态化产品的采购规模，引导社会消费取向，刺激企业向产品生态化方向努力。加大工业绿色转型发展的政策性支持。协调推动金融机构设立"绿色信贷"，不断壮大"经信贷"、"节能贷"规模，为工业绿色转型发展试点工作提供金融支持。鉴于工业绿色转型项目社会效益明显，政府在安排专项财政扶持资金时，应加大对该类项目的扶持力度。对工业绿色转型成效明显的单位和个人，根据国家法律法规予以表彰奖励。推进政府决策法制化。镇江具有在环境保护方面的立法权，加快制定促进产业生态化发展的法规条例，以法律手段促进产业生态化发展，防范政府失灵和市场失灵。强力推行清洁生产，加大对有利于环保产业发展的环境基础设施建设，强制性淘汰污染型产业，严格贯彻落实主体功能区规划。

三　完善产业生态发展的规制系统

增强政府绿色转型治理能力。强化政绩考核、责任追究制度，对主要领导重大决策的环境影响实行终身责任追究制。试点构建自然资源的资产负债表。适应经济新常态，提升经济发展质量。实施创新驱动战略，转变生产方式，优化产业结构，提高经济绿色化程度，从根本上缓解经济发展与资源环境之间的矛盾。创新绿色融资模式，以 PPP 模式吸引社会资本投入环境基础设施建设领域。实施"负面清单"制度。对照产业导向、生态优先、节能减排和投入产出四条标准，完善企业投资"负面清单"，严格实行"四个一律"。严格实行固定资产项目综合评估和审查，落实《镇江市产业类固定资产投资项目综合评估工作办法》，强化绿色化准入约束，从源头控制能耗，减少排放。强化空间开发格局政策保障，在各功能区执行差异化的土地政策、财政政策、产业政策和环保政策。建立管理、监察、服务"三位一体"的节能监管体系，加强市、区（县）节能监察机构建设。

充分发挥 NGO（非政府组织）的监督作用。在产业生态化发展过程中，环保团体 NGO 以其群众基础广泛、组织形式灵活、开展活动丰富多样等特点，对产业生态化发展具有重要推动作用。① 政府和企业均可与之合作，共同促进产业生态化发展。NGO 提供指导政府和企业所需要的环境信息，联合政府共同推进环保及生态化任务的实施，② 监督企业环境违规行为。③

加强新闻媒体的舆论引导作用。产业生态化发展需要新闻媒体的支持，新闻媒体通过提供新信息实现产业的生态化转向。媒体在提高公众理解问题的能力上具有巨大的能量，开展全球性的生态教育主要依靠世界上著名的新闻通讯社。④

四　构建绿色低碳技术支持系统

产业生态化是生态化技术不断创新的过程，技术创新是实现产业生态化的充要条件。产业生态化的实现离不开技术创新的支持，技术进步对产业生态化具有推动作用。⑤ 只有实现生态化技术的创新，才能实现资源的循环利用、污染的减排，产业生态化才有可能实现。镇江紧跟科技革命和产业变革的方向，加快绿色科技创新，加大关键共性技术研发力度，增加

---

① 1974 年在华盛顿成立了首个全球性的环境生态问题研究机构——世界观察研究所（World Watch Institute），1982 年在华盛顿又成立了世界资源研究所（World Resources Institute），在德国成立了武伯塔尔研究所（Wuppertaler Institute）。上述机构和其他环保团体所进行的研究工作为 1992 年在巴西里约热内卢召开的地球首脑峰会讨论的很多问题提供了帮助。

② 1997 年中国台湾当局曾计划在朝鲜购买一块荒地用以处理本地区的核废料。对此，韩国最大的环保组织——韩国环保运动联合会立即与韩国政府联合抵制该计划，最后这项可能给朝鲜半岛生态环境造成巨大威胁的计划被迫取消了。

③ 1996 年壳牌石油公司计划将一套报废的抽油装置抛入北海。德国的绿色和平组织成员立即做出反应，发表声明谴责壳牌公司的行为，并发动群众抵制壳牌公司在德国的加油站。由于汽油销量锐减，壳牌公司不得不采取了另一种更为环保的处理方式。

④ 例如，以汉语为主的新华社和全球性的广电集团，美国的 CNN、ABC，英国的 BBC，日本的 NHK 等。美国《时代》周刊在 1997 年秋出了一期《我们珍贵的行星：为什么拯救环境是下半个世纪最大的挑战》的国际专刊，阐述了人类在不断恶化的环境面前企图实现可持续发展所面临的巨大挑战。

⑤ 主要表现：可以提高资源生产率，提高资源的单位消耗产值，使资源消耗实现从高增长向低增长再向零增长的转变；同时可以减少废弃物的排放，在生产的源头开始减少物质的投入，并且实现废弃物的循环利用，从而使污染排放量不断降低，缓解生态环境和自然资源的压力，实现经济的可持续发展。

绿色科技成果的有效供给，发挥科技创新在工业绿色发展中的引领作用，用生态技术改造传统产业，促进资源循环利用。

　　构建信息技术支持网络。大力发展互联网经济。加强技术应用创新，突出商业模式创新，促进跨界融合创新，把互联网经济打造成为推动产业转型升级的强大动力。推动互联网再造制造业，加快建立制造业网络信息系统，加快抢占信用、物流、安全、大数据分析等工业互联网入口，实现设计数字化、产品智能化、生产自动化和管理网络化，不断提升制造业智能化、绿色化和服务化水平。推动"互联网＋服务业"发展，重点推进互联网金融、供应链管理、新服务范式、创意产业、云计算及服务、数据核心技术等发展应用。推动"互联网＋现代农业"发展，发展精准农业、感知农业和智能农业。实施"互联网＋企业"创新培育和规模发展计划，培育一批具有较强竞争力的互联网企业。推动产业智能发展。高位对接《中国制造2025》，推动新一代信息技术与产业技术融合发展，把产业智能化作为信息化与工业化深度融合的主攻方向，改造提升传统产业，推动生产型制造向服务型制造转变；促进制造业数字化、网络化和智能化。加快发展智能装备和产品，推进生产过程智能化，全面提升企业研发、生产、管理和服务的智能化水平。深化互联网在制造领域的应用，加强互联网基础设施建设，建立智能制造标准体系和信息安全保障系统，搭建智能制造网络系统平台。

　　构建生态农业技术保障体系。生态农业技术包括节水农业技术、耕地保护和土壤改良技术、农业新品种的培育和推广技术、农业资源循环再生技术等。培育绿色技术链和产业链。积极利用余热余压废热资源，推行热电联产、分布式能源及光伏储能一体化系统应用，建设园区智能微电网，提高可再生能源使用比例，实现园区能源梯级利用。优化工业用地布局和结构，提高土地节约集约利用水平。加强水资源循环利用，推动供水、污水等基础设施绿色化改造。促进园区企业间废物资源的交换利用，通过链接共生、原料互供和资源共享，提高资源利用效率。[①]

[①]　丹麦卡伦堡工业园区有五家企业：发电厂、炼油厂、生物工程公司、石膏材料公司和一家土壤改良公司。这五家企业相距不过数百米，由专门管道连接在一起。企业间以水、能源和废弃物的形式进行交易，某一家企业的废弃物可以成为另一家企业的原材料。工业用水的循环利用技术使得发电厂减少了60%的用水量；脱硫装置的使用使发电厂每年可多生产10万吨石膏，石膏厂因此不用再从西班牙进口石膏。燃气作为新能源代替部分煤，每年节省煤约3万吨，创造了巨大的环境效益和经济效益。

参考文献

厉无畏、王慧敏：《产业发展的趋势研判与理性思考》，《中国工业经济》2002 年第
　　4 期。

郭守前：《产业生态化创新的理论与实践》，《生态经济》2002 年第 4 期。

镇江市经济和信息化委员会：《工业绿色转型发展试点城市建设推进方案（2016—
　　2017)》，2016。

国家工业和信息化部：《工业绿色发展规划（2016—2020 年)》，2016 年 7 月 20 日。

《加强生态文明建设，赢得发展永续动力》，《光明日报》2016 年 3 月 16 日。

王丽娟、陈兴鹏：《产业结构对城市生态环境影响的实证研究》，《当代教育与文化》
　　2003 年第 4 期。

王洋、李东波、齐晓宁：《现代农业与生态农业的特征分析》，《土壤与作物》2006 年
　　第 2 期。

徐艳芳：《文化产业发展与生态文明建设的良性互动》，http：//theory. people. com. cn/
　　n/2013/1005/c40531 - 23107303. html。

李鹏梅：《我国工业生态化发展路径研究》，博士学位论文，南开大学，2012。

傅晓：《我国产业生态化政府规制问题研究》，硕士学位论文，江西财经大学，2013。

高红：《低碳经济视角下的产业生态化研究》，硕士学位论文，武汉理工大学，2012。

《2016 年我国绿色制造发展九大主要趋势》，《中国循环经济》2016 年 7 月 21 日。

第八章
创新镇江，构建绿色创新体系

创新是生态城市和谐发展的灵魂，也是生态文明建设的核心内容。本章研究了镇江市生态文明建设的绿色创新体系框架，归纳了镇江市绿色创新发展实践，探索了镇江市生态文明建设的绿色创新保障措施。

第一节　镇江市绿色创新体系框架

在分析绿色创新和绿色创新体系的概念以及绿色创新体系特征的基础上，将绿色创新体系的实施机制解构为绿色创新动力机制、绿色创新协同机制、绿色创新开放机制和绿色创新治理机制，从绿色创新体系构建和绿色创新体系保障两个视角，描绘了镇江市生态文明建设的绿色创新体系框架结构。

一　绿色创新体系概述

绿色创新概念。绿色创新是指企业在实现自身可持续发展目标的过程中，无论有意识地还是无意识地，在产品设计、生产、包装、使用和报废环节节能、降耗、减少污染，旨在改善环境质量和提升产品性能，兼顾经济效益和环境效益的创造性活动。[①] 绿色创新也常被称为生态创新、环境创新和可持续创新等。[②]

---

① 李巧华、唐明凤：《企业绿色创新：市场导向抑或政策导向》，《财经科学》2014年第2期。
② 余菲菲：《联盟组合构建对企业绿色创新行为的影响机制——基于绿色开发商的案例启示》，《科学学与科学技术管理》2015年第5期。

绿色创新体系概念。绿色创新体系是在政府主导下，以减少对环境影响为目的，各类创新主体紧密联系和创新机制有效互动的社会系统。绿色创新体系包含创新投入、创新产出、创新环境三个部分。① 绿色创新体系由主体要素（包括企业、大学、科研机构、中介服务机构和地方政府）、功能要素（包括制度创新、技术创新、管理创新和服务创新）、环境要素（包括体制、机制、政府或法制调控、基础设施建设和保障条件等）三个部分构成，具有输出技术知识、物质产品和效益三种功能。

绿色创新体系特征。特征之一：绿色创新体系包括绿色技术创新体系、绿色产品创新体系、绿色工艺创新体系、绿色制度创新体系。② 特征之二：绿色创新体系目标应与经济可持续发展、生态安全以及社会可持续发展三大目标要求相一致。特征之三：绿色创新体系以支撑城市持续发展，不断提高可持续发展能力为目标。③ 特征之四：绿色创新系统可分为促进经济发展创新子系统、促进社会发展创新子系统和促进生态平衡创新子系统三个子系统。④

二 绿色创新体系的实施机制

建立绿色创新体系，必须建立完善有效的绿色创新机制，打通区域内部阻碍创新要素合理流动、创新资源合理配置、创新功能互补协作的瓶颈，搭建绿色创新合作与交流的桥梁。绿色创新体系的实施机制分为绿色创新动力机制、绿色创新协同机制、绿色创新开放机制和绿色创新治理机制。

绿色创新动力机制。绿色创新动力机制包括驱动因素、调节因素及其相互关系。其中，企业家创新意愿是主观驱动因素，技术能力是客观驱动因素，市场因素是外部驱动因素。资源承诺是内部调节因素，其影响主要体现在资金资源、人力资源和关系资源三个方面；政府政策与行为是外部

---

① 付帼、卢小丽、武春友：《中国省域绿色创新空间格局演化研究》，《中国软科学》2016年第 7 期。
② 翟绪军：《低碳时代黑龙江省装备制造业绿色创新体系构建研究》，《科技创业月刊》2013年第 5 期。
③ 丁堃：《作为复杂适应系统的绿色创新系统的特征与机制》，《科技管理研究》2008 年第 2 期。
④ 丁堃：《论绿色创新系统的结构和功能》，《科技进步与对策》2009 年第 15 期。

调节因素，其影响主要体现在环境规制、政策优惠和政府行为三个方面。[1]

绿色创新协同机制。要从城市发展的战略全局出发，加强顶层设计，促进"多规融合"。主要协同内容可以细分为：绿色创新形成机制、绿色创新整合机制、绿色创新扩散机制与绿色创新长效机制；涉及绿色技术创新、绿色产业创新、绿色供应链创新三个层面。[2] 绿色增长的体制机制主要包括"政府绿色发展考核决策引导与协调联动机制"。[3]

绿色创新开放机制。一方面，通过绿色技术创新等促进绿色创新体系的构建，发挥"溢出效应"；另一方面，借助于技术"溢出效应"，通过研发"引进来"和"走出去"，打破技术锁定现象和创新刚性现象，实现技术创新范式和轨迹的转变，[4] 从而建立良好的绿色创新开放机制。

绿色创新治理机制。主要内容包括：加快建立健全生态补偿等激励约束机制，促进企业主动承担环境责任，引导各类投资主体参与环境基础设施建设和运营；实施生态环境监管机制，避免不当或者违法行政行为的发生；加快完善环境执法机制，严肃查处违反环境保护法律法规的行为。

三　镇江市绿色创新体系内容

从生态文明建设的视角来看，镇江市绿色创新体系涵盖了创新的方方面面，内容非常丰富（见图 8 - 1）。

（一）绿色创新体系构建

绿色管理理念创新。主要包括以绿色管理理念引领镇江生态城市特色发展，以绿色管理理念优化镇江生态城市发展空间，以绿色管理理念推动镇江生态产业集聚，以绿色管理理念推动镇江生态产业转型升级，以绿色管理理念引导镇江健康生活方式。

---

[1]　王焕冉：《我国节能环保企业绿色创新动力机制质性研究》，硕士学位论文，大连理工大学，2015。

[2]　毕克新、刘刚：《论中国制造业绿色创新系统运行机制的协同性》，《学术交流》2015 年第 3 期。

[3]　田文富：《以"五化"协同引领绿色发展的体制机制建设》，《区域经济评论》2016 年第 2 期。

[4]　燕雨林：《构建开放型区域创新体系须完善四大创新机制》，http://news.xinhuanet.com/local/2016 - 05/16/c_128984925.htm。

绿色技术创新。主要包括研发和推广绿色建筑节能技术，研发和推广节能节水技术，研发和推广废弃物再资源化技术，研发和推广清洁生产技术。

生态管理机制创新。主要包括实施项目化推进机制，实施资源控制机制，实施生态环境监管机制，实施生态激励机制，实施生态违法约束机制。

生态管理模式创新。主要包括推进生态文明建设的信息化综合管理，首推四碳创新管理模式，首创"目标—过程—项目"整合协同管理模式，实施环境风险治理，量化生态考核指标评价体系。

生态文明服务模式创新。主要包括创建各式生态文明建设服务平台，推行"四统一"服务新模式，将生态文明植入国民教育服务内容体系。

（二）绿色创新体系保障

镇江市绿色创新体系保障措施主要包括加强组织协调、强化政策保障、完善投入保障机制、推进合作与交流、规划建设生态载体、加强督查考核评估、增强生态法治保障能力。

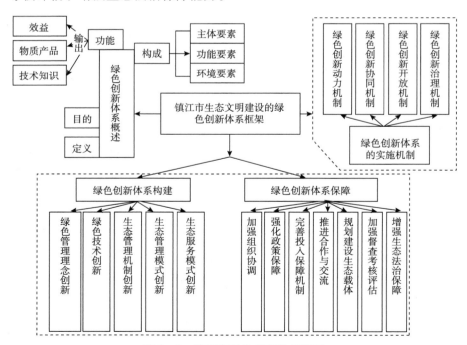

图 8-1 镇江市绿色创新体系框架

第二节　镇江市绿色创新发展实践

镇江市绿色创新发展实践包括绿色管理理念创新、绿色技术创新、生态管理机制创新、生态管理模式创新和生态服务模式创新五个方面。

一　镇江市绿色管理理念创新

为了建设生态城市，镇江市着重突出绿色 GDP 概念，发挥生态绿色低碳的导向和支撑作用，坚持将低碳、环保和绿色理念贯穿经济社会发展的全过程，形成了独特的城市绿色管理理念。

（一）以绿色管理理念引领生态城市发展

在"发展和环保"的选择题面前，镇江市较早理清了"金山银山"和"绿水青山"的关系：从以绿水青山换金山银山，到既要金山银山也要绿水青山，再到绿水青山就是金山银山，生动诠释了"青山"与"金山"关系的深刻内涵。[①] 当初，镇江市进行战略路径选择的目的是让"绿水青山"更好发挥"金山银山"效应。镇江理性审视生产与生态的关系，用良好的生态环境延展生产发展和人民生活的可持续程度，用生态激活生产，用生产保障生态，初步显现出生产空间集约高效、生活空间宜居适度、生态空间山清水秀的协同效应。[②] 在实践中，镇江的低碳建设渐入佳境，基于初步形成的低碳发展"镇江模式"使得"金山银山"和"绿水青山"日益兼得。[③] 镇江市鲜明提出到 2020 年达到碳排放峰值，通过低碳目标的倒逼机制，在构建绿色生态的城乡发展空间、经济向绿色低碳转型以及培植健康文明的生态文化等方面下大力气推进，推动镇江市更新发展理念、转变发展方式，努力在更高层次上推进生态文明建设。[④] 镇江生态城市特色发展

---

① 朱维宁等：《中国低碳发展的镇江样本》，http：//www. qunzh. com/qkzx/gwqk/qz/2016/
201601/201601/t20160106_16375. html。

② 朱维宁等：《中国低碳发展的镇江样本》，http：//www. qunzh. com/qkzx/gwqk/qz/2016/
201601/201601/t20160106_16375. html。

③ 刘兰明、张涛、梁和峰：《首届镇江国际低碳交易会获成功》，http：//www. js. xinhua-
net. com/2016 – 12/02/c_1120040441. htm。

④ 《镇江预计 2019 年将达到温室气体排放峰值》，http：//finance. ifeng. com/a/20130827/
10533337_0. shtml。

主要表现在"规划镇江"（生态新城）、"低碳镇江"、"循环镇江"、"转型镇江"、"开放镇江"、"文化镇江"以及"美丽镇江"（美丽智慧社区、美丽和谐乡村以及美丽特色小镇）等方面。2016 年镇江国际低碳交易会取得丰硕成果，再次证明了"绿水青山就是金山银山"。生态成为镇江的"城市名片"，成为镇江百姓最具自豪感和幸福感的"第一品牌"。

（二）以绿色管理理念优化生态城市发展空间

镇江市通过空间规划来优化中心城区发展布局，强化其核心地位。一是支持所辖市区生态特色发展，明确开发方向。二是推动与所辖市区组团发展，控制开发强度。三是大力推进城市生态园林建设，均衡城市公园绿地布局，提升城市绿地功能。通过统筹谋划人口分布、经济布局、国土利用和城市化格局，凸显镇江市城乡发展空间布局绿色生态理念。

（三）以绿色管理理念推动生态产业集聚

以促进产业集中集聚集约发展理念为导向，镇江市围绕沿沪宁线、沿江、沿宁杭线三大产业带，规划建设先进制造业特色园区、现代服务业集聚区、现代农业园区，促进企业向园区集中，产业向高端集聚，资源高效集约利用，着力构建"三二一"现代产业体系，加快提升产业层次。

（四）以绿色管理理念引导生态产业转型升级

镇江市将绿色管理理念细化为"一个制度"（落后产能常态化淘汰机制和淘汰落后产能企业名单公告制度）、"一个标准"（强化项目和产品市场准入标准）、"一个政策"（开发利用清洁能源、可再生能源的优惠政策）、"一个机制"（固定资产投资项目碳评估机制），以此强化产业绿色低碳发展导向，大力支持和鼓励高技术、高效益、低消耗、低污染产业发展（见专栏 8-1），大幅提高服务业和高新技术产业比重，推动本地工业绿色化转型发展。在"绿色倒逼"下，镇江市通过切实加大技术改造力度，率先达到碳排放峰值。通过普及"一个碳峰值"观念（2020 年达到碳排放峰值），倒逼本地企业加快转型升级，大力发展战略性新兴产业。参加"首届镇江国际低碳交易会"的联合国秘书长南南合作特使周一平表示，在绿色经济领域，镇江已是"一线城市"。

| 专栏 8 - 1 |

绿色管理理念推动镇江市生态产业转型升级案例

位于镇江东郊的索普集团是一家大型化工厂，一度因环保和效益问题差点被关停。压力倒逼下，索普集团引入绿色化工理念，不断增加技改投入，提高清洁生产能力和环保治理水平。2013 年投资二氧化碳回收项目，以索普甲醇厂二氧化碳放空尾气为原料，采用中压低温提纯工艺，生产食品级二氧化碳、深加工生产下游产品干冰。这不仅减少碳排放、保护环境，还给企业带来了每年数千万元的收入。

资料来源：《镇江：三个维度创新打造低碳城市样本》，http：//www. js. xinhuanet. com/2016 - 01/21/ 。

(五) 以绿色管理理念培育健康生态办公及生活方式

实施生态办公方式。镇江市依托信息化建设，实现系统数据共享，确保绿色无纸化办公；积极探索桌面云移动办公模式，倡导绿色节能办公；启用视频会议系统，减少开会人数和开会时间、降低开会成本；提倡纸张双面打印，提高办公设备和资产使用效率；使用政府资金建设的公共建筑，将全面执行绿色建筑标准；对具备条件的办公区，安装雨水回收系统和中水利用设施。通过全面推进绿色办公，塑造生态办公新方式。

倡导绿色消费方式。为了率先达到碳排放峰值，镇江市通过推行能效标识产品、节能节水认证产品、环境标志产品和无公害标志食品等绿色产品的经营和服务，积极倡导绿色消费方式，引导人们加快转变消费观念，培育绿色消费理念。加强对重点人群（青壮年人群）理性消费行为的引导，关键是引导其消费行为实现从高消费向绿色消费逐步转变，使其践行健康时尚的绿色生活方式。

养成绿色生活习惯。低碳不仅是节约，还可以让生活更加美好。镇江市通过宣讲节能环保、有益健康、兼顾效率的出行知识，大力推行低碳出行方式；通过开展"低碳教育进课堂"、"低碳生活进我家"等活动，让低碳生活、低碳发展理念深入人心；通过贯彻实施"碳排放峰值时刻表"，

引导人们转变固有的生活模式；通过弘扬勤俭节约的优良传统，强化资源
回收意识，形成绿色生活习惯。此外，镇江市还较早地开展了反食品浪费
行动、反过度消费行动。

提升绿色生活环境品质。镇江通过致力于生活环境品质的改造，提升
绿色生活环境品质。镇江顺应人民群众期盼，让老百姓吃上安全食品、望
见一汪碧水、呼吸清新空气、享受优美环境、尝到绿色健康生活的滋味，
真正使绿色发展成为最公平的公共产品、最普惠的民生福祉。①

二 镇江市绿色技术创新

2016 年，镇江国际低碳交易会发布了《低碳在行动——镇江倡议》，
将创新低碳技术作为五大行动之一，主要包括如下内容。

（一）研发和推广绿色建筑节能技术

启用高标准规划建筑物。镇江市对新建建筑严格执行节能强制性标准
（建筑节能 65% 的设计标准），对大型公共建筑实行低碳改造（见专栏 8 -
2）。通过严格执行建筑物节能强制性标准，加强监管，使得新建建筑节能
标准执行率达到 100%。被誉为"中国古渡博物馆"的镇江西津渡是镇江
低碳试点的一个经典项目。

| 专栏 8 - 2 |

绿色建筑节能建筑物案例

在保证文物及仿古建筑外貌不变的情况下，镇江市城建公司尽量结合
建筑自身特点应用节能改造、屋顶绿化、雨水回用、太阳能利用以及通过
调整建筑结构产生自然通风效应等绿色建筑相关技术，让文物及仿古建筑
具有更好的室内热舒适度，并且显著降低建筑能耗。

资料来源：《镇江：三个维度创新打造低碳城市样本》，http：//www. js. xinhuanet. com/2016 -
01/21/c_1117851588. htm。

---

① 朱维宁等：《中国低碳发展的镇江样本》，http：//www. qunzh. com/qkzx/gwqk/qz/2016/
201601/201601/t20160106_16375. html。

推行建筑节能新技术。镇江市在建筑领域全面推广墙体自保温技术、外保温一体化系统、外墙外保温技术、TS 金属保温装饰一体化板、混凝土自保温技术、节能门窗技术、标准化外窗系统技术、太阳能光伏技术、能源塔热泵系统、水/地源热泵系统、双高效空气源热泵系统、太阳能光热系统、钢筋陶粒混凝土轻质墙板、轻集料陶粒混凝土墙板、混凝土结构用带肋钢筋、透水混凝土技术、生态雨水收集利用技术等技术和产品，具体技术名称和使用范围参见表 8－1。

表 8－1　镇江市绿色建筑节能技术、产品推广目录

技术分类		技术名称	使用范围
建筑节能技术	墙体自保温技术	膨胀玻化微珠墙体自保温系统；蒸压砂加气混凝土砌块自保温系统；蒸压加气混凝土砌块墙体自保温系统；复合材料免拆模板外墙外保温系统	适用于各类建筑外墙保温
	外保温一体化系统；外墙外保温技术	EPS 板外墙保温系统；XPS 板外墙保温系统	适用于各类建筑外墙保温
	外墙内保温技术	膨胀玻化微珠保温砂浆外墙内保温系统	适用于各类建筑外墙内保温
	TS 金属保温装饰一体化板	保温装饰板外墙外保温系统	适用于各类民用建筑及节能改造工程
	混凝土自保温技术	保温轻质混凝土	适用于各类建筑的保温、隔热工程
	节能门窗技术；标准化外窗系统技术	节能型塑料；平开、推拉门窗；节能型隔热铝合金；高效节能建筑遮阳卷帘系统；高分子生态木标准化附框	适用于各类民用建筑
可再生能源应用技术	太阳能光伏技术	并网光伏发电系统	适用于各类民用建筑
	能源塔热泵系统	能源塔热泵机组	适用于各类公建建筑
	水/地源热泵系统	水/地源热泵机组	适用于各类公建建筑
	双高效空气源热泵系统；太阳能光热系统	双高效空气源热泵机组；全玻璃真空管太阳能热水系统	适用于各类民用建筑

技术分类		技术名称	使用范围
建筑工业化技术	钢筋陶粒混凝土轻质墙板	钢筋陶粒混凝土轻质墙板	适用于工业与民用建筑
	轻集料陶粒混凝土墙板	轻集料陶粒混凝土墙板	适用于各种建筑内隔墙
绿色生态建材	混凝土结构用带肋钢筋	热处理带肋高强钢筋	适用于混凝土结构工程
海绵城市技术	透水混凝土技术	透水混凝土制品；生态多孔彩色混凝土	适用于人行与自行车道、景观道路、广场、停车场、路面雨水收集、轻荷载路面工程等
海绵城市技术	生态雨水收集利用技术	生态雨水收集利用系统	适用于雨水综合利用、海绵城市建设改造工程

资料来源：《关于印发镇江市绿色建筑节能技术产品推广目录的通知》（镇政建〔2015〕217号）。

（二）研发和推广节能节水技术

镇江市确立了重点领域关键环节技术改造项目（见专栏 8 - 3），将"支持企业围绕节能、节水、环境保护治理实施技术改造"列为支持重点。

大中型工业企业推广节能节水技术。镇江市加强生产过程中节能、节水、节电和节材等降碳先进技术、工艺的推广和应用，全市大中型工业企业清洁生产审核通过率达到 45%。

传统优势产业推广节能节水技术。镇江市持续开展"零排放"技术、中水回用技术、污水资源化技术和水网络集成技术等方面的研究工作，继续加强对传统制造业的重点企业在节水、节能、节地、节材等方面的科技支撑。对大型火电厂的燃煤机组、供热锅炉等实施技术改造，提高原煤发电的热转换效率。

战略性新兴产业推广节能技术。镇江市研发太阳能并网发电系统集成技术、生产和检测设备设计制造技术及产品，研发可广泛应用于建筑节能的新材料，研发适用于镇江市航空制造、船舶制造等战略性新兴产业的产品生态设计方案。

　　第三产业推广节能节水技术。镇江市研发推广节能建筑、绿色物流、绿色公交系统等方面的节能节水应用性技术。

　　农业推广节能节水技术。作为重要的农业区，镇江市借助于物联网技术，既能够达到节能节水的效果，也能够很好地推广精准农业生产模式。

| 专栏 8-3 |

"金屋顶"计划

　　镇江在全市范围内实施"金屋顶"计划。镇江在既有的 400 万平方米工业厂房屋顶，陆续建设分布式光伏发电站约 400 兆瓦。今后每年新增的约 80 万平方米厂房屋顶，也将继续用于实施"金屋顶"计划。据估算，400 兆瓦分布式光伏发电年均发电量约 4.08 亿千瓦时，每年可节约标准煤 13.46 万吨，减少碳排放 39.67 万吨。

资料来源：《镇江市区水源地水质自动预警网络建成》，http：//www.jsw.com.cn/zjnews/2012-12/。

（三）研发和推广废弃物再资源化技术

　　镇江市遵循"梯级利用，高质高用"的原则，研发服务于化工、造纸、建材、冶金等行业的工业余热循环再利用的成套技术和关键设备。开展废水有机物的回收和综合利用研究，加强催化氧化、高效生化等水处理新技术的研究开发。加强发电、水泥等行业烟气处理技术的消化吸收和再创新，研究开发具有自主知识产权的脱硫、脱硝技术及装备。加强固体废弃物高效利用新途径、新工艺方面的研究；创新利用工矿固体废弃物生产绿色建材的集成技术；积极研发具有经济效益的废旧电子电器、废旧塑料橡胶等再资源化技术，推动"城市矿产"工作的开展；加大对光伏产业废砂浆回收处理再利用、提高秸秆综合利用率等关键技术的研发力度。

（四）研发和推广清洁生产技术

　　清洁生产技术包括生物工程技术、信息技术、新能源技术、资源和产品替代技术等。在化工行业，镇江市组织实施基于超临界合成、膜分离等绿色工艺的创新成果转化技术；在造纸、酿造等行业，加快固态发酵、中水回用等技术推广应用；在火电行业，加快研究推广锅炉燃烧在线监控与优化、煤粉分级燃烧等高效清洁燃烧技术。

三 镇江市生态管理机制创新

（一）首创项目化推进机制

在创建"苏南现代化示范区"、"国家生态文明先行示范区"的过程中，镇江市首创工程化管理以及项目化和网格化推进低碳城市建设机制，将低碳城市建设"九大行动"计划细化为具体的战略目标任务，每个目标任务都排出具体的支撑项目。并且，镇江市切实加强生态文明建设重点项目督查，建立项目动态管理制度，按月督查、每季调度低碳建设项目，确保项目按序时推进。在"十二五"期间，镇江市彻底扭转了"高投入、高消耗、高排放、低效率"的传统工业化模式。

（二）实施资源控制机制

镇江市资源控制机制就是资源环境总量控制机制，主要包括低碳目标的倒逼机制、能源消耗和碳排放总量控制预警机制、能量交易市场化新机制。

低碳目标的倒逼机制。镇江市"在全国率先提出 2020 年达到碳排放峰值"，目的是通过这一硬约束，为全国的低碳城市建设提供示范，将镇江市努力建成生态城市发展、生态产业发展、生态空间有效保护、资源集约和高效利用的示范区。

能源消耗和碳排放总量控制预警机制。为了严格控制化工、建材、冶金和燃煤电力等高碳行业产能过快增长，镇江市探索建立能源消耗和碳排放总量控制预警机制（包括区域和企事业单位污染物排放总量、用水总量、用水效率和水功能区污染物限制排放总量控制），严格项目准入门槛，加强固定资产投资项目节能评估审查和竣工验收。

能量交易市场化新机制。镇江市通过加快"智慧节能工程建设"（包括企业能源管理中心、能源管理体系、能效监测平台等），推进合同能源管理，探索节能量交易市场化新机制。

（三）构建生态环境监管机制

发挥监督作用。镇江市充分发挥人大、政协及各社会组织的监督作用，定期向人大、政协和公众通报生态文明建设情况，并接受监督。

　　扩大群众的知情权、参与权和监督权。扩大群众对领导干部推进生态文明建设的知情权、参与权和监督权，对涉及生态文明建设的重大规划项目和重大决策，通过听证会、论证会和社会公示等形式，接受群众评议和监督。

　　建立事后监督和过程监督机制。通过建立完善的事后监督和过程监督机制，以最大限度地避免不当或者违法行政行为的发生。

　　建立环境综合预警体系。镇江市借助于"实时环境信息监管平台"，通过环境数据采集、数据分析与发布、预警响应、应急处置"四位一体综合预警"的实施，建立完善的生态环境预警公共信息平台和群体性环保纠纷预警机制（见专栏8-4），以及能评、环评、碳评、安评、稳评等"多评合一"的评价机制。①

｜专栏 8-4｜

镇江市区水源地水质自动预警网络

　　镇江市在征润州水源地上游的南京与镇江交界处及高资化工园区下游，建成了两个预警自动监测站，形成了对 pH 值、水温、溶解氧、浊度、电导率、氨氮、高锰酸盐指数、挥发酚、挥发性有机物、总有机碳、重金属、生物毒性共 12 项指标的自动监测能力。水质定时采集，监测数据自动传输至监测站，一旦有异常情况，立即发出预警提醒。

　　资料来源：《镇江市区水源地水质自动预警网络建成》，http：//www.jsw.com.cn/zjnews/2012-12/。

　　进行专业考评。探索借助第三方评价机构、专家、专业人士等专业力量，进行生态文明建设的专业考评，作为镇江市党委政府内部考核评价的必要补充。

　　（四）推行生态激励机制

　　镇江市生态激励机制包括奖励机制、补偿机制、税收等鼓励机制以及

---

　　① 《镇江"多评合一"收费管理实施意见出台》，http：//js.people.com.cn/n/2015/0904/c360302-26234423.html。

生活方式绿色化宣传联动机制。根据"2030 年路线图"确立了"有效约束开发行为"模式，清华大学公共管理学院教授薛澜建议：未来 5 年内通过立法创建绿色转型的激励体系。①

推行奖励机制。对于符合政策规定的合同能源管理项目，且项目符合国家目录范围和有关条件的，镇江市优先帮助申报"国家合同能源管理项目财政奖励资金"，支持其享受节能配套奖励；并且，每年从市级节能专项资金中安排资金，对于符合规定的合同能源管理项目且取得明显成效的企业，给予特殊的资金扶持。

推行补偿机制。镇江市设立"市生态补偿专项基金"，完善重点生态功能区生态补偿机制，各辖市区也相应设立本级的生态补偿"资金池"，专项用于生态修复、环境损害等生态补偿；在环境问题相对集中的园区、行业及污染损害较易鉴定和评估的企业，开展污染责任保险试点；通过探索建立生态补偿基金，鼓励各种形式非政府组织（NGO）参与生态保护项目，旨在推动地区间建立横向生态补偿制度，有效平衡与调节生态保护利益相关者之间的利益关系。

推行税收、信贷、补贴、采购等鼓励机制。镇江市充分运用税收、信贷和补贴等经济手段，完善政府绿色采购的执行机制，完善资源定价、排污权交易和发电权交易机制，建立一套有利于镇江市发展生态经济的政策体系，用经济手段和市场调节机制鼓励各经济活动主体自觉发展生态经济，鼓励集约经营（见表 8 - 2）。

表 8 - 2　税收、信贷、补贴等鼓励措施

领　域	鼓励措施具体内容
金融政策方面	镇江市引导金融机构增加对节能、节水和环保项目提供优惠贷款
价格引导方面	镇江市实行有利于节能节水的差别价格政策，实行峰谷分时电价、季节性电价、可中断负荷电价制度，引导用能单位和个人节能。对钢铁、有色金属、建材、造纸、化工和其他主要耗能耗水行业的企业，分淘汰、限制、允许和鼓励类实行差别电价和差别水价政策
政府采购方面	镇江市政府优先采购和强制采购节能环保产品（节能节水产品和资源再生产品），扩大政府绿色采购范围，健全标准体系和执行机制，扩大政府绿色采购规模，为绿色消费项目提供专项补助资金和税收减免，对发展生态经济的企业实施财政补贴政策

① 《提升绿色科技创新能力》，http：//finance. huanqiu. com/roll/2015 - 11/7987623. html。

续表

领　域	鼓励措施具体内容
税收优惠方面	实施主体功能区税收共建共享机制，对明确跨功能区的引荐项目实施税收共享和项目搬迁税收分成标准，推动地区间建立横向生态补偿制度。完善电煤气阶梯价格制度，为绿色消费项目提供专项补助资金和税收减免。对采用先进节能技术、有利于绿色消费的项目，给予税收减免。对能效标识产品、节能节水认证产品、环境标志产品和无公害标志食品等绿色标识产品的生产、销售与消费的全过程采取税收优惠

资料来源：《镇江市循环经济建设"十二五"规划》，http：//fgw. zhenjiang. gov. cn/fzgh/201108/t20110831_576364. htm。

推行生活方式绿色化评价与宣传联动机制。通过制定绿色生活目标，构建绿色生活指标体系，细化评价考核办法，激励城乡居民成为绿色生活的践行者。通过整合全社会各类宣传资源，加强生态价值观教育，宣传"俭以养德"等传统价值观，开展全民绿色消费教育，让绿色生活成为城乡居民自觉自律的行为。

（五）完善生态违法约束机制

坚持绿色GDP考评体系。镇江市将资源消耗、环境损害与生态效益等十项指标（也是年度考核的"一票否决"指标）纳入经济社会发展总体规划和考核评价体系，使绿色GDP考评体系体现出主体功能定位和生态文明要求的目标体系、考核办法、奖惩机制。镇江市对于所辖市区强推绿色GDP考评体系，建立分类考核机制，对于企事业单位实行环保重大事故一票否决制和对任职期间重要决策造成环境损害的领导实行责任终身追究制度。[1]

披露重要环保信息。一方面，镇江市贯彻执行新《环境保护法》和有关环境保护、生态建设的一系列法律法规，定期发布环境质量、政策法规、项目审批和案件处理等环境信息，落实事关群众环境权益重大事项的民意反映、专家咨询、社会公示以及社会听证制度。另一方面，环保部门实行企业环境行为信息公开制度，建立并完善生态环境保护公众参与制度，保障公众的环境知情权。镇江市环保系统在环保门户网站创立"环境质量人人知"服务品牌窗口，综合发布环境质量信息、开展环境质量咨询

[1] 杨省世：《大兴实干风气，深化改革创新加快建设现代化山水花园城市》（中共镇江市委六届八次全会报告），http：//swb. zhenjiang. gov. cn/qhzl/201605/t20160525_1742158. htm。

服务和环境监测业务指导，依法保障群众的知情权、参与权、监督权和举报权。[①]

健全企业环保信用体系。镇江市及时发布企业环保信用评级结果，对不同信用等级企业，给予区别对待，尤其是对于信用等级偏低、信用缺失的企业，在政府采购、项目招投标、信贷融资和市场准入等活动中，明确对其做出约束性规定。

全程监管项目准入、生产制造与达标排放。按照中共中央、国务院印发的《生态文明体制改革总体方案》指示精神，镇江市坚持自然资源"谁污染谁付费、谁破坏谁付费"的原则，围绕项目准入、生产制造与达标排放实施全程监管，推行主要污染物排污权有偿使用和交易管理制度，积极推进排污权交易。

利用金融政策和税收杠杆的约束功能。通过充分利用金融政策和税收杠杆的约束功能，镇江市对造成水源、土地、大气和植被等污染或受损的生产经营行为，实行严格的经济惩罚；对于浪费资源能源、污染环境的企业给予曝光和处罚。

坚持生态环保执法与刑事司法相结合。在江苏省相关部门的鼎力支持下，镇江市完善公检法与生态环保执法联动机制，强化生态环保执法与刑事司法的有效衔接。坚持对污染环境、破坏生态的行为"零容忍"，严厉打击环境违法行为。

判令法人与个人承担环境民事法律责任相结合。在制定关于被环境污染侵害的财产赔偿范围的规定，以及因环境污染而造成的精神损害赔偿的计算标准时，镇江市公检法与环保执法部门在考虑法人承担环境民事法律责任的同时，认为个人也应承担相应的环境民事责任，使违反环保法的公民真正承担起环境民事责任，引导环境民事责任发挥它本应有的惩戒作用。

四 镇江市生态管理模式创新

(一) 开创四碳创新管理新模式

镇江以"生态立市"为战略，在全国率先创立城市碳峰值、碳平台、

---

① 《市环保系统党组织在"两学一做"中争做三个先锋》，http://zjsghj.gov.cn/shbj/dwgk/hbbz_25744/hbbz_25753/201608/t20160810_1760503.htm。

碳评估、碳考核的"四碳"创新管理模式。[1] 其中，碳峰值包含峰值测算、路径分析和行动举措三大部分，是建设低碳城市的"牛鼻子"。[2] 根据率先建立的碳排放统计直报制度，通过构建四碳管理体系，促进经济向绿色低碳转型，为镇江市创建和获批全国低碳试点城市和国家生态文明建设先行示范区铸就了生态基础屏障。2016 年以来，镇江市空气质量优良天数比例为 76.25%，较 2015 年同期提高 3.87%，PM2.5 平均浓度为 51 微克/立方米，较 2015 年下降 7%。蓝天白云开始越来越频繁地映照镇江的绿水青山。[3]

（二）创新信息化管理综合模式

智慧城市建设必须以科技创新为支撑，着力解决制约城市发展的瓶颈问题，建设绿色、低碳与智能城市。为推进生态文明建设的信息化综合管理，镇江市采用云计算、物联网、地理信息系统等信息化技术，整合产业、节能、减排和降碳等多部门数据资源，在全国首创低碳城市建设管理云平台，实现低碳城市建设的系统化、信息化和空间可视化，提升大数据时代地方政府的基础能力。碳排放交易市场体系和碳捕捉、碳减排等低碳重点项目仍在探索中。[4] 通过低碳城市建设管理云平台，镇江市积极推进企业节能减排，促进工业发展和环境改善良好融合。通过为企业搭建碳资产管理系统，镇江实现了重点碳排放企业碳直报，并与省里的直报系统对接，从而实现省市数据共享；而对电、煤、油和气等能源消耗的在线监测，则进一步加强了对企业节能降碳精细化管理的引导。通过构建生态云，可以全面、直观地反映镇江的生态资源和环境承载情况，集中并有重点地展示全市在生态文明建设领域过去的成效、现在的工作和未来的规划，提升政府治理能力，实现与企业、

---

① 《江苏镇江："四碳"创新筑牢生态》，http：//news. gmw. cn/2015 - 05/23/content_15756886. htm。

② 《镇江：三个维度创新打造低碳城市样本》，http：//www. js. xinhuanet. com/2016 - 01/21/ c_1117851588. htm。

③ 刘兰明、张涛、梁和峰：《首届镇江国际低碳交易会获成功》，http：//www. js. xinhuanet. com/2016 - 12/02/c_1120040441. htm。

④ 《镇江：三个维度创新打造低碳城市样本》，http：//www. js. xinhuanet. com/2016 - 01/21/ c_1117851588. htm。

公众良性互动。① 镇江市实施"互联网＋再生资源"回收模式，鼓励互联网企业参与搭建城市废弃物回收平台。

（三）整合协同管理模式

协同管理模式是指"目标—过程—项目"整合协同管理模式。镇江通过生态文明建设管理与服务云平台（一期）建设，实现了对大气、水、噪声、重点污染源、大型公建、垃圾处理、环境整治、给排水、涵洞水位以及33家重点能耗企业等功能模块的在线监测（过程与项目），实现了主体功能区规划、产业"三集"发展、节能低碳减排、生态环境保护等工作的可观可感和预警预测（目标），能够促进数据、业务、服务与资源等手段的充分整合（目标）。②

（四）开启环境风险治理模式

率先推行项目碳评估。镇江市在全国率先推行项目碳评估（评估结论分别用红、黄、绿灯标识），旨在从源头上控制高耗能、高污染、高排放项目的准入。

实施能源管理系统。镇江市通过实施城市能源管理系统（CEMS）和城市E-能源管理系统，使本地能源生产和消费状况实现可视化与可预测，据此设计最优能源供应方案，达到能源的高效生产和利用。

完善环境风险管理。镇江市通过制定分阶段、分区、分类的环境风险管理目标与战略，建立环境风险交流和公众参与体系，完善环境风险管理的支撑体系，完成区域战略环评、地区发展战略环评等规划环评。镇江市的环境治理体系（尤其是项目环评）涉及环境影响因素分析、不良环境影响的对策和措施、公众参与反馈、听证以及建设单位或地方政府所做出的相关环境保护措施承诺等环节，从而能够将各种风险扼杀于萌芽状态（见专栏8-5）。

---

① 《镇江"生态云"平台上线提升政府治理能力，实现与企业、公众良性互动》，http：//www.zhb.gov.cn/home/ztbd/qt/szhb/201601/t20160118_326526.shtml。
② 《镇江"生态云"平台上线提升政府治理能力，实现与企业、公众良性互动》，http：//www.zhb.gov.cn/home/ztbd/qt/szhb/201601/t20160118_326526.shtml。

| 专栏 8 – 5 |

环境风险管理实施案例

2014 年，镇江新明达资源再生利用有限公司申请包装桶废塑料资源再生利用项目，由江苏久力环境工程有限公司担任环境评价机构。该项目概况如下：项目总投资 1800 万元，占地 6766 平方米。主要对镇江奇美的 ABS 生产废料及本地区的废旧塑料、包装物等进行资源再生利用，根据原料的来源、种类和产品的市场需求分别进行清洗、破碎制片和造粒。建成后，清洗翻新包装桶 50 万只/年；HW13 有机树脂类废物再生利用 5000 吨/年；塑料碎片1000 吨/年。

该项目的主要环境影响及预防或者减轻不良环境影响的对策和措施包括：（1）废气：项目生产车间产生的有机废气经集气罩收集采用活性炭吸附装置处理，通过 15 米高排气筒达标排放，对周围大气环境影响较小。不会对区域环境空气质量及保护目标产生明显不利影响，评价区空气环境质量仍可维持现状功能。（2）废水：经厂内预处理池油水分离后接入填埋场污水处理站深度处理，达标后接入镇江新区第二污水处理站集中处理，尾水最终达标排入北山河并汇入长江。对区域地表水环境质量影响较小，不会改变区域地表水水质功能类别。（3）噪声：选用先进的低噪声设备，合理布局；在声传播途径上采用隔声、吸声、消声、减振措施及加强绿化等，确保厂界噪声达标，该区域声环境质量仍能满足功能区标准要求。（4）固废：生产过程产生的废液废渣、废清洗剂、废标签、油水混合物、剩余污泥、废活性炭等均属于危险废物，委托镇江新宇固体废物处置有限公司处理；生活垃圾由环卫部门统一清运。对产生的固体废弃物严格按照上述措施处理、处置和利用后，对周围环境及人体不会产生影响，也不会造成二次污染，所采取的治理措施是可行、可靠的。

在环评报告编制过程中，评价单位在第二次公示结束后共发放调查表160 份，回收 160 份。被调查对象范围为项目建设地附近居民以及企事业单位职工，被调查者中 61% 对建设项目持坚决赞成态度，39% 被调查对象持有条件赞成，无人反对。

该项目周边居民以及企事业职工等社会公众均支持本项目的建设，无人反对，绝大多数人认为该项目可以带动地方经济的发展，同时也相信企业能够做好环境保护工作，切实解决好该项目的环境污染问题。同时，公众希望项目建设单位重视环保工作，政府有关部门对建设项目严格把关，加强监督，切实做好环保工作，避免工程建设带来环境污染问题，做到既保护好环境，又能促进当地经济发展。

资料来源：《环境影响评价文件拟批准公示——新明达包装桶废塑料资源再生利用项目》，http：//jszjfda. gov. cn/shbj/zwgk/jsxm/201401/t20140108_1153744. htm。

（五）探索生态考核评价模式

量化政府绿色绩效考评指标。镇江市将资源消耗、环境损害、生态效益等指标纳入经济社会发展总体规划和考核评价体系中，并不断健全地方经济社会的绿色考核综合评价体系。2011 年，涉及环境保护的指标有 3 个（GDP 综合能耗下降、二氧化碳排放消减、主要污染物排放），到 2015 年，生态文明类指标成为指标体系五大类中的单独一类，指标数量增加到 10 项。镇江的政绩考核指标包括碳排放、战略性新兴产业收入占比、落后产能淘汰率、空气质量以及城镇绿化覆盖率等指标；并根据不同辖市区的特点，具有针对性地加大了服务业、单位 GDP 能耗、污染排放等指标权重。

量化企业污染物减排指标。主要污染物减排指标分为化学需氧量、氨氮、二氧化硫和氮氧化物四项。通过严格控制主要污染物排放总量、严格水资源管理制度要求，实施结构减排、工程减排、管理减排，镇江市的化学需氧量、氨氮、二氧化硫和氮氧化物四项主要污染物减排都超额完成了"十二五"的目标任务。

量化企业能耗考核指标。通过分类制定企业能耗考核的计量和统计方法，统筹设计能耗考核指标，鼓励相关企业开展对标行动，建立符合不同行业企业特点的能源管理体系。

实施县域碳排放的总量和强度双控考核。在全国率先制定《镇江市固定资产投资项目碳排放影响评估暂行办法》，同时以县域为单位，实施碳排放的总量和强度双控考核，考核结果纳入镇江目标管理考核体系。

五　镇江市生态服务模式创新

（一）创建多样化服务新平台

搭建国际性低碳技术产品交易展示平台。通过"一会、一展、一路演、一发布，一批技术、一组项目、一系列成果"的展示，一方面有助于提升镇江市在低碳建设领域的知名度和社会认同度，在全国初步确立以低碳发展"五个一"和"四碳创新"为主要内容的"镇江模式"，包括确定2020年碳排放率先达峰目标，建成城市碳排放核算与管理平台，实施产业碳转型、项目碳评估、企业碳管理、区域碳考核等；另一方面，有助于彰显"绿色含金量"，吸引国内外客商来镇投资兴业，助力发展绿色产业；再者，能够从实践层面正确解读"金山银山"和"绿水青山"的辩证统一关系。

创设清洁生产公共技术服务平台。根据不同行业的特点，镇江市建立了面向全市重污染行业的清洁生产公共技术服务平台，有针对性地推进清洁生产，引导企业积极采用行业先进的清洁生产工艺和技术，实现"节能、降耗、减污、增效"的目标，在化工、冶金等重点行业全面推行清洁生产审核和清洁生产先进企业创建活动。

打造再生资源回收公共服务平台。借助于再生资源回收公共服务平台，镇江市构建便民利民的三级回收网络，促进回收体系各环节的对接与整合，促进回收与利用环节的有效衔接。通过再生资源回收公共服务平台搭建销售配送网络，试点建立服务消费类再生资源逆向物流回收渠道。

完善绿色生活公共服务平台。借助于绿色生活公共服务平台，镇江市及时发布环境信息，帮助消费者获取有机食品、环境标志产品和绿色装饰材料等绿色产品信息；通过倡导全民参与，引导绿色生活公共服务平台发挥环境保护网络举报平台的功能与作用，让人民群众成为保护环境的建设者和监督者。

（二）推行"四统一"服务新模式

根据镇江市物价局印发的《企业投资项目"多评合一"收费管理实施意见》，对镇江市范围内企业投资项目前期推进阶段的节能评估、环境影响评估、碳排放影响评估、安全评价、水土保持方案、地质灾害危险性评估和地震安全性评估七项评估，以及与"多评合一"相关的气象雷击风险评估和社会风险稳定评估等多项评估，由串联方式改为并联方式进行，加强整体优化，实行统一受理、统一评估、统一评审、统一审批的服务新模式。

（三）植入生态文明教育服务新模式

遵照习近平总书记的教导，"一定要生态保护优先，扎扎实实推进生态环境保护，像保护眼睛一样保护生态环境，像对待生命一样对待生态环境，推动形成绿色发展方式和生活方式"，① 镇江市将生态文明建设发展的国家战略纳入镇江市"领导者 + 干部 + 群众"培训体系，通过培训切实提升政府和企业领导者引领社会经济实现绿色、生态发展的能力，提升广大人民群众参与生态文明建设实践活动的主动性和积极性，提高全民生态文明意识。镇江市把生态文明纳入社会主义核心价值体系，将生态文化作为公共文化服务体系建设的重要内容，组织主题宣传活动和节俭养德全民节约行动，发挥新闻媒体作用，树立理性、积极的舆论导向。具体创新举措见表 8 - 3。

表 8 - 3　将生态文明注入国民教育体系的具体实施内容

手段举措	具体实施内容
众多公益广告	在镇江市区重要地段、全市党政机关和企事业单位电子屏、公交车车身、重要路口行人遮阳篷等投放数十个生态文明公益广告
主流门户网站	在中国镇江和金山网等主流门户网站设置生态文明建设专栏，建立"美丽镇江·低碳城市"新浪机构微博，每周二发送低碳手机报，每期平均覆盖和影响的受众数约 8.6 万人
低碳开机广告	在全国低碳日期间，镇江市开通数字电视低碳开机广告，覆盖影响全市约 23 万户家庭
"政风行风"对话	开展"政风行风"对话聚焦镇江生态文明建设、生态文明进课堂、"地球熄灯一小时"、"低碳生活进我家"等各种形式活动

① 《保护眼睛一样保护生态 对待生命一样对待环境》，http: //env. people. com. cn/n1/2016/0312/c1010 - 28193307. html。

第三节　镇江市绿色创新保障

镇江市绿色创新保障措施概括为六个方面，包括加强组织保障、强化政策保障、完善投入保障机制、推进合作与交流、规划建设生态载体、增强生态法治建设。

一　加强组织保障

从保障视角来看，应当以坚强的组织保障确保镇江市绿色创新体系规划的各项任务落到实处。

（一）构建高规格的领导机制

镇江市成立了由市委、市政府主要领导为主任的"生态文明建设委员会"，以市委书记夏锦文为第一组长、市长朱晓明为组长的"低碳城市建设工作领导小组"，统筹推进全市生态文明建设工作，形成"党政一把手负总责，主要领导亲自抓，分管领导具体抓，四套班子共同抓"的生态保护领导机制。专门成立了市生态办，并核定了编制。市委常委会多次研究生态工作，市人大、市政协也多次提出涉及生态环保方面的建议和提案。2016 年，镇江市人大对全市新《环境保护法》贯彻落实情况进行了执法检查。通过"构建市生态文明建设委员会框架，推进生态文明建设办公室实体化运作"，奠定了镇江市在绿色经济领域成为"一线城市"的坚实基础。

（二）铸就共同参与和协同联动机制

构建共同参与机制。镇江市通过推行政府、企业、行业协会和社会公众共同参与机制，着力推进再生资源回收制度建设。

筹建跨部门的协调工作网络。镇江市政府专门成立了由分管市长为召集人、各相关部门和辖市区负责人为成员的"全市生态环保工作委员会"，定期召开会议，抓好工作落实，研究和协调解决生态问题；市、区两级都分别成立了低碳城市建设工作领导小组，明确分管领导和专人负责，形成了横向到边、纵向到底的生态工作网络，着力推进低碳建设项目。

形成统筹协调合力。镇江市充分认识到建设绿色创新体系对生态文明建设、经济、社会和科技发展的关键作用，并且将绿色创新体系建设作为全市工作的一项中心任务来抓，切实加强对绿色创新体系建设工作的领导和支持。借助于"生态文明建设委员会"和"低碳城市建设工作领导小组"以及"全市生态环保工作委员会"的领导力与影响力，统筹协调镇江市各相关部门、市区、街道、村镇及社区的具体行动，组织动员全市各方面力量加快建设镇江市生态文明建设之绿色创新体系。

（三）强化生态考核评估

镇江市将生态文明建设纳入考核体系，建立生态文明建设目标责任考核机制、突出领导干部碳考核和问责追究推行碳评估和项目的"五评合一"、变革政府绩效考评指标以及建立完善的监督机制。

建立生态文明建设目标责任考核机制。整合各种干部政绩考核制度和评价标准，将生态文明建设纳入地方考核评价体系、干部选拔任用体系、干部教育培训体系；将生态文明建设目标（尤其是环境保护目标、低碳建设项目）考核纳入干部政绩考核体系之中，把生态文明建设工作实绩作为综合考核的重要内容（将低碳城市建设重点指标、任务和项目纳入市级机关党政目标管理考核体系），构建了层次分明的领导和干部考核体系。各地各相关部门的工作完成情况作为年度考核的"一票否决"指标，年底依据考核结果对责任单位和人员进行奖惩（将绿色政绩考核结果作为评价干部政绩和干部升迁的重要参考指标），这有助于镇江市地方领导干部树立正确的政绩观和科学的发展观，减少地方政府和领导对生态保护的不当干预，避免环境"底线"竞争。

突出领导干部碳考核和问责追究。为了建立"绿色GDP政绩观"，镇江市将生态文明建设纳入官员政绩考核之中，建立政府环境绩效考核，以绿色GDP作为干部的考核标准之一。一是实行碳考核。从2016年起，镇江市以县域为单位实施碳排放的总量和强度双控考核，考核结果纳入镇江全市目标管理考核体系。二是推行问责追究制。镇江市对所辖区市主要领导干部，开展自然资源资产和环境离任审计试点工作；健全生态环境重大决策和重大事件问责制，建立分档分级的责任追究机制；将考评的结果与职位升降和薪金福利等切身利益挂钩，建立主要领导干部任期环境质量考核制度和生态环境损害责任终身追究制。

推行碳评估和项目的"五评合一"。镇江综合考虑能源、环境、经济与社会等因素，把碳评估和项目的环评、能评、安评、稳评"五评合一"（见专栏 8-6），从低碳的角度综合评价项目的合理性和先进性；并为碳评估提供政府财政支持，不增加企业的资金和时间成本。[①]

| 专栏 8-6 |

"五评合一"典型案例

2014 年，镇江首次试行投资项目碳排放影响评估，对丹徒区热电联产项目、镇江新区 10 万吨/年生物柴油示范项目和生活垃圾焚烧发电厂一期扩建项目进行碳排放审查核算。截止到 2016 年 1 月，镇江已开展 223 个项目的碳评估，经初步测算，实现降碳 185.42 万吨二氧化碳当量（CO_2E），节能 75.37 万吨标准煤。

资料来源：《镇江：三个维度创新打造低碳城市样本》，http://www.js.xinhuanet.com/2016-01。

变革政府绩效考评指标。镇江市不断健全地方经济社会的绿色考核综合评价体系，将资源消耗、环境损害、生态效益等指标纳入镇江市经济社会发展总体规划和考核评价体系。在镇江市，2011 年涉及环境保护的指标有 3 个，分别是 GDP 综合能耗下降、二氧化碳排放消减、主要污染物排放；到 2015 年，生态文明类指标成为指标体系五大类中的单独一类，指标数量也大幅增加到 10 项。

建立完善的监督机制。镇江市充分发挥人大、政协及各社会组织的监督作用，定期向人大、政协和公众通报生态文明建设情况，并接受监督；扩大群众对领导干部推进生态文明建设的知情权、参与权和监督权，对涉及生态文明建设的重大规划项目和重大决策，通过听证会、论证会和社会公示等形式，接受群众评议和监督；建立完善的事后监督和过程监督机制，以最大限度地避免不当或者违法行政行为的发生；努力探索借助第三方评价机构、专家、专业人士等专业力量，进行生态文明建设的专业考评，作为镇江市党委政府内部考核评价的必要补充。

[①] 《镇江：三个维度创新打造低碳城市样本》，http://www.js.xinhuanet.com/2016-01/21/c_1117851588.htm。

二　强化政策保障

从"十一五"、"十二五"规划到"十三五"规划，镇江市以地方性制度体系建设增强生态文明保护强度，坚持因地制宜和因时制宜，研究制定和完善了一系列绿色创新政策保障措施（见表8－4），以此引导、规范和约束各类开发、利用自然资源的行为，为生态文明建设赢得更多的"制度红利"。镇江通过运用倒逼机制，实行从严从紧的环境政策，将生态环境保护要求传导到经济转型升级上来。[①]

表8－4　镇江市绿色创新政策

政策种类	政策条目	功能与作用
主体功能区划实施规划及其配套政策	《镇江市主体功能区规划》、《关于推进主体功能区规划的实施意见》及一系列配套制度政策	确保落实主体功能区制度
生态红线区域保护规划政策	《镇江市生态红线区域保护规划》	明确了各监管部门及各保护主体的职责，初步建立了分级保护和刚性考核机制
生态补偿政策	《镇江市主体功能区生态补偿资金管理办法（暂行）》	设立了生态补偿专项基金，构建了生态补偿机制，积极推进生态补偿工作开展
低碳城市发展政策	《镇江市低碳城市试点工作初步实施方案》、《镇江市人民政府关于加快推进低碳城市建设的意见》、《关于推进我市万家企业节能低碳行动的通知》等一系列政策性文件	推进低碳城市建设
土地节约集约利用政策	土地节约集约利用"1＋3"政策	提高土地复垦补助标准，让优质耕地集中连片，严守耕地保护红线，积极发展节地农业
产业生态化政策	《〈中国制造2025〉镇江行动纲要》	做大做强三大特色产业和六大产品集群，促进产业结构低碳化

---

① 朱相远：《学习习近平同志关于生态文明重要讲话中的哲学思想》，http：//cpc．people．com．cn/n/2014/0512/c371956－25006693．html。

续表

政策种类	政策条目	功能与作用
工业绿色转型政策	《镇江市产业类固定资产投资项目综合评估工作办法》、《镇江市固定资产投资项目碳排放影响评估暂行办法》	强化绿色化准入约束，促进工业绿色转型
绿色循环生活政策	《镇江市城市节约用水管理办法》	优化绿色循环生活的法治环境，全面建立绿色循环生活支持系统
绿色技术创新引导政策	《镇江市建筑节能与绿色建筑专项引导资金管理暂行办法》	支持绿色技术创新活动
绿色生态建筑政策	《关于全面推进镇江市绿色建筑发展的实施意见》	推动重点项目和区域实施绿色建筑示范，实现人与建筑、自然之间的和谐统一
生态旅游促进政策	《镇江市关于全面构建"畅游镇江"体系促进旅游业改革发展的实施意见》、《镇江金山焦山北固山南山风景名胜区保护条例》	不断优化生态旅游发展环境

三　完善投入保障机制

镇江市以多种形式的资金投入，确保绿色创新体系的各项任务得以执行。

（一）财政资金投入机制

镇江市制定环境保护、资源节约、循环利用、新能源使用财税支持政策，建立镇江市生态文明建设财政资金稳定增长机制。建立生态经济专项资金，对生态经济示范企业、示范园区和重点项目给予支持。对采用先进节能技术、有利于绿色消费的项目，给予专项资金补助。实施生态保护财政转移支付，争取中央和省里的生态补偿转移支付资金充实"资金池"。根据财力每年增加转移支付力度，加大对支撑镇江市生态文明建设之区域创新体系领域的基本投入，引导社会优质财政资源流向生态文明建设主战场，实现生态文明建设之区域创新资源的优化配置。例如，镇江市通过积极争取国家、省节能奖励资金，支持本地企业开展节能技术改造。

(二) 各类财政补贴机制

首先,镇江市建立了节水产品市场准入制度和节水型器具财政补贴制度。其次,对能效标识产品、节能节水认证产品、环境标志产品和无公害标志食品等绿色标识产品的生产、销售与消费的全过程采取财政补贴。再次,针对绿色消费项目提供专项补助资金和税收减免。最后,采取财政补贴公交车票,鼓励市民乘坐公共汽车等公共交通工具,倡导市民多使用自行车、多步行。此外,镇江市各相关部门、市区、街道、村镇、社区和企业结合自身实际,采取相应配套措施加大对生态文明建设的补贴力度。

(三) 多元化投入机制

为了解决大气、水、土壤污染等环境保护突出问题,镇江市建立和完善以政府、企业和社会共同参与、多元投入的生态文明建设投融资机制。一是吸引银行、保险、信托等金融机构和民间资本支持环保项目。二是大力发展绿色金融,注重绿色信贷、绿色债券、绿色(产业)基金、绿色保险等绿色金融工具的运用(见专栏8-7),提高绿色信贷占比,鼓励镇江市的金融机构支持环境友好型、资源节约型产业、企业和项目建设。三是积极引导镇江市的社会资本投向环境治理和生态建设项目。四是支持生态环保类重点企业通过资本市场募集发展资金,积极争取国家和省专项资金支持。按照"谁投资、谁经营、谁受益"的原则,鼓励不同经济成分和各类投资主体以多种形式参与生态环境建设、生态经济项目开发。镇江市与中美建筑节能与绿色发展基金签署了3个绿色发展合作项目,走在了全国的前列。在生态建设领域积极推进政府和社会资本合作(PPP)模式,"海绵城市"建设项目的PPP模式被列入财政部试点示范项目。①

---

① 《镇江市海绵城市建设 PPP 项目 4 月 18 日正式签约》,http://js. people. com. cn/n2/2016/ 0418/c360302-28171544. html。

| 专栏 8 - 7 |

首届镇江国际低碳交易会成果之一：签约绿色产业基金

经由展会技术路演环节的"一对一"对接，镇江国控集团与四川大学化工学院、上海华恩利热能机器股份有限公司，就共设绿色产业基金，现场达成初步合作意向。镇江国控集团总经理陈兵表示，三方合作的"最大公约数"，是发展绿色产业的良好市场前景。事实上，通过本次展会正式签约的低碳绿色基金就有数只。其中，市政府与中信银行南京分行发起设立了总规模 500 亿元的低碳产业基金，与中国生态资本共同建立了中国资本镇江私募股权基金，计划投资开发一批低碳技术和项目，打造极具潜力的低碳产业。

资料来源：刘兰明、张涛、梁和峰《首届镇江国际低碳交易会获成功》，http：//www. js. xinhuanet. com/2016 - 12/02/c_1120040441. htm。

四 推进合作与交流

加强与国内外先进地区的合作，推进镇江市生态文明建设之开放型区域创新体系建设。进一步拓展对外科技交流合作渠道，建立健全国际科技交流和合作的创新网络。

开展区域科技合作。深入推进科技产业合作，加强与国家和省科技工作的对接，强化与全国重点高校、科研院所的全面产学研合作，加快构建开放型区域创新网络。

完善政府与社会力量的合作体制与机制。镇江市建立各级环保部门与从事环保工作的群团组织、社会组织、社会企业、合作社等的沟通协调机制、信息共享机制以及项目合作机制等。通过部门规章加大政府对环保社会组织的监管与支持力度，在资金、人才、信息等方面给予扶持，并降低环保社会组织登记注册的门槛。

寻求绿色发展国际合作。低碳发展的先行探索，成为镇江市提升城市影响力、扩大对外开放的重要载体，使镇江生态文明建设和发展方式的转变成就为世界瞩目，促进了镇江与国际开展生态合作与交流的进程（见表 8 - 5）。镇江市已经初步形成"政府主导、国家合作、

专业诊断、融资创新、系统改造、企业受益"的"镇江生态国际合作
与交流模式"。

表 8 – 5　镇江与国际开展的生态合作与交流

时　间	合作与交流的具体内容
2015 年 9 月	在第一届中美气候领导峰会上，镇江与美国加州签订了《关于加强低碳发展合作战略备忘录》、《关于加强低碳发展合作行动计划》，与世界银行、IBM、世界自然基金会、德国 GIZ 等机构建立了良好的合作关系
2015 年 12 月	镇江再次作为中国唯一的城市代表，赴法国巴黎参加第 21 届联合国气候大会并举行"城市主题日·镇江"边会，向世界介绍镇江低碳城市建设的实践和经验，展示中国城市应对气候变化的探索和贡献
2015 年 12 月	与世界自然基金会签订战略合作协议，并引进国外优质资源，对镇江市电机系统节能改造提供方案
2015 年 12 月	镇江市与美国能源基金会签署了《城市绿色低碳发展合作谅解备忘录》，美国能源基金会支持镇江市低碳能力建设，协助建设镇江国际低碳发展研究和低碳国际发展交流中心；协助扬中市"零碳岛"建设的规划与实施；协助镇江市进行新型化工园区循环化改造和推进高比例可再生能源改造；为加强国际合作，美国能源基金会借助自身在能源和环境领域的专业专长、国内外专家资源，协助镇江市举办首届镇江国际低碳技术产品交易展示会；协助实施培训和交流互访等能力建设
2016 年 11 月	镇江市人民政府主办了首届镇江国际低碳技术产品交易展示会。本次展会参展企业近 200 家，其中世界 500 强企业 17 家，外资企业占比近 30%；参会的中外嘉宾超 3000 人，并不乏国际行动理事会主席、爱尔兰前总理伯蒂·埃亨这样的政商精英和业界"大咖"。11 月 28 日的开幕式上，联合国副秘书长、联合国 2030 年可持续发展和气候变化议程特别顾问戴维·纳巴罗，在视频致辞中称赞镇江举办国际低碳交易会，展现了落实"巴黎协定"、践行中国承诺的不懈努力。闭幕式上，大会发布了《低碳在行动——镇江倡议》，发起率先碳排放达峰、创新低碳技术、探索碳价机制、构建绿色金融体系、建立跨界合作五大行动

五　规划建设生态载体

镇江市通过规划建设生态载体，推进生态城市可持续发展。

产业园区。镇江市规划建设了新区国家级循环经济产业园、中瑞镇江
生态产业园（见图 8 – 2）、世业洲国家级旅游度假区、镇江综合保税区、
国际生命科学产业园、金港产业园和航空航天产业园，致力于将省级以上
开发区建成生态工业园区。

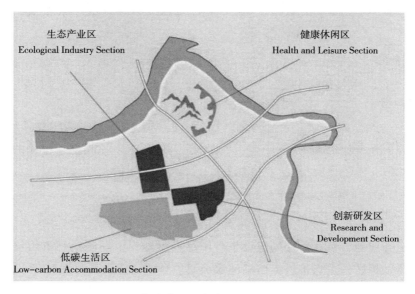

图 8 - 2　中瑞镇江生态产业园四大区域分布图

资料来源：《中瑞镇江生态产业园——国家级区域性创新中心》，http：//www. ouqiao. net/
13/2014 - 06 - 20/2877. html。

　　示范园区。镇江市规划建设了镇江十里长山生态农业示范园、低碳高
校园区、官塘 APEC 低碳示范城镇和海峡两岸新材料产业示范园区等生态
文明建设示范区。

　　绿色社区。镇江拥有市级以上绿色社区 104 家，80% 的社区建成了生
态文明示范点。"十三五"期间，镇江市力争建成省级绿色社区 35 家、市
级绿色社区 20 家。[1]

　　生态新城。镇江生态新城（又名镇江生态文明先行区）以现代产业集
聚、科技人才汇集等为重点，成片集成推进低碳产业发展（见图 8 - 3）。
中瑞镇江生态产业园以建设高端生态产业聚集区、生态技术研发区和低碳
智能宜居区为主，镇江官塘国家低碳发展城镇试点侧重发展商贸、物流、
旅游等现代服务业，突出可再生能源、绿色建筑和碳汇等工程建设。[2]

---

[1]　《关于"十二五"环保宣传教育工作和"十三五"打算的汇报》，http：//hbj. zhenjiang. gov. cn/
zwgk/jhzj/201509/t20150910_ 1583540. htm。

[2]　《镇江：三个维度创新打造低碳城市样本》，http：//www. js. xinhuanet. com/2016 - 01/21/
c_ 1117851588. htm。

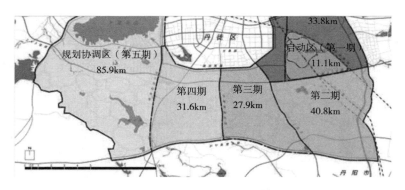

图 8-3 镇江生态新城规划分期范围

资料来源:《镇江生态新城:世界首创的模块式生态文明先行区》,http://www.ouqiao.net/13/2014-06-20/2878.html。

生态湿地。镇江市规划建设了丹阳练湖湿地、上湖湿地和焦山长江滩涂自然保护区,重点推进赤山湖国家级湿地公园的建设(见图 8-4)。

图 8-4 镇江生态湿地规划

特色小镇。根据镇江市委市政府《关于开展特色小镇规划建设试点的指导意见》,镇江市在"十三五"期间力争建成市级特色小镇 30 个左右,其中 10 个以上争创成国家级、省级特色小镇。原则上镇江市每个核心产业只规划建设一个特色小镇。镇江市的特色小镇坚持"一镇一主业",最终形成"一镇一风格"。每个小镇原则上按照 3A 级以上景区标准建设,旅游类小镇原则上按照 5A 级景区标准建设。每个小镇将建设"小镇客厅"（展示平台），展示特色小镇形象。镇江市建议首批创建的 8 个特色小镇分别为丹阳眼镜风尚小镇、句容葡萄小镇、扬中电气小镇、丹徒恒顺香醋小镇、京口 e 创小镇、润州西津渡风情小镇、镇江新区通航小镇和位于镇江生态新城的低碳小镇。

生态云平台。在低碳城市建设管理云平台的基础上，镇江市打造出全国第一朵"生态云"。"生态云"是一个集应用与研究、数据收集处理与查询、管理与服务等多功能于一体的信息化综合平台，具有功能全覆盖、资源大整合、企业有动力、群众可观感的特点与优势。

低碳生态研究与交易载体。镇江市拟筹建镇江低碳产业技术研究院、镇江国际低碳发展研究中心，建成低碳交通、低碳建筑等专业研究所和碳排放权交易所，精心举办镇江国际低碳技术产品交易展示会。全面推进与各类高校院所的科技人才合作，为低碳领域的创新型人才在镇江创业提供广阔舞台。

六 增强生态法治建设

在深刻认识创新、生态文明建设与法治关系的基础上，通过确保生态文明建设法治的有序运行以及重点考虑生态文明建设领域的法治工作，构建镇江市所亟须的生态法治环境。

明确相关部门具体职责。首先，镇江市公安机关充分发挥其侦查职能，依法打击环境污染犯罪。其次，镇江检察机关加大对环境污染刑事犯罪的打击力度。第一，依法对相关犯罪进行追究，努力形成对环境污染犯罪的有力震慑；第二，严肃查办环境污染背后的职务犯罪，着力解决环境污染监管失职等问题；第三，加强对环境污染相关民事诉讼的法律监督，依法履行督促起诉、支持起诉等职能，切实将环境污染对国家、集体和人民群众权益的损害降到最低。再次，镇江各级人民法院依法履行职责，维护被环境污染犯罪侵害的国家、集体和人民群众的利益，对环境污染犯罪分子予以严厉处罚。镇江市法院设立了"环境保护巡回法庭"，在全省率先建立生态环境案件快速办理机制、环保公益基金和典型环保案例指导制度、资源环境类案件异地集中办理等制度。镇江市检察院对破坏生态资源的犯罪案件依法快捕、快诉，对破坏生态资源的犯罪行为起到了较好的震慑作用。① 最后，不同部门协作执法。参与生态文明建设的镇江各个部门之间实施协调联动，建立会同其他相关部门特别是公安的联合生态执法的协同机制。负有环境等生态文明建设执法权力的各个机关之间加强沟通与协调，避免重叠执法或出现执法空缺，保障生态文明相关法律法规和规章的顺利实施。

强化环保社团组织建设。镇江市成立了全国首家具备环境公益诉讼能力的民间环保社团"镇江市生态环境公益保护协会"和全市性环保行业协会"镇江市环境保护产业协会"，这使得镇江市每位群众都有资格和权利参与到保护自然资源和环境的法律程序里来，从而增强了人民群众参与生态文明建设的责任感。

组建生态法治人才队伍。一方面，注重产权保护。镇江市先后成为首批"国家知识产权示范城市"、"国家创新型试点城市"、"国家中小企业知识产权托管工程试点城市"、"国家知识产权投融资服务示范市"以及"国家专利保险示范城市"，知识产权公共服务平台辐射长三角，让低碳领域人才在镇江创新创业舒心、放心。② 另一方面，培养生态法治人才。法治人才是产权保护的中坚力量。法治人才既包括镇江市层面的立法工作人员，也包括驻镇高校（江苏大学法学院）与专职研究机构（江苏省知识产权研究中心）的法治建设研究人员。在创建国家低碳试点城市、国家生态文明先行示范区和国家工业绿色转型试点城市的进程中，镇江市特别重视发挥生态法治人才的积极作用，为镇江市低碳、绿色与可持续发展保驾护航。

提高群众生态权利意识和参与意识。通过加强生态文明建设的宣传活动，提高镇江市群众的权利意识和参与意识。镇江市环保局加强与教育局、妇联、团委、科协等部门的联动，形成环保宣传统一战线，丰富环保宣传活动的形式。"十二五"期间，镇江市环保局先后联合教育局开展了"小橘灯"志愿者服务活动，配合文明办开展了"保护山川河流志愿者服务活动"，联合妇联开展了"绿色生活在我家"主题活动，与市科协开展

---

① 《镇江多项生态环境法治制度创新事例获全国奖》，http：//js. people. com. cn/n/2015/0323/c358232 - 24244770. html。

② 姜萍：《以创新型人才引领低碳绿色发展》，http：//www. js. xinhuanet. com/2016 - 11/30/c_1120023808. htm。

了两届镇江市青少年气候与环境征文演讲和环保情景剧比赛。邀请南京农业大学、南京林业大学的专家学者和镇江农林系统、环保系统专家参加"5·22"国际生物多样性日专题沙龙，共同探讨镇江物种现状、生物多样性与人类发展的话题。2013 年 6 月 4 日，中国环境科学学会、江苏省环境科学学会在镇江市启动了"推进生态文明、建设美丽江苏"大型系列活动。"6·5"世界环境日，江苏省保护母亲河志愿者活动启动仪式在镇江市举行。在全市青少年中普及了气象知识、环保知识，使其进一步了解和掌握气象、环境对人类社会生产生活的影响，增强了广大青少年的环保意识以及应对气象灾害和突发环境事件的应急能力。

接受群众监督和新闻舆论监督。一方面，镇江通过打造"环保示范一条街"、"环保小记者站"等较有特色的社会互动平台，确保公民和社会媒体能够有多种渠道、多种方式参与保护生态环境的活动。另一方面，镇江市在江苏省率先尝试环保"圆桌对话会议"，通过举办居民、企业、环保部门三方参与的圆桌对话会议，协商议事，解决商业噪声、餐饮油烟扰民等问题，这项举措得到了环保部的充分肯定，并作为典型编入宣教中心培训教材进行推广。[1]

严惩环境保护行政不作为行为。对于不作为或者违法作为的环境保护执法人员，镇江市历来予以严惩，从而保证法律的严肃性。镇江市通过建立和实施严格的责任追究制度，激发和强化各级领导干部、环境执法人员生态文明建设的责任意识。实践证明，环境事故问责制可以督促领导干部在做重大经济、发展决策时能充分考虑其对环境的影响，促进环境与发展综合决策和科学决策，减少失误。

严查生态环境破坏责任主体。镇江市的实践证明，生态环境问题的主要责任方，不在大自然自身，甚至不在消费者，而主要在生产者。当自然资源的生态价值受损，致使人们生态环境安全的需求落空之时，侵权损害赔偿的救济机制理应对受损的生态价值以补偿的方式予以保护。[2] 据此，镇江市生态文明法治建设始终按照"谁污染、谁付费，谁破坏、谁受罚"的原则，对生产者的行为提出更加明确而具体的法定要求，将生态环境保

---

① 《全市环境违法行为有奖举报新闻发布会》，http：//www. zhenjiang. gov. cn/gzcy/xwfbh/zxf-bh/200909/t20090902_196472. htm。

② 王莉：《侵权责任范式下生态利益损害的救济障碍及应对》，《科技进步与对策》2010 年第 11 期。

护责任落实到每一个具体的当事主体。在执法和司法的实践中，镇江通过加大对生产者违法行为的处罚力度，大幅度提高其违法行为的成本。对构成犯罪的，依法应追究刑事责任的，坚决追究其刑事责任。通过大幅度提高违法犯罪的成本，强化生产者环境保护的法律责任。

参考文献

李巧华、唐明凤：《企业绿色创新：市场导向抑或政策导向》，《财经科学》2014 年第 2 期。

余菲菲：《联盟组合构建对企业绿色创新行为的影响机制——基于绿色开发商的案例启示》，《科学学与科学技术管理》2015 年第 5 期。

付帼、卢小丽、武春友：《中国省域绿色创新空间格局演化研究》，《中国软科学》2016 年第 7 期。

翟绪军：《低碳时代黑龙江省装备制造业绿色创新体系构建研究》，《科技创业月刊》2013 年第 5 期。

丁堃：《作为复杂适应系统的绿色创新系统的特征与机制》，《科技管理研究》2008 年第 2 期。

丁堃：《论绿色创新系统的结构和功能》，《科技进步与对策》2009 年第 15 期。

王焕冉：《我国节能环保企业绿色创新动力机制质性研究》，硕士学位论文，大连理工大学，2015。

毕克新、刘刚：《论中国制造业绿色创新系统运行机制的协同性》，《学术交流》2015 年第 3 期。

田文富：《以"五化"协同引领绿色发展的体制机制建设》，《区域经济评论》2016 年第 2 期。

燕雨林：《构建开放型区域创新体系须完善四大创新机制》，http：//news. xinhua-net. com/local/2016 – 05/16/c_128984925. htm。

朱维宁等：《中国低碳发展的镇江样本》，http：//www. qunzh. com/qkzx/gwqk/qz/2016/201601/201601/t20160106_16375. html。

刘兰明、张涛、梁和峰：《首届镇江国际低碳交易会获成功》，http：//www. js. xinhuan-et. com/2016 – 12/02/c_1120040441. htm。

《镇江预计 2019 年将达到温室气体排放峰值》，http：//finance. ifeng. com/a/20130827/10533337_0. shtml。

《镇江"多评合一"收费管理实施意见出台》，http：//js. people. cn/n/2015/0904/

c360302 – 26234423. html。

《提升绿色科技创新能力》，http：//finance. huanqiu. com/roll/2015 – 11/7987623. html。

杨省世：《大兴实干风气，深化改革创新加快建设现代化山水花园城市》（中共镇江市委六
　　届八次全会报告），http：//swb. zhenjiang. gov. cn/qhzl/201605/t20160525_1742158. htm。

《市环保系统党组织在"两学一做"中争做三个先锋》，http：//zjsghj. gov. cn/shbj/
　　dwgk/hbbz_25744/hbbz_25753/201608/t20160810_1760503. htm。

《江苏镇江："四碳"创新筑牢生态》，http：//news. gmw. cn/2015 – 05/23/content_15756886. htm。

《镇江：三个维度创新打造低碳城市样本》，http：//www. js. xinhuanet. com/2016 – 01/
　　21/c_1117851588. htm。

《镇江"生态云"平台上线提升政府治理能力，实现与企业、公众良性互动》，ht-
　　tp：//www. zhb. gov. cn/home/ztbd/qt/szhb/201601/t20160118_326526. shtml。

《保护眼睛一样保护生态 对待生命一样对待环境》，http：//env. people. com. cn/n1/
　　2016/0312/c1010 – 28193307. html。

朱相远：《学习习近平同志关于生态文明重要讲话中的哲学思想》，http：//
　　cpc. people. com. cn/n/2014/0512/c371956 – 25006693. html。

《镇江市海绵城市建设 PPP 项目 4 月 18 日正式签约》，http：//js. people. com. cn/n2/
　　2016/0418/c360302 – 28171544. html。

《关于"十二五"环保宣传教育工作和"十三五"打算的汇报》，http：//hbj. zhen-
　　jiang. gov. cn/zwgk/jhzj/201509/t20150910_1583540. htm。

《镇江多项生态环境法治制度创新事例获全国奖》，http：//js. people. com. cn/n/2015/
　　0323/c358232 – 24244770. html。

姜萍：《以创新型人才引领低碳绿色发展》，http：//www. js. xinhuanet. com/2016 – 11/
　　30/c_1120023808. htm。

《全市环境违法行为有奖举报新闻发布会》，http：//www. zhenjiang. gov. cn/gzcy/xwfbh/
　　zxfbh/200909/t20090902_196472. htm。

王莉：《侵权责任范式下生态利益损害的救济障碍及应对》，《科技进步与对策》2010
　　年第 11 期。

第九章
开放镇江，推动开放型经济绿色发展

科学评估外商直接投资（简称FDI）对镇江生态环境的影响，实施绿色外资战略，优化国际贸易结构，积极应对国外技术性贸易壁垒，推动镇江开放型经济绿色发展。

第一节　外资对镇江市生态环境的影响

国际直接投资是一把"双刃剑"，既可促进东道国经济社会发展，又会对东道国生态环境产生负面影响。综述镇江市引进外资特征，分析FDI对镇江环境的污染情况。

一　外资对东道国生态环境的影响

污染产业跨国转移的相关理论。环境污染外部性理论、污染避难所假说、竞争到底线理论、环境改善论等，从不同的角度解释了污染产业跨国转移现象（见专栏9-1）。

| 专栏9-1 |

污染产业跨国转移的经典理论

环境污染外部性理论。外部性又称为外部经济影响，指从事某种经济行为的个体不能从其行为中获得全部收益或支付全部成本，导致社会收益或成本与经济行为人的收益或成本不对称，引致私人最优与社会最优产生偏差，从而导致投资低效率。米德（1962）在《竞争状态下的外部经济与不经济》一文中全面分析了竞争条件下生产的外部经济和外部不经济。1978 年，格林伍德与英吉纳在《不稳定的外部影响、责任规则与资源配置》一文中分析了不稳定的外部性。庇古首次用现代经济学方法从福利经济学的角度系统研究了外部性问题，在马歇尔提出的 "外部经济" 概念基础上，扩充了 "外部不经济" 的内容。环境污染外部性理论的核心观点就是企业将环境污染行为对外 "转移"，把企业的内部成本外部化。

污染避难所假说。Walter 和 Ugelow（1979）最早提出 "污染避难所假说"（Pollution Haven）。Baumol 和 Oates（1988）对其进行了系统论述：如果发展中国家自愿实施较低的环境标准，那么其将会变成世界污染的集中地。Ulph A. 和 L. Valentini 从理论上证明了 "污染避难所假说" 的合理性。Dean July（1992）运用 "污染避难所假说" 解释了国家间污染产业转移的根源，说明污染密集型产业会从环境成本内部化高的国家迁移到低的国家，从而使环境标准较低的国家成为世界污染和污染密集型产业的避难所。Mani 和 Wheeler（1997）认为，发达国家苛刻的环境标准会迫使污染产业向环境管制较为宽松的发展中国家转移。

竞争到底线理论。Markusen, J. R.（1995）提出 "竞争到底线假说"，他认为，随着全球自由贸易化进程加快，市场竞争加剧，欠发达国家为了吸引更多的外资，有可能降低环境标准，放松环境规则，从而出现竞争到底线（Race to the Bottom）现象。Main 和 Wheeler（1999）检验了 1960 ~ 1995 年的经济合作与发展组织（OECD）国家，实证结果证明，OECD 国家的污染和非污染产业产出比持续下降。与此同时，拉丁美洲和亚洲（不包括日本）国家的比不断上升，而污染产业出口比例也不断下降。上述结果证实存在污染产业转移现象。

环境改善论。20 世纪 70 年代，以 Friedrich August, George J. Stigler, Milton Friedman 等为代表的新自由主义指出，从长远来看，FDI 对东道国环境具有积极影响，FDI 有助于改善发展中东道国的环境状况。一方面，与发展中东道国相比，FDI 有雄厚的资本和先进的技术，在环保方面可投入更多的资源。另一方面，东道国企业通过模仿和学习跨国公司先进的清洁生产技术和环境管理体系，可以改善本国的环境状况，从而促进本国制定更高的环境标准。Birdsall 和 Wheeler（1993），Frankel（2003）认为，贸易与 FDI 为发展中国家提供了采用先进技术的机遇，促使其实现清绿色生产，进而改善全球环境质量。因此，环境保护与全球化之间存在互惠互利关系，FDI 有利于改善全球生态环境。

资料来源：刘汝成《外商直接投资对江苏省生态环境的影响》，《时代经贸》2013 年第 3 期。

环境管制与污染产业转移。众所周知，发达国家与发展中国家存在不同的环境管制标准。如果发展中国家或地区缺失"污染者付费"政策，则相当于降低了企业的生产成本，该地区就能吸引更多的外资。某些发展中国家通过放松环境管制，引致污染型产业从发达国家转移到发展中国家，由此发展中国家成为"污染者的天堂"。世界银行通过对北美、欧洲、日本、拉丁美洲、亚洲新兴工业化国家或地区及东亚发展中国家的钢铁、非金属、工业化学产品、纸浆及纸张、非金属矿物产品五个严重污染部门进出口比率的分析，发现的确存在"污染者的天堂"。Markusen J. R.（1995）把环境管制标准的差异效应从发展中国家扩展到发达国家。Porter 和 Van der Linde（1995）实证研究环境管制与企业竞争力关系的结果显示，东道国合理的环境标准可以促进企业创新。Dowell 等（2000）的实证研究结果显示，采用严格环境标准的跨国公司的市场价值高于同类环境中环境标准不规范的企业。

综上可见，环境管制与污染产业转移存在较强的相关性。

二　镇江引进外资规模与结构特征

（一）镇江引进外资规模

1987 年镇江拉开利用外资的序幕，当年实际外资金额为 63 万美元。1987～2006 年镇江利用外资规模见表 9-1，2007～2015 年镇江利用外资规模见表 9-2。截止到 2016 年 2 月底，镇江批准设立外资企业 4400 家，近 50 家世界 500 强企业在镇江投资，外资企业创造了全市 1/3 以上的 GDP 和 1/3 的工业总产值，外资经济已经成为镇江市社会经济发展的重要组成部分，必然对镇江生态环境产生影响。

表 9 - 1 1987 ~ 2006 年镇江市吸收外资情况

单位：万美元

年　份	协议利用外资	实际利用外资
1987	108	63
1988	1123	578
1989	2245	2590
1990	2772	515
1991	2417	1820
1992	18425	4851
1993	32801	13360
1994	20467	17343
1995	105333	21897
1996	50351	24000
1997	221390	46575
1998	29669	75738
1999	29680	50771
2000	40000	28925
2001	106000	32637
2002	202016	50095
2003	175400	80552
2004	257000	121462
2005	324000	95500
2006	165900	73000
2007	233144	106354
2008	233400	120175
2009	280457	144081
2010	232524	161462
2011	206407	180759
2012	255478	221410

年 份	协议利用外资	实际利用外资
2013	324090	309678
2014	238214	129508
2015	—	130000

资料来源：历年《镇江市统计年鉴》，2015 年数据来自《2016 年镇江市政府工作报告》。

（二）外商直接投资的行业分布

表 9 - 2 反映了镇江典型的三资企业及其所在行业，表 9 - 3 反映了 1999 ~ 2005 年镇江 FDI 的行业分布情况。

表 9 - 2　镇江市典型"三资"企业的行业分布

所在行业	主要企业	经营范围
化工产业	镇江国亨化学有限公司	生产销售 ABS、SAN 及其制品
	镇江联成化学工业有限公司	生产经营苯、甲苯、二甲苯衍生物产品
	镇江奇美化工有限公司	生产聚苯乙烯为原料的系列产品
	来泰祥化工（江苏）有限公司	生产销售丁二烯、苯乙烯和各类乳胶
	镇江南帝化工有限公司	生产销售以丁二烯、苯乙烯为原料的胶粘剂
	道达尔华东润滑油有限公司	生产销售润滑油及配套产品
造纸产业	金东纸业（江苏）有限公司	生产各类纸张、纸板、纸制品、化工产品
	镇江大东纸业有限公司	生产销售各类纸张、纸浆、纸板等纸制品
	江苏远东包装制品有限公司	生产销售各类包装薄膜、瓦楞纸箱等
汽车零配件	华东泰克西汽车铸造有限公司	生产汽车缸体铸铁件
	凯迩必机械工业有限公司	生产销售汽车悬挂系统、减震器等
	镇江美驰轻型车系统有限公司	装配、制造、销售车窗玻璃等
电子电器	镇江爱派克斯数码有限公司	生产与数字、音频产品等相关的家用电器
	亚泰凯龙电子有限公司	生产销售系列连接器及相关电子产品
	镇江三森电器有限公司	生产销售遥控器及相关产品
	智英电子（镇江）有限公司	生产销售计算机板卡等电子产品

所在行业	主要企业	经营范围
机械	华晨华通路面机械有限公司	制造销售路面机械
	镇江银峰铸造有限公司	生产销售中小型铸件
	镇江斯伊格机械有限公司	生产销售机械产品
	特耐斯（镇江）电碳有限公司	生产碳刷、碳素制品、模具及加工机械

资料来源：镇江市发改委外经处《镇江市外商直接投资集聚影响因素的关联分析》，《镇江社会科学》2006 年第 1 期。

表 9 - 3　镇江市 1999 ~ 2005 年 FDI 行业结构

单位：万美元，%

行业	1999 年		2000 年		2001 年		2002 年	
	金额	比重	金额	比重	金额	比重	金额	比重
第一产业	28	0.06	—	—	80	0.25	284	0.57
农林牧渔	28	0.06	—	—	80	0.25	284	0.57
第二产业	49657	97.81	27941	96.60	32088	98.32	44464	88.76
采掘业	—	—	—	—	—	—	—	—
制造业	49657	97.81	27941	96.60	32088	98.32	44445	88.72
电力、煤气及水生产	—	—	—	—	—	—	19	0.04
第三产业	1086	2.13	984	3.40	469	1.44	5347	10.67
建筑业	64	0.13	24	0.08			762	1.52
交通运输、仓储邮电	643	1.27	—	—	94	0.29	120	0.24
批发贸易餐饮业	—		179	0.62	192	0.59	639	1.28
房地产业	119	0.23	37	0.13	142	0.44	2359	4.71
社会服务业	260	0.5	3	0.01	41	0.13	583	1.16
教育文化艺术	—	—	—	—	—	—	884	1.76
其他行业	—	—	741	2.56	—	—	—	—
合　计	50771	100	28925	100	32637	100	50095	100

续表

行 业	2003 年		2004 年		2005 年	
	金额	比重	金额	比重	金额	比重
第一产业	600	0.74	2283	1.88	3942	4.13
农林牧渔	600	0.74	2283	1.88	3942	4.13
第二产业	69411	86.17	95165	78.35	83849	87.80
采掘业	5	0.01	194	0.16	—	—
制造业	69406	86.16	94825	78.07	82064	85.93
电力、煤气及水生产	—	—	146	0.12	1785	1.87
第三产业	10541	13.09	24013	19.77	7709	8.07
建筑业	230	0.29	3668	3.02	—	—
交通运输、仓储邮电	4087	5.07	2636	2.17	1509	1.58
批发贸易餐饮业	1083	1.34	3753	3.09	657	0.69
房地产业	3472	4.31	10652	8.77	4504	4.72
社会服务业	299	0.37	2927	2.41	1001	1.05
教育文化艺术	712	0.88	377	0.31	—	—
其他行业	658	0.82	—	—	35	0.04
合计	80552	100	121462	100	95500	100

资料来源:《镇江社会科学》2006 年第 5 期。

1999 年以来镇江 FDI 集中分布在制造业。1999~2005 年镇江制造业累计利用 FDI 为 40 亿美元以上。其中,第二产业 FDI 占比超过 99%。1999~2005 年,第三产业中 42.8% 的外资投向房地产业。外商在化工、造纸产业的占比很高,投资规模远超出在镇外资企业平均投资规模水平。"十二五"时期镇江累计引进外资规模 97.19 亿美元。其中,第二产业外资占比依然最大,新能源、新材料、航空材料等六大战略新兴产业引进外资约占全市外资的 55%,金融、物流、商贸等现代服务业的外资占比为 35%。外资的产业投向发生了变化,外资产业质量不断提高。

外商投资方式及结构。20 世纪 80 年代到 90 年代初,合作企业在镇江三资企业中的占比最高。伴随投资环境的变化,合资和独资占比不断提高。21 世纪初独资经营成为 FDI 的主要方式。2005 年镇江 FDI 独资经营占比为 68.51%，合资经营为 27.72%，合作经营占 3.66%。2010 年后 FDI 投资方式一直以独资经营为主。

三 外资对镇江制造业结构的影响效应

镇江制造业利用 FDI 具有多元化特征，主要发展传统劳动密集型产业（服装加工业、食品制造业）和资本密集型产业（化工、造纸）。但十大工业部门的外资占比很大，十部门的工业产值之和占镇江外商投资企业总产值的 65.27%。借助于 FIEs 布局指数①，可计量分析外资企业和内资企业产业布局特点。公式如下：

$$\alpha = \frac{Pf_i / Pf_t}{Pd_i / Pd_t}$$

其中，α 表示 FIEs 布局指数；

Pf_i 表示 I 工业部门 FIEs 产值；

Pf_t 表示 FIEs 总产值；

Pd_i 表示 I 工业部门内资企业产值；

Pd_t 表示内资企业总产值。

以 2006 年为具体算例，表 9-4 为镇江 2006 年 FIEs 的工业布局及其比较优势。

表 9-4 镇江市 2006 年 FIEs 的工业布局及其比较优势

行 业	工业布局（%）		FIEs 布局指数	FIEs
	FIEs（a）	内资企业（b）	a/b	比较优势
塑料制品业	4.84	0.98	4.94	比较优势
电子及通信设备制造业	2.42	3.47	0.70	
纺织业	4.86	6.70	0.73	
黑色金属冶炼及压延工业	0.55	0.94	0.59	
服装及其他纤维制品制造业	7.35	3.80	1.93	比较优势
食品制造业	5.39	1.23	4.38	比较优势
食品加工业	0.99	7.96	0.12	

---

① FIEs 布局指数是指 FIEs 在某工业部门的产值占整个 FIEs 产值的百分比除以内资企业在该工业部门的产值占其总产出的百分比。

续表

| 行 业 | 工业布局（%） | | FIEs 布局指数 | FIEs |
	FIEs（a）	内资企业（b）	a/b	比较优势
金属制品业	7.32	10.21	0.72	
非金属矿物制品业	4.94	7.44	0.66	
化学原料及化学制品制造业	18.96	10.04	1.89	比较优势
文教体育用品制造业	1.51	1.88	0.80	
造纸及纸制品业	5.92	0.67	8.84	比较优势
电气机械及器材制造业	5.02	13.70	0.37	
印刷业	0.18	0.93	0.19	
专用设备制造业	1.03	2.01	0.51	
有色金属冶炼及压延工业	10.03	1.54	6.51	比较优势
医药制造业	0.16	0.81	0.20	
皮革、毛皮、羽绒及其制品业	0.26	1.24	0.21	
橡胶制品业	0.48	0.77	0.62	
仪器仪表制造业	3.32	0.29	11.45	比较优势
交通运输设备制造业	3.79	5.59	0.68	
木材加工业	0.23	0.15	1.53	比较优势
家具制造业	1.62	0.03	54.00	比较优势
普通机械制造业	0.69	4.08	0.17	
饮料制造业	0.26	0.40	0.65	
化学纤维制造业	0.27	0.60	0.45	
黑色金属矿采选业	0	0.32	0	
非金属矿采选业	0	1.77	0	
石油加工及炼焦业	0	1.30	0	
电力、蒸汽、热水的生产和供应业	0	8.32	0	
煤气生产和供应业	0	0.04	0	
自来水生产及供应业	0	0.23	0	
其他制造业	7.61	0.58	13.12	比较优势

注：$\alpha = Pf_i/Pf_t \times 100\%$，$b = Pd_i/Pd_t \times 100\%$。

资料来源：镇江市统计局《镇江统计年鉴（2006）》，中国统计出版社，2006。

FIEs 布局指数大于 1，说明 FIEs 在该工业部门具有比较优势。表 9 - 4

显示，镇江市具有比较优势的外商投资部门是：塑料制品业、服装及其他纤维制品制造业、食品制造业、化学原料及化学制品制造业、造纸及纸制品业、有色金属冶炼及压延加工业、仪器仪表制造业、木材加工业、家具制造业及其他制造业，上述工业部门既有劳动密集型产业，也有资本密集型产业。

四　外资对镇江生态环境的影响效应

开放型经济是镇江区域经济的重要组成部分。镇江引进外资规模不断扩大，FDI 行业分布具有明显偏好，并对镇江产业结构优化产生显著影响。前文分析结果表明，外资在塑料制品业、化学原料及化学制品制造业、造纸及纸制品业、有色金属冶炼及压延加工业[①]等具有比较优势，说明在一定程度上外资恶化了镇江的产业结构，对生态环境会产生一定的影响。以镇江化学原料及化学制品制造业为例，近年来镇江化工产品及相关产品出口贸易快速增长，化学工业在加工、运输、储存、使用和废弃物处理等各个环节都会产生大量污染物，化学工业所产生的污染物对环境的影响具有长期性。化学工业"三废"污染物具有种类多、数量大、毒性高的特点，这些有害化学物质的大量排放对生态环境造成了严重破坏。世界自然基金会指出，化学污染已经成为地球面临的一大环境威胁。

第二节　镇江市实施绿色外资战略

优化外资产业结构，推动镇江本土企业对外投资，重视引进国际间接投资，实施绿色外资战略。

一　优化外资产业结构

扩大服务业引进外资规模。依托镇江智慧城市建设和全国医保试点单

---

① 按照我国国家统计局行业分类标准，在外商投资工业领域的 39 个行业中，共有 21 种属于污染密集产业，其中属于高度污染密集的产业有 13 种，包括煤炭开采和洗选业、石油和天然气开采业、黑色金属矿采选业、有色金属矿采选业、纺织业、皮革毛皮羽毛及制品、造纸及纸制品业、石油加工炼焦及核燃料加工业、化学原料及化学制品制造业、化学纤维制造业、电力热力的生产和供应业、燃气生产和供应业、水的生产和供应业。一般污染密集产业有 8 种，包括非金属矿采选业、医药制造业、橡胶制品业、塑料制品业、非金属矿物制品业、黑色金属冶炼及压延加工业、有色金属冶炼及压延加工业、服装鞋帽制造业。

位，积极谋划与上海自贸区外商独资医疗机构之间形成"前门诊后病房"的国际合作模式。发挥信息技术在远程医疗产业中的作用，发展智慧医疗服务产业；打造可穿戴医疗设备生产基地，生产服务于远程诊断的智慧手表、智慧眼镜等可穿戴式医疗设备；积极引进境外智慧医疗集团，布局智慧医疗产业基地；在ECFA框架下扩大港资、台资医疗机构对镇江的投资规模，引导境外资本进入镇江银发产业领域。引进知名信用跨国公司，培育开放型信用产业。引进知名信用跨国公司，培育镇江本土征信机构、资信评估机构、信用担保机构等，加大信用服务机构培育力度。开展企业资信调查、消费信用调查等市场急需的服务项目。积极引进国际化的信用服务人才，将镇江发展成为长三角信用服务产业和专业人才集聚区之一。引导外资进入镇江鼓励发展的生态环保、健康养生、商贸流通、电子商务、教育文化、公共设施等领域。采取政府产权管理、间接调控和市场运作相结合的方式，引导外资进入城市建设、土地整理等新领域。打造服务外包协调发展综合体系，千方百计招引一批外包龙头企业和领军型人才（团队）。搭建服务外包公共技术平台及交易平台，强化对服务外包发展的指导和协调。鼓励服务外包企业由单纯的软件编码服务向集咨询、行业解决方案、外包服务三位一体的高端服务外包企业转型。

鼓励外资投向优质制造产业。吸引外资进入镇江新能源、新材料、航空材料、海工装备等先进制造业领域，积极引进研发制造工业机器人、特种行业机器人的跨国公司，培育机器人产业，持续扩大重大外资项目储备数量。放大凯迩必、建华建材等省级外企地区总部的示范效应，鼓励跨国公司在镇江设立地区总部、研发中心等功能性机构。

二 鼓励本土企业对外投资

开展平台式境外投资。充分利用上海自贸区平台，鼓励本土企业开展境外投资活动。支持圣象、天工、飞达、沃得等大型企业集团开展形式多样的跨国经营，推动全市百亿企业成长为跨国公司。引导五金工具、纺织服装、木业、化工、造纸、眼镜等行业抱团"走出去"，助推产业转型升级。充分利用我国境外18个自由贸易区平台，充分享受双边投资贸易优惠政策，鼓励骨干企业参与建设境外产业集聚区，以对外投资带动商品、技术、标准等出口。紧密跟踪中美商签投资协定谈判工作的进展，扩大镇江企业在美国的投资规模和丰富投资方式。支持内贸流通企业"走出去"开拓国际市场，构建海外营销网络，开展消费品、大宗原材料、先进设备的采购以及进口代理业务等，不断提升其国际商品采购、物流配送和代理分销等跨国流通服务能力。

促进优势产能跨国输出。落实供给侧结构性改革，依托 2020 年江苏省在"一带一路"沿线国家建立的 5～6 个园区，支持化工、造纸、眼镜、工程电气等优势产业跨国输出，鼓励具有比较优势的企业开展对外投资合作，利用现有设备和成熟技术，在"一带一路"沿线国家建立境外生产基地，带动和扩大相关产能输出。鼓励海工装备、电子、新材料等优势产业融入全球产业链，形成跨境生产链和价值链，促进商品输出向产业输出转型升级。鼓励企业在境外开展高新技术合作，设立研发中心，获取先进技术和品牌，通过"并购—引进—消化吸收—再创新"加快自身发展。

支持重点境外投资项目建设。积极参与江苏省国际产能和装备制造合作行动方案筛选的 20 个在建和条件成熟的"走出去"项目，以镇江现有境外投资企业为桥梁，外联内引，带动镇江关联企业开展境外配套投资。跟踪已经在谈和在建的境外投资项目，与东道国企业跨境联动发展，为镇江优势制造业的整体输出提供平台。推动镇江中医药健康服务①走出去，培育一批国际市场开拓能力强的中医药服务企业，扶持优秀中医药企业和医疗机构到境外开办中医医院、连锁诊所等中医药服务机构。

三　重视引进国际间接投资

研判当代国际间接投资发展趋势，研究国际间接投资的管理模式，引进更多国际间接投资的方法和工具。促进在上海自贸区内注册的镇江大型贸易公司从事区域性资金管理活动，力推其成为跨境资金管理的试点企业，主动参与跨境资金池活动，拓展镇江实体经济融资渠道。鼓励资金实力较强的镇江企业联合成立金融租赁公司，在上海自贸区设立分支机构，在自贸区内开展融资，培育金融租赁业，其效应等同于境外融资。引进境外基金、风投、创投、私募、投资银行等机构，鼓励企业开展境外上市，

---

① 2015 年 4 月国务院办公厅发布了《中医药健康服务发展规划（2015—2020 年）》，发展目标为到 2020 年，基本建成中医药健康服务体系，中医药健康服务加快发展，成为我国健康服务业的重要力量和国际竞争力的重要体现，成为推动经济社会转型发展的重要力量。

拓展融资租赁、商业保理等国际间接投资的引进规模。更新招商理念，稳定扩大产业链的招引规模。放大引进台江软件园实力园区运营商的成功经验，重视平台招商和园区招商，用市场化手段，引进专业园区运营商，尤其重视引进拥有科技支撑和产业支撑的优质运营商。

第三节　增强镇江市国际贸易竞争力

20 世纪 90 年代以来，新一轮贸易保护主义迅猛发展，催生了多种新的贸易保护工具。劳工标准、SA8000 认证、产品质量认证、动植物检疫标准等均已成为发达国家实行贸易保护的重要工具。科学应对国外绿色贸易壁垒，是镇江市开放型经济健康发展的必要条件，更是镇江生态文明建设的重要内容。

一　国外绿色贸易壁垒概述

"绿色贸易壁垒"根源于生态环境和国民健康保护的需要。国际组织、发达国家和发展中国家在绿色贸易壁垒中的作用、地位和角色具有显著差异。国际组织积极制定规则，发达国家积极利用规则，以环境立法、产品认证等多种方式，影响发展中国家产品出口（见专栏 9 - 2）。1972 年，联合国通过了《人类环境宣言》，发达国家经济发展开始从单一追求经济效益转变为追求"经济、社会、环境"三个目标效益平衡的发展模式。发达国家对衣食住行的条件、卫生和安全的要求日益严格，从国外进口的产品更不例外。世贸组织负责实施管理的《实施卫生与植物卫生措施协议》规定，成员方政府有权采取措施，以保护人类与动植物的健康，确保人畜食物免遭污染物、毒素、添加剂的影响，确保人类健康免遭进口动植物携带疾病的伤害。该协议强调，在设立和实施上述措施时，要把对贸易的消极影响减少到最低程度。国际标准化组织（ISO）于 1993 年 6 月成立了 ISO／TC207 "环境管理委员会"，起草了一份称为 "ISO14000" 的环境管理体系标准。ISO14000 体系不是仅仅关注产品的质量，而是对组织的活动、产品和服务，从原材料的选择、设计、加工、销售、运输、使用到最终废弃物的处理进行全过程的管理。该标准旨在促进全球经济发展的同时，通过环境管理国际标准来协调全球环境问题，试图从全方位着手，通过标准化手段来有效地改善和保护环境，满足经济持续增长的需求。

| 专栏 9－2 |

国外绿色贸易壁垒的具体表现

环境认证。具有北美市场准入效力的有 UL、ETL、FCC、ASTM International 认证；为国际认可的食品预防体系有 HACCP、ISO9000 体系；被欧洲公认的有德国 GS 安全认证；有根据欧洲经济委员会（ECE）在日内瓦签署和颁布的 ECE 法规实施的一种针对汽车部件（包括汽车电子产品）的"E mark"认证，与"E 标志认证"并行的汽车零部件认证还有"e 标志认证"，其是证明产品符合欧洲共同体委员会颁布的指令（法规）的证据，所有欧盟成员国必须认可有 e 标志的产品。

环境立法。欧盟于 1993 年颁布了《"CE 标志"指令》（欧盟第 1993/68/EC 号指令），该指令是针对最终产品的基础性指令。经过近 10 年的讨论磋商，欧盟《关于报废电子电气设备指令》（欧盟第 2002/96/EC 号指令，简称 WEEE[①]）及《关于在电子电气设备中限制使用某些有害物质指令》（欧盟第 2002/95/EC 号指令，简称 RoHS）自 2003 年 2 月 13 日起成为欧盟范围内的正式法律。欧盟成员国于 2004 年 8 月 13 日前将上述两项欧盟法律落实到了国家法律体系中。WEEE 指令，要求与欧盟市场有关的生产商，必须在法律意义上承担起支付报废产品回收费用的责任。RoHS 指令禁止在欧盟市场出售及使用某些有害物质的产品[②]。环境标志制度[③]作为一种新兴的环境管理手段，通过消费者驱动促使生产者采用较高环境标

---

①　WEEE 指令强制性规定，欧盟各成员国必须保证每个家庭人均年回收 4 公斤的报废电子电气产品，同时规定该指标最迟于 2006 年 12 月 31 日达到。

②　RoHS 指令规定，自 2006 年 7 月 1 日起，所有在欧盟市场上出售的电子电气设备必须禁止使用铅、汞、镉、六价铬等重金属，以及多溴二苯醚（PBDE）和多溴联苯（PBB）等阻燃剂。

③　环境标志是一种标在产品或其包装上的标签，是产品的"证明性商标"，它表明该产品不仅质量合格，而且在生产、使用和处理过程中符合特定的环境保护要求。与同类产品相比，具有低毒少害、节约资源等环境优势。生态标准是环境标志的核心。实施环境标志认证，实质上是对产品从设计、生产、使用到废弃物处理，乃至回收再利用的全过程（也称"从摇篮到摇篮"）的环境行为进行控制。它由国家指定的机构或民间组织依据环境产品标准（也称技术要求）及有关规定，对产品的环境性能及生产过程进行确认，并以标志图形的形式告知消费者哪些产品符合环境保护要求，对生态环境更为有利。

准，引导企业自觉调整产品结构，采用清洁工艺，生产对环境有益的产品，最终达到保护环境、节约资源的目的。

生态产品标志。在欧洲、加拿大、美国和日本，生态标志产品范围从纸产品到家用电器和建筑材料。授予德国"蓝色天使"的第一个生态标志计划是1978年制定的，到1990年，60个产品类别中的3200种产品被授予"蓝色天使"称号，德国80%的家庭承认该标志。欧盟于1992年颁布了《欧盟产品生态标志计划》，以在各成员国之间提供某种一致性。美国总统克林顿签发的《联邦采购、循环和废物防治建议》（12873决议），要求环境保护局颁布和执行"政府机构必须采购环境更优产品或服务"的指南。这些计划或指令客观上促进了生态产品的设计、制造技术的发展，也刺激了生态产品的消费。

资料来源：江心英、王娟、季莹《产品生态设计理论与实践的国际研究综述》，《生态经济》2006年第2期。

环保意识与相关法规滞后，财力不足和检验技术落后等，限制了发展中国家应对绿色贸易壁垒的能力。我国已连续17年成为全球反倾销、反补贴以及美国337等调查的重点，成为全球贸易保护主义的最大受害者，涉案损失每年超过400亿美元。

WEEE指令影响范围涉及近100种终端产品，其中，近20%属于"中国制造"。新版RoHS指令使得将近270亿美元的中国机电产品面临欧盟的环保壁垒。[①] 可见，环境标准、环境政策已对企业的生存和发展产生了实质性影响，环境标准已经与企业的竞争力、技术壁垒扭合在了一起。

二 绿色贸易壁垒对出口企业的影响

近年来，国外技术性贸易措施对镇江市出口企业产生了实质性影响，镇江金东纸业等重点企业多次遭遇反倾销起诉。欧美地区对铜版纸不断提出"双反"，阿根廷、巴基斯坦、泰国等先后在2010年到2012年期间针对我国铜版纸厂发起5起反倾销调查案件，从而使铜版纸成为世界遭受贸易壁垒最多的行业之一。迄今为止，金东已经或正在应对着8起反倾销或

---

① 郑天虹、王攀、杨晓君：《欧盟指令将实施　家电业须加紧应对"绿色壁垒"》，http：//www. it. com. cn/f/news/054/19/102111. htm。

"双反"案件。2006 年第一起美国"双反"案件，金东公司积极应诉，针对起诉文件中的各种不合理要素提出抗辩；收集、准备损害性终裁抗辩文件，争取相关政府部门的支持，聘请律师积极抗诉。由于案件处理过程中的客观不公正行为，金东纸业于 2010 年、2011 年先后失去了美国和欧盟两大铜版纸市场，但其仍然在积极努力争取逆转局势，并在对新兴市场案件的应诉中发挥积极主导作用。

三　科学应对国际绿色贸易壁垒

构建应对绿色贸易壁垒的网络系统。应对国外技术性贸易措施，是多主体相互合作的活动，但不同的活动主体在应对国外技术性贸易措施工作中所发挥的关键作用不同。基于此，需要构建包括出口企业、政府、行业协会、大学与研究机构以及咨询机构等多主体的网络系统结构，该网络系统包括政府推动系统、出口企业回应系统和外部支持系统三大子系统。政府推动子系统由国家、江苏省职能机构和镇江市职能机构组成，各级政府各有其重要职能。出口企业回应系统由技术性贸易措施的利益相关企业组成，该子系统是应对技术性贸易措施的执行系统，负责将各项应对措施付诸实施。外部支持系统由行业协会联系系统和大学及其他社会研究机构组成的智力支撑系统共同组成。行业协会是联系系统的活动主体，该子系统的重要功能就是联系技术性贸易措施涉事的企业、政府职能部门以及大学和研究机构。为了保障上述三大子系统进行即时、无障碍的信息沟通，需设立信息技术辅助子系统，该子系统的功能是提供信息技术支撑，该系统涵盖网络平台自助报警系统、在线报警系统及主动巡查服务系统等，是技术性贸易壁垒（TBT）信息传递和发布最主要的平台。

推进绿色国际经济合作。把握"一带一路"建设机遇，全面提升镇江工业绿色发展领域的国际交流层次和开放合作水平，为全球生态安全做出贡献。着眼于全球资源配置，采用境外投资、工程承包、技术合作、装备出口等方式，推动绿色制造和绿色服务率先"走出去"。钢铁、建材、造纸等行业注重以循环经济模式开展合作，石化化工行业重视境外绿色生产基地建设，积极参与风电、太阳能、核能、电网等国际新能源项目的投资、建设和运营。强化绿色科技国际合作。紧跟全球绿色科技和产业发展动向，加强工业绿色发展的国际交流与合作，充分利用市场规模、装备生产能力、创新环境和人才队伍等方面的优势，吸引全球顶尖研发资源和先进技术转移。建立国际化的绿色技术创新平台，加强绿色工业、应对气候变化等领域国际科技合作研究，鼓励本土研发机构与世界一流科研机构建立稳定的合作伙伴关系。加强节能减排、气候变化、清洁技术、清洁能源开发等方面的国际合作，高规格筹办国际低碳技术产品交易博览会，充分放大镇江已有的低碳建设的国际影响力。

四　优化国际贸易结构

扩大现代服务贸易规模。在做大做强仓储、物流、建筑、旅游等传统国际服务贸易规模的基础上，积极发展服务外包、文化创意、体育服务、金融服务等智力密集和高附加值的现代服务贸易。发展检验检疫服务外包业。扶持镇江本土第三方检验检疫机构的发展，引进若干家国际知名的检验检疫机构（如 SGS 等）落户，鼓励跨国公司检验检疫机构与镇江本土企业的合作。发展国际金融服务外包业。以镇江金融集聚区为载体，承接上海自贸区金融机构的数据单据处理、呼叫中心、信用卡服务等中低端金融服务外包业，承接电子银行、产品创新研发等中高端业务，争创上海金融中心的后台系统之一。促进文化产品的出口。鼓励镇江文化企业入驻上海自贸区的国家对外文化贸易基地，主动参与外资文化企业的活动，学习和借鉴外资文化企业的发展理念和管理模式，开发具有镇江元素的文化产品，借助于上海自贸区外资文化经纪公司平台，出口到欧美国家。成立文化产业投资基金，以国家数字出版基地镇江园区、南山创意产业园等为载体，促进镇江文化创意、文化旅游、数字出版等文化产品、文化项目和文化产业的国际化，为"再造一座文化金山"提供资金保障。

推动货物贸易稳增长与调结构。稳定扩大一般贸易规模，推动加工贸易转型升级。加强出口品牌建设，培育梯级出口基地，坚持招引一批有实力、有客户源的船代公司、货代公司、保税物流公司落户，鼓励货代企业代理外地中转客户在镇江注册公司，培育外贸新增长点。鼓励企业自办、联办境内外研发、检测、设计和认证机构，形成以技术、品牌、质量、服务为核心的出口竞争力，增强外贸出口产品的科技含量。促进货物贸易市场结构的多元化。扩大镇江与已签署自由贸易协定的国家间的贸易规模。抓住我国建设丝绸之路经济带、沿边开放等重要战略，扩大与沿线沿路国家的贸易规模。重视与金砖四国之间的货物贸易。

培育新型贸易业态。支持中小外贸企业借助跨境电子商务扩大贸易规模，促进大型外贸企业借助于跨境电子商务实现转型升级。积极引进国内外知名电子商务企业在镇江设立区域交易、结算、配送、加工中心，鼓励有条件的企业开展网上跨国连锁经营业务。培育国际期货业务。支持镇江金融机构在上海自贸区内设立分支机构或办事处，与上海自贸区内证券期货交易机构开展大宗商品和金融衍生品的柜台交易活动。支持煤炭物流园在上海自贸区设立机构，申请注册专业期货公司牌照，参与煤炭大宗期货保税交割业务活动，拓展进出口业务，增强镇江在煤炭贸易中定价的影响力。培育国际租赁融资业务。鼓励镇江金融企业、城投集团独立或联合在上海自贸区注册融资租赁企业或金融租赁公司，充分享受融资租赁出口退税政策。鼓励沃德、柳工等大型机械制造企业开展针对新兴市场的设备租赁业务，开展保税维修业务。支持镇江船舶出口企业在上海自贸区注册成立服务性公司，享受在出口船舶的保修费、服务贸易项下的支付便利，构建国际化服务网络。鼓励镇江名牌企业在上海自贸区建设品牌产品展示和销售机构。

有序扩大进口贸易规模和类别。扩大先进技术和关键设备进口。坚持市场机制与政策扶持相结合，帮助企业争取相关进口资质和配额，鼓励企业进口先进技术、先进装备以及关键零部件，扩大健康医疗器械产品的进口规模。扩大原材料和设备进口。稳定并适度扩大奇美、国亨、联成化学、飞达板材等生产企业的原料进口和设备进口规模。适度扩大消费品进口规模。积极拓展民生领域的消费产品的进口渠道，扩大食品、婴幼儿用品、化妆品等民生产品进口规模，适度进口国际中高档消费品。

参考文献

Walter I. and J. Ugelow, "Environmental Policies in Developing Countries" *Ambio* 8 (1979).

Ulph A. and L. Valentini, Environmental Regulation, Multinational Companies and International Competitiveness (Discussion Papers at the Conference on Internationalization of the Economy, Environmental Problems and New Policy Options, Potsdam, Oct. 1998).

Dean July, Trade and the Environment, A Survey of the Literature (Discussion Paper at the World Bank, 1992).

Markusen J. R., "Competition in Regional Environment Policies When Locations are Endogenous," *Journal of Public Economics* (1995).

刘汝成：《外商直接投资对江苏省生态环境的影响》，《时代经贸》2013年第3期。

镇江市发改委外经处：《镇江市外商直接投资集聚影响因素的关联分析》，《镇江社会科学》2006年第1期。

李惠茹：《外商直接投资的生态环境效应问题研究及评述》，《世界经济与政治论坛》2007年第5期。

李赶顺、李惠茹：《外商直接投资的生态环境环境效应研究展望》，《绿色经济》2007年第11期。

镇江市统计局：《镇江市统计年鉴》（1988~2016年）。

镇江市商务局：《镇江市商务发展"十三五"规划》，2016年8月。

第十章
文化镇江，打造特色生态文化

生态文化是生态文明建设的核心内容。镇江市在生态文明建设中始终坚持以生态文化为引领，通过建设以"一个核心"、"四个手段"和"五个保障"为内容的生态文化体系，① 积极打造特色生态文化。

第一节　以生态文化引领生态文明建设

镇江市坚持以生态文化引领生态文明建设，通过构建和完善特色生态文化建设体系，积极打造具有特色的生态文明建设。

一　生态文化的内涵与结构

生态文化是人类文化发展的新阶段，生态文化建设将使得人类文化从精神层次、制度层次、行为层次、物质层次发生一系列变化。

（一）生态文化的内涵

生态文化蕴含着"生态"与"文化"两个概念，但不是生态与文化的机械叠加，而是两者交融、发展与递进。恩施特·海克尔认为，生态是一种关系的描述，是对自然有机生命体与周围世界关系的反映。文化是一种包括人们的风俗习惯、行为规范以及各种意识形态的复合体，是对特定族群在特定时代生产与生活方式的总结，其本质是人类在生产和生活实践中

---

① "一个核心"即以培育特色生态文化价值观为核心，"四个手段"即生态文明教育、生态文化宣传、生态载体建设、践行绿色生活，"五个保障"即生态文明体制改革、生态保护制度、国际交流合作、公众参与机制和生态法律保障。

创造的物质文化和精神文化的总和。生态文化有广义和狭义之分。从狭义
理解，生态文化是指以生态价值观为指导的社会意识形态、人类精神和社
会制度。从广义理解，生态文化是人类新的生存方式，即人与自然和谐发
展的生存方式。[①] 生态文化体现了"天人合一"的哲学思想，与"人类中
心主义"的传统文化相比，生态文化强调人与自然的和谐发展，而不是由
人统治和主宰自然。

（二）生态文化的结构

文化的层次结构包括精神层、制度层、行为层和物质层（表层）四个
层次。[②] 相应的，生态文化也可以分为精神、制度、行为和物质四个层次：
精神层次包括生态哲学、生态价值观、生态发展观、生态生活观等，是人
们在生产和生活中的生态伦理准则；制度层次包括生态政策、生态制度、
生态法律和生态机制等，是对人们生产、生活行为的规范；行为层次包括
生态生产行为、生态生活行为等方面，是人们在生产和生活中所表现出来
的行为方式；物质层次包括生态区域、生态组织、生态建筑、生态产品
等，是人们生态价值观和生态行为的有形体现。生态文化作为一种新的文
化选择，在精神、制度、行为和物质四个主要层次的表现具体如下。

精神层次。在生态哲学层面，生态文化树立尊重自然的观点，摒弃人
类中心主义；在生态价值观层面，生态文化遵循"人与自然和谐"的价值
观；在生态发展观层面，生态文化强调人与自然的共同发展，在发展经济
的同时要加强对生态环境的保护；在生态生活观层面，生态文化提倡绿色
低碳的生活理念。

制度层次。生态文化的社会制度以实现经济社会生态发展和促进人们
生活生态化为目的，强调对生态环境的保护，遵循公正平等的原则。

行为层次。生态文化通过生态价值观引导人们的生产行为、消费行为
和生活行为。生态文化倡导人们实施绿色生产行为、绿色消费行为和低碳
生活行为。

物质层次。生态物质是人们生态价值观的体现，也是生态行为的结

---

① 余谋昌：《生态文明论》，中央编译出版社，2010，第10页。
② 张雪军、苏杨珍：《基于四层次分析的公交企业文化诊断——以A市公交总公司为例》，
《中国人力资源开发》2013年第15期。

果。生态文化要求建设绿色低碳区域，生产绿色低碳产品，创建绿色低碳
组织。

在生态文化的四个层次中，精神层次是生态文化的核心层，是对制度
层次、行为层次和物质层次的统领和指导；制度层次是生态文化的保护
层，链接着精神层和行为层，制度层次既是对精神层次的深层体现，也是
对行为层次的规范；行为层次是生态文化的实践层，链接着制度层和物质
层，同时受到精神层次的指导和约束；物质层次是生态文化的结果层，链
接着行为层，是行为层的结果，同时衍射到精神层。

二　生态文化与生态文明建设的关系

人类文化生态化的结果孕育着生态文明，不同时期的社会文明有不同
起主导作用的文化，与生态文明相适应的主导文化是生态文化。生态文明
程度的提升，必然要依靠生态文化建设的支撑。生态文化是生态文明的思
想和理论基础，生态文化是生态文明的核心内容，是生态文明的灵魂，生
态文化引领着生态文明的建设。

（一）　生态文化为生态文明建设提供理念指导

生态文明建设首先要有正确的价值观念作为引导，生态文化引领人们
认识自然规律，形成生态世界观、生态价值观和生态伦理观。

生态文化为生态文明提供生态世界观。传统世界观在人与自然的关系
上主张"人是万物的主宰"、人要"征服自然"，这使得人与自然的关系越
来越对立，人与自然的矛盾越来越凸显，这既影响到人的发展，也严重破
坏了自然环境。生态文化提倡的世界观则强调，人是自然界的一部分，人
与自然是合一的，人与自然要和谐共生。生态世界观要求人们建立以和谐
发展、可持续发展和系统发展为基础的生态方法论。

生态文化为生态文明提供生态价值观。生态价值观是引导人类生态行
为的最核心、最根本的手段，生态价值观是互惠互利、共生共荣、协调平
衡的价值观，强调人类对自然的尊重，其基本原则是在满足人类基本需要
和合理消费的前提下，还要满足自然环境生态发展的客观需要。

生态文化为生态文明提供生态伦理观。传统伦理观主要关注的是人与
人的伦理关系以及人与社会的道德关系，并不涉及人与自然的关系。生态

伦理观将伦理道德的对象由人与人之间的关系扩大到人与自然之间的关系。生态伦理观可以激发人们保护生态环境的社会责任感，是引导人们生态行为的动力源泉。

（二）生态文化为生态文明建设提供内在推动力

人类文明由工业文明向生态文明转变的关键问题是如何实现社会生产方式和生活方式的生态化转变。生态化的生产方式和生活方式是生态文化形成和发展的基础，同时也是生态文明建设的根本。① 社会生产方式和生活方式的转变有赖于生态文化的发展。生态文化通过生态价值观的培育和引导、生态制度的规范、生态行为的引导以及生态物质载体的服务为生态文明建设提供了内在推动力。

生态文化具有大众性，植根于人们日常的生产生活实践中，可对人们的思想观念和行为方式产生潜移默化的影响，具有巨大的现实感召力、影响力。通过大力宣传生态文化价值观念，实施生态文化教育，可以在全社会形成普遍的生态文化氛围，从而促进整个社会生产生活方式的转变，有效地推进生态文明建设。

三 镇江特色生态文化体系建设

生态文化是生态文明的灵魂和精髓，为生态文明建设提供了生态世界观、生态价值观和生态伦理观，是推动生态文明建设的内在驱动力。镇江在生态文明建设过程中，始终将生态文化建设作为生态文明建设的核心内容，积极打造镇江特色生态文化。镇江特色生态文化建设的指导思想是：以历史文化为依托，以青山绿水的城市特色为背景，选取最能代表镇江古代文明和现代文化的山水花园城市为文化主题，培育和创新特色生态文化观念，积极开展三个重点领域（包括决策领域、教育领域、消费领域）、三个重点层面（企业层面、社区层面、农村层面）的生态文化建设。

镇江特色生态文化建设体系可见图 10 - 1。从图 10 - 1 可以看出，镇江特色生态文化建设包括精神层次、物质层次、行为层次和制度层次四个层次，是以生态价值观的培育为核心，以生态文明教育、生态文化宣传、

---

① 宣裕方、王旭烽主编《生态文化概论》，江西人民出版社，2012，第 19 页。

生态载体建设、生态行为倡导为手段，以生态文化机制为保障的完整体系。

镇江市生态文化建设的特色主要体现在以下几个方面：一是特色生态文化价值观，即倡导绿色低碳的发展理念；二是特色生态文化发展路径，即通过开展全民生态文明教育和生态文化宣传，塑造生态价值观；三是特色生态文化载体，包括生态文明教育基地、生态社区、生态村、生态园区和生态组织等生态文化载体；四是特色生态文化保障机制，包括生态文化体制、生态保护制度、国际交流合作机制、公众参与机制和生态文化法律法规等生态文化保障机制。

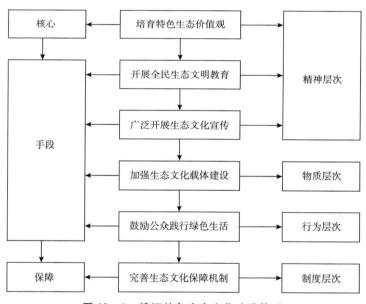

图 10 - 1　镇江特色生态文化建设体系

四　镇江市生态文化领先战略

镇江坚持以生态文化理念引领经济发展战略，实现生态文化与产业发展深度融合。

（一）坚持以生态理念引领经济发展

自 2000 年开始，镇江市的生态文化理念经历了生态保护→生态优先→

生态领先的发展历程，并始终坚持以生态文化理念引领镇江市经济发展的战略。

以生态保护理念促进经济集约式发展。2000 年前的产业调整之痛、污染治理之难、环境保护之急，引发了镇江人发展理念的深刻变化。自 2000年之后，镇江市果断地把环境保护摆在发展全局的优先位置，摒弃高投入、高污染、高排放的粗放增长方式，坚决从以环境换取增长的发展方式中走出来。

以生态优先理念促进经济可持续发展。自 2004 年跻身国家环保模范城市后，镇江进一步把良好的生态环境作为可持续发展的基础、最普惠的民生福祉和区域发展的重要品牌，宁可牺牲发展的几个百分点，也要把空间留给调整结构和改善生态环境，这进一步丰富和发展了生态文明的理念。

以生态领先理念促进经济特色发展。2012 年，镇江确立了"生态立市"的发展战略，市委六届九次全会提出"生态领先、特色发展"的理念。正如朱晓明市长强调的，以战略方式推进生态文明建设，使生态成为镇江最具核心竞争力的发展优势，让生态成为镇江的"城市名片"，成为百姓最具自豪感和幸福感的"第一品牌"。

（二）坚持生态文化与产业发展深度融合

在产业发展的过程中，镇江市始终坚持以低碳理念、绿色理念、集约理念促进产业的转型升级。

以低碳理念推进产业低碳发展。镇江市在全国首创低碳城市建设管理云平台，对全市重点企业碳排放实施监控。在全国率先推行项目碳评估，从源头上控制高耗能、高污染、高排放项目的准入。评估结论分别用红、黄、绿灯标识，对红灯项目不予通过；对黄灯项目，强制要求采取低碳减碳技术和措施进行碳补偿，达到准入标准后方可通过；对绿灯项目，提出进一步减碳低碳的优化建议后直接通过。自 2013 年以来，每年都持续实施发展低碳产业、构建低碳生产模式、低碳能源等低碳"九大行动"。①

以绿色理念促进产业绿色转型。一是促进工业绿色转型。以《〈中国制造 2025〉镇江行动纲要》为指导，融入"互联网＋"思维，围绕"一

① 镇江市发改委：《镇江生态文明建设综述》，2015 年 11 月。

个目标"（构建科技含量高、资源消耗低、环境污染少的产业结构和生产方式，力争率先成为全国工业绿色转型发展示范城市），立足"三条主线"（传统产业提升改造、战略性新兴产业发展和循环经济产业链培育），着力打造"四基地一平台"（高端产业集聚基地、清洁生产示范基地、循环经济发展基地、生态修复样板基地和工业绿色转型发展云平台）。[①] 二是发展新型生态产业。在南部地区打造现代产业集聚、科技人才汇集、城乡统筹发展、生活品质优越的全国生态文明先行样板区，重点发展健康医疗、文化创意、旅游观光等新型生态产业。三是提升生态农业水平。推进农业生产方式转变，在种植业农业园区内积极发展畜禽养殖业，通过农牧配套结合、生态养殖等方式实现种养殖有效结合。

以集约理念推动产业三集发展。大力推动产业集中集聚集约发展，既为环境减负，也为生态增值。一是建设优质园区，变"散"为"聚"。镇江在全市规划建设了 20 个先进制造业特色园区、30 个现代服务业集聚区和 30 个现代农业园区，促进企业向园区集中、产业向高端集聚。"十二五"以来，全市化工企业已从 500 多家减少到 189 家，化工产业的园区集中度超过 75%，比例为苏南最高。二是优化产业结构，变"低"为"高"。加快发展高技术、高效益、低消耗、低污染产业，不断提高服务业和高新技术产业的比重。淘汰落后和过剩产能，淘汰落后产能企业 166 家，压缩水泥产能 654 万吨、钢铁产能 22.5 万吨。三是发展循环经济，变"废"为"宝"。在全省率先实现省级以上经济技术开发区园区循环化改造全覆盖。四是建立以主体功能区规划为统领的"多规合一"制度，按照全省生产力布局，围绕沿沪宁线、沿江、沿宁杭线三大产业带构建一批特色产业园区，促进企业向园区集中，产业向高端集聚，资源高效集约利用，提高单位土地面积的投资强度，形成布局合理、特色鲜明、绿色低碳的产业发展格局。

第二节　塑造特色生态价值观

一　培育生态价值观

镇江市特色生态价值观的培育主要通过传承传统文化的生态理念、拓

---

① 镇江市经信委：《工业绿色转型发展试点城市实施方案》，2015。

展"大爱镇江"的生态内涵、发展"山水花园城市"的主题文化和建构"生态领先"的顶层设计理念等方式,实现生态文化理念不断升华,顶层设计深度跨越。

传承传统文化中的生态理念。通过传承句容茅山道教生态文化、镇江新区儒里朱熹理学文化等历史文脉,弘扬生态文化内涵,提高镇江市生态文化品位,扩大区域影响力。茅山道教是中国道教上清派的发源地,道教文化是我国宝贵的传统文化,提出"道法自然、返璞归真"、"崇尚自然、效法天地"的朴素生态理论。镇江市可以充分利用这些传统文化理念,呼吁广大市民树立尊重自然、顺应自然、保护自然的生态理念。①

拓展"大爱镇江"的生态内涵。将"大爱镇江"的内涵从人与人之间的爱扩大到人与自然、人与社会的爱,崇尚"像保护眼睛一样保护生态环境,像对待生命一样对待生态环境"的生态理念,使生态"入脑入心"。不断深化"大爱镇江"内涵的宣传,大力倡导和树立"尊重自然、保护自然,科学发展、和谐发展,当代公平、后代公平,全民参与、全球参与"的现代生态理念,并将其融入社会主义核心价值观体系加以推广和弘扬,引导公众自觉爱护生态环境,保护生态环境。从社会公德、职业道德、家庭美德和个人品德等方面入手,制定镇江生态文明道德规范,提高公民生态道德素质,使珍惜资源、保护生态成为全市人民的主流价值观。②

发展"山水花园城市"的主题文化。结合镇江城市主题文化,打造镇江的文化标志,在城市建设中要时刻体现历史人文特色,弘扬崇尚自然与保护生态的优秀传统,如雕塑的制作、街灯的字画等都应考虑生态文化的主题。结合现代生态文明建设的最新成果,探索建设一批生态博物馆,展示地方特色生态文化。

建构"生态领先"的顶层设计理念。正确处理生态文明建设与物质文明建设、精神文明建设、政治文明建设和社会文明建设的关系,关系到"美丽镇江"战略目标的实现。2014 年 12 月 13 日,习近平总书记亲临视察镇江,对镇江提出了殷切希望,尤其是在生态文明建设方面,希望镇江

---

① 镇江市人民政府:《镇江市生态文明建设规划》(2015~2020 年),2014 年 12 月。
② 镇江市人民政府:《镇江市生态文明建设规划》(2015~2020 年),2014 年 12 月。

"继续努力，保护好生态环境、提高生态文明水平，为全国作出更大贡献"。这为镇江的发展进一步指明了方向。在 2014 年 12 月镇江市委六届九次全会上，镇江旗帜鲜明地提出了"生态领先、特色发展"的战略定位，并将"生态领先"作为镇江处理人与自然、人与社会、生态保护与经济社会发展等关系的顶层设计理念。

"生态领先"在发展哲学上有如下几层含义：第一，在处理人与自然的矛盾关系中，优先强调尊重自然、保护环境，实现人与自然的和谐发展；第二，在处理人与人、人与社会的关系中，优先强调公正、平等、诚信、友善，实现人与人、人与社会的和谐相处；第三，在处理生态保护和经济社会发展的矛盾关系中，优先强调生态保护、生态安全，以生态文化理念引领经济社会发展，实现生态保护和经济发展的高度融合。在发展理念上主要体现在坚持绿色、低碳和循环发展。在发展目标上体现在坚持"生态立市"战略，将镇江打造成生态标杆型城市，生态文明建设达到全国乃至世界领先水平。在发展方式上体现在坚持生态文明建设优先推进，以生态彰显城市魅力，以生态吸引人才和资源，以生态促进经济社会发展。

二 开展全民生态文明教育

长期以来，镇江市的生态文明教育实践深入党政机关、学校、企业、社区和农村，逐步形成了全方位的生态文明教育体系。

积极开展党政机关生态文明教育。镇江市将生态文明教育纳入党校、行政学院教学计划和党政干部培训体系中，公务员任职培训应当安排生态文明理念、知识、环保法律法规等方面的教育内容，利用三年时间对全市各级领导干部开展生态文明执政理念轮训。对各级领导干部进行系统性的生态文明教育，特别要加强对基层村镇干部的生态文明教育培训。通过举办和组织各类形式的学习和培训，让各级领导干部和党员深入领会生态文明建设的内涵实质，进一步认识到建设生态文明的重要意义，牢固树立生态文明的思想观念，使生态文明成为一种信念、一种立场、一种自觉的行为方式，进一步增强建设生态文明的信心和决心。在生态文明建设中，不断提高完成指标任务的自觉性和主动性。①

---

① 镇江市人民政府：《镇江市生态文明建设规划》（2015～2020 年），2014 年 12 月。

　　广泛开展学校生态文明教育。坚持寓教于绿，推动生态文明教育进校园、进课堂，不定期开展生态文明专题辅导。加强对教师的生态文明培训，对镇江市全体教师进行"生态文明理念与常识"专题辅导。各级各类学校编制生态文明教材或读本，将生态文明建设内容纳入教学计划，作为实施素质教育的重要内容，深入开展生态文明主题教育实践活动。如幼儿教育中开设幼儿爱护自然的课程；6～15周岁九年义务教育中开设环境保护理论课程、环境保护实践课程；普通高中教育中开展主题夏令营（冬令营）活动，开展以生态文明为主题的校园征文活动、校园文艺活动、校园书法和绘画活动等；职业教育中开设环境保护基础课程，组织学生到基层工厂进行学习；高等教育中开设环境保护选修课程、举办生态讲座、开展环保学生活动、签订生态实习协议等。①

　　加强企业生态文明教育。把生态文明理念纳入企业文化建设的重要内容之中，强化企业生态文明建设的社会责任，营造企业的生态文化。对企业负责人开展生态环境法律和知识培训，切实落实企业环境保护的主体责任，提高企业的生态意识、责任意识和自律意识。全省环境重点监控企业负责人每年至少接受一次环境教育培训。实施企业员工环境教育，加强企业环保从业人员业务培训，探索建立企业环保从业人员资格化管理制度。加强企业的清洁生产技术和环保知识培训，重点培训与企业节能减排、清洁生产有关的绿色环保技术和管理方法，定期组织员工参与环保绿色公益活动，推动企业积极向"环保模范企业"的目标努力。②

　　推进社区生态文明教育。制定市民生态文明手册、公约，编制社区环境教育读本、社区环境教育培训资料和远程网络教育课程，将生态文明教育纳入"市民学校"培训计划，开展系统性的培训。不定期邀请国内知名专家、学者走进"市民大讲堂"，宣讲生态文明知识，提高市民生态文明素养。开发一批满足社区居民学习需求的环境教育课程资源，组织编写居民喜闻乐见，符合居民工作、生活需要的社区环境教育读本，组织开发一批能满足居民学习需求、居民乐意接受的社区环境教育培训资料和远程网

---

① 镇江市人民政府：《镇江市生态文明建设规划》（2015～2020年），2014年12月。
② 镇江市人民政府：《镇江市生态文明建设规划》（2015～2020年），2014年12月。

络教育课程。在全市社区中组织广大居民开展"说镇江、爱镇江、建镇江"、"生态文明建设有我一份力"等活动，增强广大市民包括外来人员的主体意识和生态意识。在社区内积极开展学习型家庭、生态型家庭的评选活动，组织社区内部和社区之间的生态文明知识竞赛，提高社区居民的学习热情。[①]

加强农村生态文明教育。把生态文明教育纳入科技、文化、卫生"三下乡"活动内容中，促进生态文明理念向农村传播。以村为单位开展生态培训，重点涉及生态农业生产、生态乡村生活等主题，提高农村居民生产生活活动中的生态文明意识。

三　广泛开展生态文化宣传

通过开展"生态文明看镇江"、"生态文明进万家"、"低碳宣传"等主题宣传活动，完善公共传媒的宣传方式，广泛开展生态文化宣传，营造人人参与、共建共享的浓厚氛围，不断提升公众的生态文明意识。

开展"生态文明看镇江"活动。通过充分发挥政府和各类社会媒体的宣传和引导作用，积极开展各类宣传展览活动，大力开展"生态文明看镇江"宣传活动。以生态文化为经络，促进大众传统行为方式及价值观念向环境友好、资源高效、系统和谐、社会融洽的生态文化转型。一是发挥政府媒体的宣传与引领作用。全市各级党委机关报、广播电视台、政府门户网站开设生态文明建设专栏，及时发布环境质量信息，增加环保公益广告，普及生态文明知识，树立生态文明建设先进典型，曝光重大环境违法和生态破坏事件，政府媒体要在生态文明宣传教育中发挥好带头和引领作用。二是健全生态文明建设新闻发布制度，建立和完善环境舆情研判和引导机制。三是开展环境保护纪念日宣传活动。将每年6月设定为生态文明宣传月，将6月5日设立成"镇江生态文明日"。结合每年"3·22"世界水日、"4·22"世界地球日、"6·5"世界环境日、"9·16"国际臭氧层保护日、科普宣传周等重要纪念日，开展主题文化表演、派发宣传材料等相关宣传活动。[②] 四是加强生态文明建设对外宣传，积极在中央、省级主

---

① 镇江市人民政府：《镇江市生态文明建设规划》（2015～2020年），2014年12月。
② 镇江市委办公室、市政府办公室：《关于印发镇江市生态文明建设重点任务实施方案的通知》，镇办发〔2014〕64号。

流媒体上刊发镇江生态文明建设的特色做法，扩大生态文明综合改革试点影响。① 发挥各类社会媒体的宣传作用。全市各类新闻媒体、网络媒体，运用新闻报道、言论评论、访谈节目等多种形式，及时发布环境质量信息、普及生态文明知识、宣传先进典型、曝光违法事件；同时，多角度、全方位报道各地、各部门在生态文明建设中的主要举措、进展情况和取得的成效，全面提升市民对生态文明建设的知晓率、参与率和满意率。积极开展生态文明宣传展览活动。做好"资源节约和环境保护巡礼"宣传，举办生态文明建设书画摄影展、科技成果展。

开展"生态文明进万家"活动。通过公益宣传、主题宣传和典型宣传三种方式，全面开展"生态文明进万家"活动，使得生态文明理念深入人心。公益宣传。结合全国文明城市创建，制作推出一批"生态文明建设"主题公益广告，提高报纸、电台、电视台、户外电子显示屏、公交 LED 显示屏等的刊播频率，在高速公路、国（省）干道、城市干道出入口和城区主次干道设置发布大型生态文明公益广告的宣传牌或电子屏。2015 年底前实现车站、景区等主要公共场所，以及营运车辆等，发布生态文明公益性广告比例占 20% 以上。结合街巷整治出新，2017 年底前实现主城区 30% 以上的街巷墙体设有生态文明公益广告，所有新增工地围挡实现生态文明公益广告全覆盖。主题宣传。结合文化广场建设，通过整合现有资源，建设特色鲜明的生态文明主题广场，广泛开展各类主题宣传活动。典型宣传。坚持面向基层、面向群众，推出一批在生态文明建设方面涌现出来的先进单位、先进人物和先进事迹，加大宣传报道力度，发挥典型示范引领作用。

开展低碳宣传活动。通过开展低碳系列宣传活动、开展低碳示范点创建、加强政策鼓励与引导，形成低碳镇江的浓厚氛围。开展低碳系列宣传活动。围绕低碳城市建设，制定宣传方案，积极开展各类低碳系列宣传活动，坚持全方位宣传，让低碳"入脑入心"。依托新闻媒体、网络媒体等，组织开展"全国低碳日"、"地球熄灯一小时"等低碳宣传活动，在全市社区和大中小学大力开展低碳系列宣传活动，加强低碳典型案例、技术和政策的宣传等。在地方主流网络媒体设置低碳城市建设专栏，建立"美丽镇江·低碳城市"新浪微博，每周发送低碳手机报。在市区重要地段、全市

党政机关和企事业单位的电子屏、公交车车身、重要路口行人遮阳篷等投放低碳公益广告。搭建多层次载体，让低碳"落地生根"。开展"低碳教育进课堂"、"地球熄灯一小时"、"低碳生活进我家"等各种形式的低碳体验活动。以树立低碳理念，转变生产方式、生活方式为核心，多形式、多渠道宣传普及低碳知识，培养广大市民的低碳意识，积极引导其在日常生活的衣、食、住、行、用等方面，自觉地从传统的高碳模式向低碳模式转变。开展低碳示范试点创建。开展低碳企业、机关、学校、社区、景区、村庄等低碳示范试点创建工作，开展"美丽乡村"创建活动。有计划、有组织地开展低碳进社区、低碳进校园以及低碳单位认证、低碳产品标识等活动；形成政府引导、社会参与的"低碳镇江"建设格局。加强政策鼓励与引导。落实国家相关财政补贴政策，积极做好资金拨付和监管工作。推进资源性产品价格改革，促进低碳生活方式改变。

完善公共传媒的宣传方式。充分利用电视、广播、报刊、网络等大众媒体，以及环保政务微博、社交网络、手机短信平台等新媒体，不断创新生态文明宣传方式（见表 10 - 1），增强社会各界的环保意识、生态意识和维权意识，使广大干部群众牢固树立保护生态环境就是保护生产力、改善生态环境就是发展生产力的理念，自觉增强建设生态市的责任感和使命感。①

表 10 - 1　镇江市公众传媒的主要宣传方式

媒体形式	宣传方式
电视广播	开辟生态文明建设相关节目，每周至少播放一次内容不少于 20 分钟的节目
报刊	在当地主要报纸上开辟生态文明建设理论与实践专栏，介绍生态文明建设的理论知识、全国各地建设生态文明的先进经验
网站	设立镇江生态文明建设网站，由政府主管部门领导，广泛吸收环保志愿组织、民间环保组织参与管理和建设，组织和宣传环保公益活动。在镇江信息港、镇江论坛等具有较强影响力的本地门户网站，设立生态文明建设专区，以图片、文字、视频、博客等多种形式，广泛宣传生态文明理念，鼓励公众参与生态文明建设讨论，提出建议和意见

① 镇江市人民政府、江苏省环境科学研究院：《镇江市生态文明建设规划（征求意见稿）》，2014 年 10 月。

媒体形式	宣传方式
户外广告	在火车站、汽车站、公交车站、市民广场等人流密集的公共场合，设置一定比例的生态文明公益广告，由市生态文明创建领导小组统一制作生态文明宣传标语和广告内容
宣传栏	在农村和社区，利用已有宣传栏和设置新宣传栏，张贴生态文明建设有关措施及成果、市民行为规范、生态文明建设先进事迹、节水节电小常识等稿件和简报，并且做到宣传材料每月更新一次
市民大讲堂	定期邀请国内知名生态、环保等方面专家、学者前来讲课，免费向群众开放，并在电视台、广播电台播出
宣传册	编印生态文明建设市民手册和中小学生读本，开展与生态文明建设相关的各类群众活动等。鼓励以文学、影视、戏剧、绘画、雕塑等多种形式将生态文明理念渗透到文学及艺术作品中，推出一批能体现镇江特色和生态文明理念的优秀作品，以百姓喜闻乐见的方式宣传生态理念

第三节　加强生态文化载体建设

通过建设生态文明教育基地，推进生态社区和生态村镇创建，加强生态园区建设，创建绿色生态组织，加强绿色生态载体建设。

一　建设生态文明教育基地

生态文明教育基地能为公众接受生态科普和生态道德教育提供便利。镇江市通过开展生态文明教育基地建设，基本形成了自然保护区、湿地公园、自然博物馆、野生动物园、植物园、文化场馆（设施）等各类生态教育示范基地。通过建成博物馆、图书馆等一批文化设施，实施文化站标准化建设工程，推进村级生态文化活动中心和"农家书屋"建设，利用博物馆、图书馆、文化站、农家书屋等文化设施，开展生态文明教育。通过推进文化艺术中心、文化广场等重大文化设施改造和建设，新建一批特色博物馆（纪念馆）、剧场和城市雕塑，实现社区文化活动中心全覆盖。完善特色文化街区及文化服务网点布局。在全面实现"县有两馆、乡有一站、村有一室"的基础上，健全城市区级两馆、街道文化活动中心，对社区文化活动室进行整合、优化和信息化改造，使全市公共文化设施网络覆盖率达到 100%，打造城市"15 分钟文化圈"和农村"10 里文化圈"。

二　加强生态社区和生态村镇建设

大力开展生态社区建设。积极创建绿色社区。建立完善的社区环境管理体系和公民参与机制，开展社区垃圾分类、节水节能、绿化美化、卫生防疫等工作，建立绿色志愿者服务队，定期组织社区单位和社区居民开展"周末卫生日"和"城市清洁日"等环保活动。推进低碳小区试点。通过推进全市低碳小区试点建设，推广绿色建筑，应用雨水收集、太阳能路灯等降碳低碳技术及分布式能源和可再生能源，实施垃圾分类，提高小区绿化率，降低小区碳排放。

建设生态文明示范村镇。建设若干符合江苏省和镇江市考核标准的生态村。实施"六清六建"工程，加强农村环境综合整治，提高农村生活环境质量。推进全市第一批 30 家低碳村庄试点建设，推广应用节水节电节燃气等降碳低碳技术及分布式能源和可再生能源，实施垃圾分类，提高村庄绿化率。力争 2017 年 50% 以上乡镇（涉农街道）建成国家级生态文明建设示范乡镇，90% 的行政村建成市级及以上生态村。①

三　加强生态园区建设

对全市各开发园区进行生态化改造，建立园区物资和废物交换中心。提高各类工业园区环境基础设施建设水平，推进集中供热，强化污染集中控制，加强对危化品储存中转设置的监管，设置合理的安全防护距离。加快推进官塘 APEC 低碳示范城镇、中瑞生态产业园等载体建设。2017 年镇江经济开发区争创国家级生态工业园区，省级开发区全部建成省级生态工业园区。建设以高等教育为主体，集科研生产、生活居住、文化休闲于一体的绿色低碳高校园区。

四　创建绿色生态组织

积极开展"低碳机关"、"低碳企业"和"绿色示范学校"等系列创

---

① 镇江市委办公室、市政府办公室：《关于印发镇江市生态文明建设重点任务实施方案的通知》，镇办发〔2014〕64 号。

建活动，广泛动员全社会重视环保、节约资源、保护环境。

建设低碳机关。加快推进全市低碳机关建设，2016 年完成了第一批 20 家低碳机关试点单位建设任务。提高政府机关使用循环产品、可再生产品及节能、节水、无污染产品的比重。加强办公用品循环利用，大力推广网上办公，减少办公用品消耗。推进机关办公楼节能改造，推广应用降碳低碳新技术、新产品和可再生能源。制定政府机关节能考核标准，推行能耗计量和监测制度，定期公示能耗，实行节奖超罚。①

建设低碳企业。低碳企业试点。推进省、市级低碳试点企业建设，提高企业低碳发展水平。开展"万家企业节能低碳"活动，制定万家企业能源管理体系建设实施推进方案，力争 2017 年全市列入"万家企业节能低碳"行动的企业（单位）累计实现节能量 120 万吨标准煤以上。推行清洁生产审核，2017 年实现全市高污染、高耗能企业清洁生产审核全覆盖。加快企业能源管理中心、能源管理体系、能效监测平台等智慧节能工程建设，推进合同能源管理，探索节能量交易市场化新机制。节能型企业建设。推进造纸、化工、电力等重点行业领域企业节能减排工作，推广应用冷却循环水系统、水动风机冷却塔等重点节能技术，加强投资项目节能评估，严控高耗能项目建设。力争到 2017 年，年耗能 5000 吨以上标准煤的企业全部建成节能型企业。

建设绿色示范学校。大力开展绿色示范学校建设活动，建设一批绿色示范学校。加快推进全市第一批 20 家低碳学校试点建设，营造自觉践行低碳理念的校园氛围。

五　大力推行绿色生态建筑

加强落实《关于全面推进镇江市绿色建筑发展的实施意见》（镇政办发〔2013〕284 号），遵循"节能、节地、节水、节材和环境保护"的绿色理念，发挥"规划引领、政策激励、行政监管、技术支撑"的作用，推动重点项目和区域实施绿色建筑示范，全面推动绿色建筑发展，促进城乡建设、人民生活和生态环境的协调可持续发展，实现人与建筑、自然之间

---

① 镇江市委办公室、市政府办公室：《关于印发镇江市生态文明建设重点任务实施方案的通知》，镇办发〔2014〕64 号。

的和谐统一。严格落实城镇新建建筑强制性节能标准，到 2017 年，全市累计达到绿色建筑标准的项目总面积 510 万平方米以上，全市城镇新建建筑全面按一星及以上绿色建筑标准设计建造，重点建设"镇江市保障性住房绿色与低碳建筑应用示范工程"。到 2020 年，全市 50% 的城镇新建建筑按二星及以上绿色建筑标准设计建造。①

第四节　鼓励公众践行绿色生活

镇江市始终把人民群众对生态健康文明生活的向往作为奋斗目标，突出人民主体地位，践行以人民为中心的发展思想。通过积极引导绿色消费、推动消费方式变革，实施"公交先行"战略，倡导绿色出行，推进节能办公，倡导绿色生活习惯，使绿色生活成为社会主流价值和生活时尚。

一　积极引导绿色消费

推行绿色采购。科学制定绿色消费产品采购指南，定期公布包括能效标识产品、节能节水认证产品、环境标志产品和无公害标志食品等绿色标识产品目录，引导公众优先采购绿色标识产品。认真落实《节能产品政府采购实施意见》、《环境标志产品政府采购实施意见》，提升绿色采购在政府采购中的比重。将节能减排任务完成较好、清洁生产达到国际国内领先水平的企业的产品纳入政府采购目录的优先考虑范围。制定并实施政府节能和环境保护产品采购落实情况的监督检查办法，将落实情况作为各单位年度考核内容，杜绝采购国家明令禁止使用的高耗能设备或产品。

提倡使用绿色产品。严格执行国家关于限制过度包装的强制性标准，鼓励使用环保包装材料，促进包装材料的回收利用。深入推进限塑工作，严格限制一次性用品的生产、销售和使用，推广可降解塑料袋或重复利用的布袋及纸袋。推广使用无磷洗衣粉，限制销售、使用含磷洗涤用品。对能效标识产品、节能节水认证产品、环境标志产品和无公害标志食品等绿色标识产品的生产、销售和消费全过程采取税收优惠或财政补贴，畅通绿色产品流通渠道，扩大市场占有率。

---

① 镇江市人民政府：《镇江市生态文明建设规划》（2015～2020 年），2014 年 12 月。

推广绿色经营和服务。制定绿色商场准入标准，创建一批绿色消费示范点，促进商家有效落实各项节能措施。鼓励商家发展网上交易、邮购和电子业务。大力推动绿色销售，转变企业传统经营方式，以提供服务代替提供产品，建立精益销售体系，达到节约资源能源的目的。

二 倡导绿色出行

实施公交先行战略。实行公交扶持，15 公里内乘坐 0.5 元。新改建农村公路 300 公里，镇村公交开通率达 100%。采取财政补贴公交车票等方式，鼓励市民优先乘坐公共交通工具。改善公交网络，提高公共交通服务质量，使乘客步行距离、候车时间和换乘次数逐渐减少。优化调整公交线路，提升公交服务水平。

推进交通工具低碳化。改善自行车、步行交通系统和驻车换乘条件，倡导公众优先选择节能环保、有益健康、兼顾效率的出行方式。一是建设市区公共自行车服务系统，配套建设完善、便捷、安全和换乘方便的自行车及人行道系统，在客流集中地区增设自行车停车场，依托轨道交通站点和公交枢纽，设置自行车租赁点，宣传鼓励市民多使用自行车。在重点商业街区和历史文化保护区，规划建设一批步行、自行车交通示范街区，在景区设置自行车租赁点，鼓励生态旅游。二是推进全市船舶使用液化天然气；加快老旧机动车淘汰报废工作，目前已淘汰报废 5731 辆老旧机动车。三是推进低碳示范道路建设。加快交通运输部低碳高速公路示范项目建设。四是实施低碳水运工程。加快低碳镇江港建设，港口生产单位吞吐量综合能耗下降 1.6% 以上。五是在全市范围内倡导"每月少开一天车"等活动，研究实施出租汽车合乘政策，减少机动车上路行驶总量。

鼓励购买环保车型。对于小排量、新能源等环保车型，政府给予优惠政策，鼓励购车者优先选择燃油经济性较高、符合排放标准的车辆。

三 推进绿色节能办公

全面营造绿色办公环境。党政机关率先全面使用节水设备和节能灯具，合理使用室内空调等用电设备，鼓励建立中水回用和雨水收集系统，办公场所全面禁烟。开展党政机关建筑能耗定额管理试点，逐年降低人均综合能耗。推行绿色办公方式，开展办公耗材的回收利用，减少一次性办公耗材用量，进一步推行"无纸化办公"、视频会议等电子政务，提倡节约使用、重复利用纸张和文具等办公用品。

推动节能办公监管体系建设。实行能耗统计与能源审计制度，开展党政机关建筑能耗定额管理试点，逐年降低人均综合能耗。提倡办公人员日常办公方式的"绿色化"。白天尽量自然采光，鼓励使用节电型照明产品，减少普通白炽灯的使用比例，逐步淘汰高压汞灯；不使用的电子设备要关闭电源，不设置待机或休眠等带电状态。全市公共建筑严格执行夏季空调和冬季取暖室内温度最低和最高标准，在全社会倡导夏季用电高峰期间室内空调温度不低于26℃，冬季不高于20℃；尽量减少一次性纸杯、烘手机、电梯、饮水机的使用，营造节能办公环境。

四 倡导绿色生活习惯

弘扬勤俭节约的优良传统。一是深入宣传节约光荣、浪费可耻的理念，引导机关、企业及广大群众从生活的点滴做起，争做低碳环保生活的倡导者和践行者。党政机关带头开展反浪费行动，严格落实各项节约措施。由文明办和环保局共同制定市民节能环保小手册，大力宣传和引导市民在消费行为中注重节约、节能和环保，提倡使用节能节水器具，养成节能节水的生活习惯，减少洗涤剂使用，减少一次性产品使用，倡导外出就餐的"光盘"行动等。二是深入开展"反食品浪费行动"和"文明餐桌行动"，在全社会积极倡导厉行节约的生活方式。三是提倡自然健康食品，引导人们拒食各类保护动植物。四是提倡低碳着装，引导公众拒绝购买使用野生动物皮毛制成的服装、物品，优先选择环保面料和环保款式。

广泛开展生活垃圾分类的宣传活动。一是采取进社区、学校、村庄，印刷宣传册，宣传生活垃圾的类型、分类方法等方法，提高群众的环境意识，引导形成垃圾分类的观念。二是在城镇家庭、学校、企业、行政机关单位及公共场所推行使用"四色垃圾桶和垃圾袋"的生活生产习惯。三是在农村地区先试行有机垃圾、有毒有害垃圾和其他无机垃圾三类分类方法，有机垃圾可就近进行堆肥处理，有毒有害垃圾和其他无机垃圾纳入城乡垃圾处理处置系统进行统一处理处置。

积极开展资源回收利用活动。强化资源回收意识，做好生活废弃物的合理处置，如废旧家电回收、旧物循环使用，促进资源的再利用。规划近期在全市建立 15～30 个社区跳蚤市场，引导居民实现旧物的交换利用。

第五节　完善生态文化保障机制

通过推进生态文明体制改革、完善生态保护制度、建立生态文化国际交流合作机制、建立公众参与机制、完善生态文化法律法规等构建全面的镇江市生态文化保障机制体系。

一　推进生态文明体制改革

完善组织领导机制。镇江市高度重视环境保护工作，形成了"党政一把手负总责，主要领导亲自抓，分管领导具体抓，四套班子共同抓"的生态保护领导机制。市政府专门成立了由分管市长为召集人、各相关部门和辖市区负责人为成员的全市生态环保工作委员会，定期召开会议，抓好工作落实，研究和协调解决问题；每年年初，与辖市区政府及相关部门签订目标责任状，形成一级抓一级的生态环保工作网络体系。同时，在每个镇设立生态办公室，配备专职工作人员，建立镇级生态文明建设督导制度，抽调精干得力人员定期派驻乡镇督促检查。①

建立"多规融合"制度。在顶层设计上统领。通过建立经济社会发展规划、城市总体规划、土地利用总体规划和城市环境保护总体规划等"多规融合"制度，引导人口、产业布局与资源环境承载能力相适应。发挥规划对发展的引导和调控作用，以"规划一张图、建设一盘棋、管理一张网"为目标，紧紧围绕镇江现代化山水花园城市建设总目标，加强城市规划与经济社会发展、主体功能区建设、国土资源利用、生态环境保护、基础设施建设等规划的相互衔接。在总体布局上优化。着眼未来规划布局，用发展新空间培育发展新动力，一方面管空间，率先实施主体功能区规划，把优化开发、重点开发、适度开发、生态平衡四大功能分别明确到每个乡镇和街道，并出台了产业准入等 6 个政策；另一方面抓园区，推进产业集中集聚集约发展，腾出更多的生态保护空间。在约束监管上发力。把

---

① 镇江市发改委：《镇江生态文明建设综述》，2015 年 11 月。

生态文明理念融入决策全过程、各方面，实行最严格的环境考核监管制度，守好生态红线、架好监管高压线、打造山水风景线，编制生态红线区域保护规划，划定总面积近 860 平方公里的省级及市级生态红线区域 71 个。

二　完善生态保护制度

落实责任追究和损害赔偿制度。一是实施严格的环境执法监管制度。坚持对环境污染、生态破坏行为"零容忍"，敢于铁腕执法、铁面问责，切实扭转违法成本低、守法成本高的状况。加强环保行政执法与刑事司法的有效衔接，强化行政机关与司法部门联动配合，完善部门多方联动执法机制。二是建立严格的生态文明责任追究制度。建立各级领导干部任期生态文明建设责任制、问责制及终身追究制，对其重大政策造成生态环境破坏的领导干部要记录在案，实行严格的终身追究。三是实行最严格的环境损害赔偿制度。制定严格的环境损害赔偿制度实施办法，建立健全"环境公益诉讼"制度，解决环保责任不落实、守法成本高、违法成本低等问题。四是建立严格的生态文明失信惩戒制度。对于任何破坏资源和生态环境的不文明行为，造成严重后果的，除追究企业和个人的责任外，还将作为严重失信记录录入市级企业或个人信用信息数据库，并在各行业和各领域联合广泛应用该记录。

建立生态环境约束制度。一是通过加快自然资源及其产品价格改革，建立耕地保护补偿激励制度，并通过建立有效调节工业用地和居住用地合理比价机制等推进资源有偿使用，实行资源有偿使用制度。二是通过实施主体功能区税收共建共享机制，开展节能量、碳排放权、排污权、水权交易试点，实施市及辖市两级生态红线区域保护规划，加强建设生态补偿制度。三是通过建立环境综合预警体系，建立政府统一的实时环境信息监管平台，落实危险化学品环境管理制度和企业环境风险分级管理制度等措施，完善生态环境监管和风险防范制度。①

建立健全源头保护制度。通过全面落实《镇江市主体功能区制度实施

① 中共镇江市委、镇江市人民政府：《关于推进生态文明建设综合改革的实施意见》，镇发〔2014〕33 号，2014 年 9 月 17 日。

意见》，加强对国土资源用途的管制。对主体功能区产业实行鼓励发展产业清单引导和负面清单管控，实行严格产业准入制度。依据主体功能区定位，分别制定环境准入标准和管控要求，建立空间准入、总量准入、项目准入"三位一体"的环境准入制度。

三 建立生态文化国际交流合作机制

加强与国内外生态文明建设领域的专家团体、组织机构交流合作，镇江已和美国加州、德国 GIZ、瑞士环境发展合作署、清华大学、国家应对气候发展研究中心等机构建立了良好的合作关系。通过参加"低碳中国行"、两岸应对气候变化学术研讨会、联合国气候变化大会等活动，把镇江低碳发展的经验和做法推向了世界（见专栏 10 –1）。

| 专栏 10 –1 |

低碳发展"镇江声音"再现国际舞台

2016 年 6 月 7 日，第七届清洁能源部长级会议在美国旧金山召开。应美国加州政府邀请，镇江市委常委、常务副市长张洪水率团出席会议，与先进国家和地区交流了低碳发展做法，全方位展示了镇江低碳发展的成果和经验，继 2015 年巴黎联合国应对气候变化大会后，镇江再次在国际舞台发出了低碳发展的"镇江声音"。本次会议是第 21 届联合国气候变化大会的后续会议，由美国能源部主办，中国国家主席习近平向大会致了贺信，时任美国总统奥巴马向会议发表了视频致辞。23 个国家的能源部长以及中国、美国、德国、墨西哥、意大利、印度、肯尼亚等国 24 个省、州、市领导出席了会议。6 月 1 日举行的"可持续城市能源系统"嘉宾讨论会上，张洪水与国际能源署署长法提·必罗、挪威石油能源部部长托德·李恩同台发表主旨演讲。张洪水从明确碳峰值目标、建设低碳管理云平台、开展低碳九大行动、打造零碳示范、深化国际合作五个方面阐述了镇江低碳城市的探索和实践，受到与会代表的高度评价，"生态领先、特色发展"镇江模式备受关注，多位参会代表主动和镇江代表团进行了交流。张洪水率团对技术展的组织策划、商业运行进行了考察，与加州清洁能源基金会（CalCEF）、美国 Cleantech Open 公司等展会组织单位进行了洽谈。在美期间，代表团参加了多场拜访活动，张洪水先后与美国能源基金会主席艾瑞克、美国加州能源委员会主席伟森米勒、美国加州州长特别代表肯·艾利克斯、美国先进能源经济机构 CEO 理查德进行了会谈，就低碳城市、近零碳示范区、生态新城建设等领域合作进行了对接。各方对镇江积极应对气候变化所做的工作和下一步行动计划给予了高度评价，表示将全方位加大与镇江的合作，共同推动落实联合国气候变化巴黎协议，全面提高低碳发展能力及水平。会议期间，代表团还与有关机构和企业就镇江举办首届国际低碳技术产品交易会进行了磋商，并向相关企业、专家发出了邀请。

资料来源：《低碳发展"镇江声音"再现国际舞台》，http：//js. xhby. net/system/2016/06/07/028878074. shtml。

四　建立公众参与机制

生态文明建设不仅需要政府的提倡和企业的自律，更需要提高广大社会公众的参与意识和参与能力。

建立和完善环境信息公开化制度。政府应在企业环境行为信息公开化和环保部门政务公开的基础上，进一步实施生态市建设信息公开化制度。推进政府和企业信息公开化、透明化，鼓励社会公众参与生态文明建设，推进循环经济建设。建立生态文明建设信息定期公布和突发事件快速披露制度，强化公众生态环境知情权，保护公众的环境利益。

完善社会监督管理体系。促进各种社会团体、媒体、研究机构、社区居民参与到决策、管理之中，完善社会监督管理体系，畅通投诉渠道，有效实施社会监督。深入开展环境违法行为有奖举报活动，完善环境质量日报和环境质量公示公告制度，真正把建设生态市的决策，转化为政府各部门和全社会的自觉行动。积极引导广大公众对企业环境行为进行评判和监督，定期在社会上公开，把建设项目审批程序、排污收费规章和来信来访处理等全部向社会亮相公示，主动接受广大公众和社会各界监督，并定期邀请公众代表对政务公开提建议。通过新的机制、政策和行动方案促使各种社会团体、媒体、研究机构、社区和居民参与到决策、管理和监督工作之中。

建立社会公众参与生态文明建设的引导机制。完善公众参与机制，大力开展生态文明宣传教育活动，不断提升公众生态文明意识，营造"人人参与、共建共享"的生态文明建设氛围。支持各类环保志愿者开展生态文明建设活动,鼓励更多的社会公众参与环境保护和生态建设等公益事业。大力倡导节能环保、爱护生态、崇尚自然,倡导适度消费、绿色消费,形成"节约环保光荣、浪费污染可耻"的社会风尚,营造有利于生态文明建设的社会氛围。对在生态文明建设中做出突出贡献的单位和个人给予表彰、奖励。

五　完善生态文化法律法规

强化司法保障,充分发挥公检法的法律监督职能,切实加大刑事司法与行政执法相衔接的工作力度。强化工作纪律保障,明确责任、严格问责,为生态文明建设提供坚强有力的司法和纪律保障。制定出台《关于推进生态文明建设综合改革的实施意见》、《镇江市生态文明建设重点任务实施方案》,以及法治保障、工作纪律保障、问责办法等系列文件。

参考文献

余谋昌:《生态文明论》,中央编译出版社,2010。

张雪军、苏杨珍:《基于四层次分析的公交企业文化诊断——以 A 市公交总公司为例》,《中国人力资源开发》2013 年第 15 期。

宣裕方、王旭烽主编《生态文化概论》,江西人民出版社,2012。

镇江市发改委:《镇江生态文明建设综述》,2015 年 11 月。

镇江市经信委:《工业绿色转型发展试点城市实施方案》,2015。

镇江市人民政府:《镇江市生态文明建设规划》(2015～2020 年),2014 年 12 月。

镇江市委办公室、市政府办公室:《关于印发镇江市生态文明建设重点任务实施方案的通知》,镇办发〔2014〕64 号。

镇江市人民政府、江苏省环境科学研究院:《镇江市生态文明建设规划(征求意见稿)》,2014 年 10 月。

中共镇江市委、镇江市人民政府:《关于推进生态文明建设综合改革的实施意见》,镇发〔2014〕33 号,2014 年 9 月 17 日。

第十一章
美丽镇江，促进城乡智慧发展

遵循美丽中国的宏大理念，镇江市将生态立市作为战略选择路径，在美丽智慧城区、美丽乡镇等方面，开展了多种探索和实践。既立体打造智慧交通网络、智慧商贸中心、智慧低碳社区等，又系统探索乡村特色经济、乡村生态建设以及强化乡村环境综合整治等。

第一节　美丽镇江建设回顾

从建设美丽中国到建设美丽镇江，既是生态文明建设实践活动的应有之义，也是镇江对国家生态文明建设战略的深度回应。

一　美丽中国构想提出

西方学者很早就指出，自然界不仅有以人为尺度的价值，其本身也有"自在价值"，即"价值是这样一种东西，它能够创造出有利于有机体的差异，使生态系统丰富起来，变得更加美丽、多样化、和谐、复杂"。[1] 习近平总书记提出，要建设美丽中国，实现中华民族的永续发展。生态文明建设是建设资源节约型、环境友好型社会的内在要求，是建设"美丽中国"的必然选择。生态良好、环境健康、可持续发展状态和高尚的心灵境界，是构成美丽中国的基本要素。习近平总书记提出，把建设美丽中国化为人民自觉行动。[2] 不仅要建设"美丽乡村"，还要建设"美丽城镇"。对于前

---

① 〔美〕霍尔姆斯·罗尔斯顿：《环境伦理学》，杨通进译，中国社会科学出版社，2000。
② 江泽慧：《弘扬生态文化，推进生态文明，建设美丽中国》，http：//opinion. people. com. cn/n/2013/0111/c1003 – 20166858. html。

者，建设美丽乡村不是"涂脂抹粉"；① 对于后者，要传承文化，发展有历史记忆、地域特色、民族特点的美丽城镇。②

二 美丽镇江创建实践

美丽镇江构想和实践蓝图内容极为丰富，其主线是通过智慧元素的渗入（包括功能平台、数据中心以及标准体系等建设），聚合产业链上下游企业形成合作伙伴（整合企业间资源、实施企业深度协同），构建智慧城市新生态圈，让城市更智慧，以此支撑镇江城乡的和谐发展，使得城市和乡村环境优美，环境污染和生态破坏得到根本控制和基本消除。从城市到乡村，从工业到农业，从金山银山到绿水青山，"生态立市"梦想正在成就现实中的美丽镇江。③ 从空间层面看，美丽镇江可以分为美丽智慧城区和美丽和谐乡村两部分（见图 11 - 1）。

美丽智慧城区构想与实践。在美丽智慧城区的构想和实践中，分别从智慧交通网络、智慧商贸中心、智慧低碳社区三个层面予以立体式打造。在智慧交通网络方面，镇江市通过加强节能减排技术改造、推进节能减排交通工程、打造绿色公共交通服务、推进现代生态运输方式，奠定智慧交通产业发展基础；通过"四个同步"协调配合、交通系统无缝衔接、公共交通城乡覆盖、出行模式优化组合，构建镇江市智慧交通基础设施体系；通过实施交通亮点工程，以凸显镇江市低碳智慧交通示范特色。在智慧商贸中心方面，镇江市通过优化现代商贸空间格局、构建商贸服务载体和集聚区、培育商贸配套产业园区，建设重点商贸集聚区；通过传统服务业转型升级、物流业与商贸业联动发展，提升镇江市商贸服务能力，凸显镇江市作为智慧商贸中心的独特市场地位。在智慧低碳社区方面，镇江市通过布局社区体育设施、完善社区文化设施和运行社区管理平台，以夯实绿色社区基础设施建设；通过建立社区环境管理服务体系和公民参与机制、分类建设功能不同的绿色社区、推进环保社区示范创建、强

---

① 《习近平：建设美丽乡村不是"涂脂抹粉"》，http：//news. xinhuanet. com/politics/2013 - 07/22/c_116642787. htm。

② 《习近平在中央城镇工作会议上发表重要讲话》，2013 年 12 月 16 日，http：// www. hq. xinhuanet. com/focus/2013 - 12/16/c_118567236. htm。

③ 《美丽镇江"低碳生态转型"》，http：//news. sina. com. cn/green/2015 - 05 - 16/155931840 326. shtml。

化社区可再生资源回收利用、推进社区生态文明宣传教育等举措，以全
方位构建镇江智慧低碳社区。

　　美丽和谐乡村构想与实践。镇江市通过加快农业现代化进程、发展生
态旅游新兴业态，以培育乡村特色经济；通过优化乡村生态空间布局、推
进乡村生态主题建设活动、实施生态旅游系列工程，以开展乡村生态建
设；通过完善乡村环境基础设施、实施特色小镇建设、推行乡村环境整治
试点、统筹规划城中村改造，以强化乡村环境综合整治，全方位打造美丽
和谐乡村。

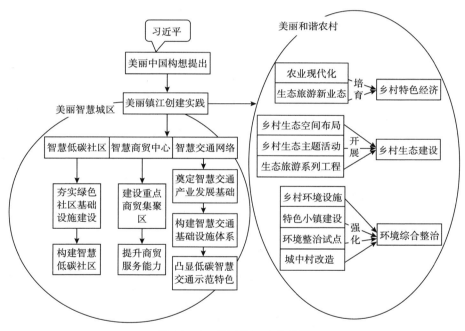

图 11 - 1　美丽镇江建设蓝图

第二节　美丽智慧城区建设

　　镇江市的美丽智慧城区建设实践主要包括智慧交通网络建设、智慧商
贸中心建设以及智慧低碳社区建设三个层面。

一　构建智慧交通网络

智慧交通是推进交通现代化建设的关键。镇江市政府根据《镇江市国民经济和社会发展第十二个五年规划纲要》，以高铁、城际轨道、过江通道等多种区域大交通建设为契机，建立以重大功能性枢纽设施和完善的交通运输网络为支撑的现代化综合交通体系，显著提升区域交通枢纽地位。镇江市获批"国家级绿色交通试点城市"，其成功经验有以下几点。

（一）奠定智慧交通产业发展基础

加强节能减排技术改造。一方面，镇江市加强既有线路节能减排技术改造，积极推进运营线里车站自动扶梯加装变频装置，加强车站与车辆基地照明系统的节能改造，更新改造落后的能耗系统装备，因此获批"国家级绿色交通试点城市"，成为全国绿色循环低碳交通城市的示范样板。另一方面，镇江市强化城市客运车辆节能减排技术的研发和应用，从车辆替代燃料与新兴动力的推广应用，在用车辆管理与监测、维护与保养等诸多领域着手，提高城市客运车辆节能减排的整体水平。

推进节能减排交通工程。镇江市大力推进公路设施节能减排工作。重点开展温拌沥青铺路、路面材料再生等技术的研究和推广；在公路场站、辅助设施，推行绿色照明工程，推广应用 LED 灯、无极荧光灯等节能灯具；研发推广航标节能减排新技术，研究开发并推广应用新型节能航标灯器，鼓励在航标中应用新技术、新材料、新光源和新能源。镇江市开工建设低碳交通展示馆、推进 312 国道南移、推动镇丹高速"部级低碳示范公路"建设，完成了国省干线公路环境整治和绿化任务，实施干线航道绿化工程，全面启动绿色交通建设。

打造绿色公共交通服务。首先，基于高科技手段的研发和运用，镇江市鼓励发展大容量公交系统，提高市域公交线网覆盖程度；率先推进水上ETC 建设，实现不停船便捷过闸，建成 3 套不停车治超检测系统；建成智能公交调度中心，进一步推进城市公交的低碳建设；研发并启用内河水上应急搜救系统，"智慧搜救"、"低碳海事"发展全国领先。其次，镇江建成了京杭运河水上服务区，为船民提供充电、充气、垃圾集中处理等服务，减少了航道垃圾排放。最后，镇江适时推进城市轨道交通建设，力争开工建设地铁 1 号、2 号线，建设学府路—港中路轻轨。加强老城区与新城新区、旅游风景区联系，发展至南徐新城、大港新区、丁卯 - 官塘片区、丹徒新城、三山景区、南山景区的交通线网。

推进现代生态运输方式。一方面，镇江积极推广混合动力汽车、替代燃料车等节能环保车型，推广应用自重轻、载量大的运输装备。镇江市厢式车、集装箱车及各类专用车比例超过 33%，新增进入道路运输市场的车辆 100% 达到燃油消耗量限值标准；推广应用清洁能源与新能源公交车 500 辆，占镇江市公交车总数的 50%，清洁能源与新能源出租车覆盖率达到 100%。另一方面，镇江市运输船舶与航道、港口发展的适应性进一步增强，内河货运船舶船型标准化率超过 45%，长江干线、京杭运河船型标准化率超过 70%。

（二）构建智慧交通基础设施体系

"四个同步"协调配合。完善城市公交基础设施，将公交中心枢纽站、停车场、首末站、停靠站等配套设施纳入城市建设、道路改造计划，纳入新建居住小区、开发区、大型公共活动场所等工程项目，做到"四个同步"（同步设计、同步建设、同步竣工、同步交付使用）。合理布局建设城市停车场和立体车库，新建大中型商业设施要配建货物装卸作业区和停车场，新建办公区和住宅小区要配建地下停车场，逐步在城市主入口规划建设大型停车场。

交通系统无缝衔接。有效配置和利用交通资源，统筹安排公共交通线路、站点、运力、换乘枢纽、停车场等设施，建立以公共交通为导向的城市发展模式。加快建设城市轨道交通、常规公交干支线结合的多方式客运结构体系，推进不同公共交通体系之间以及市内公交系统与铁路、高速公路等之间无缝衔接。注重城区主要道路交通站点与街巷交通的衔接，增加适合街巷通行的小型运输工具，解决交通"最后一公里"问题。鼓励本地及外地自驾人员换乘公共交通进入市区，缓解市区交通压力。

公共交通城乡覆盖。打破城乡区域之间界限和行政区的垄断，城市公交向农村延伸，发挥城区对农村、集镇的辐射和带动作用，扩大公交覆盖面。优化公共交通站点和线路设置，减少公交线路重复和绕行现象，提高城乡公共交通的覆盖率、准点率和便捷性，实现城市公共交通站点 500 米全覆盖和镇村公交全覆盖。

出行模式优化组合。加强自行车专用道和人行道等城市慢行系统建设，营造人性化的慢行交通环境，整治非法占用人行道的行为，合理布局公共自行车租赁点，大力发展城市公共自行车网络，鼓励采用基于优化组合的"自行车＋步行＋公交车"的出行模式。通过加快低碳交通运输体系建设，提高镇江城市公共交通出行比例，使城市居民公共交通出行分担率提高至26%。到2020年，镇江城镇居民公共交通出行分担率将达到28%。

（三）凸显低碳智慧交通示范特色

一手抓亮点工程，一手显智慧特色，"两手抓"是镇江市依托"交通先行"战略打造智慧交通的重要抓手。

实施交通亮点工程。包括：推进铁路交通快速发展，完善公路通行网络架构，推进多式联运枢纽建设，加快周边民航资源互动（见表11－1）。

表11－1　镇江市交通亮点工程举要

亮点工程名称	工程具体内容
推进铁路交通快速发展	按照"市县轨道全覆盖、干线城际双通道、枢纽联运多功能"的要求，加快铁路通道建设，形成"四横一纵一斜"铁路网。重点推动沿江城际铁路尽快开工建设，加快建设连淮扬镇铁路，争取镇宣铁路开工建设。积极推动宁句城际轨道、扬镇马城际轨道、宁镇轨道建设，适时建设镇江市区至扬州市域轨道，推动宁镇扬同城化。完善铁路枢纽建设，实施镇江站南北场站一体化改造、镇江南站综合客运枢纽二期工程和镇江东站建设等重点项目，新建镇江新区、句容南、长山大学城等城际高铁站
完善公路通行网路架构	积极培育镇江"跨江发展、沟通南北、连贯东西"的公路枢纽地位，提升对内对外通达能力。加强对外公路通道建设，完善"三横四纵"的高速公路网体系，建设泰镇高速公路镇江新区至丹阳段、镇江长江大桥及南接线、江宜高速，沪宁高速丹阳东互通线路正式开通，建成市区通往高速公路的快速通道。强化区域协调和城乡统筹，推进镇江到扬中、丹阳、句容的公交无缝对接，实现镇江至大港、丹北毗邻区域的公交化改造。建设镇丹二通道、丁卯桥路，实施S243快速化改造，全面建成市区到辖市的快速通道。加快建成城区骨架路网，全面提升主次干道和微循环道路建设水平。改善小城镇对外交通，新建S358、G523扬中段等国省道，提升S266、S265、S340、S240等级。城乡交通更加快捷，建成中心城区至丹阳、句容和扬中的快速通道，镇江道路等级得到提高。完善城乡公交体系，建成一批乡村客运站和农村招呼站。强化跨区域公交联系，开通宁镇扬城际快巴。实施农村公路提档升级工程，推进向新型农村经济节点、乡村旅游节点延伸，全面提升通行能力和效率。而今，公共交通已成为城乡居民出行的主要方式

续表

亮点工程名称	工程具体内容
推进多式联运枢纽建设	扩大联运规模。一方面，加快实施长江深水航道通达工程，持续推进长江南京以下－12.5米深水航道建设，促进镇江港向海港化发展。另一方面，发挥镇江港水陆十字交汇优势，打造以镇江港为核心的"江河中转、铁水联运"交通枢纽，推动江海河船舶转运，扩大铁水联运规模 强化联运枢纽。连淮扬镇铁路、宁镇扬城际轨道、长江镇江段－12.5米疏浚和大路通用机场二期等重点工程全面实施，加快推进镇江至禄口机场城际轨道建设前期工作，使对外交通更加畅通，交通枢纽地位得以强化和提升 完善联运网络。完善高等级航道运输网络，提高沿江通往内河航道的通行水平，整治提高九曲河、高资河、大道河、便民河等通行水平 扩大联运能力。加快建设镇瑞铁路支线延伸段，实现大港港区与京沪铁路主干线的联通，大力提升大宗货物铁水联运功能。充分发挥京杭运河、丹金溧漕河高等级航道便捷的水上集疏运优势，有序推进内河干线航道港口建设，加快形成"公水"联运。加强港口枢纽建设，提升大港、惠龙港、凌口、谏壁、扬中、下蜀、高桥等港口枢纽服务功能 提高联运效率。以长江港口集疏运航道为定位，通过内河航道将沿江港口向内陆腹地延伸，进一步提高船闸通过能力和运行效率。尽快完成丹金溧漕河"五改三"航道整治收尾工程，加快推进扬中夹江整治工程，力争建成谏壁三线船闸工程，积极推进区域性秦太流域水道构建
加快周边民航资源互动	提升邻近民航机场利用便利性，加密镇江城市候机楼至禄口机场专线的班次，开通上海虹桥、浦东国际机场候机服务，进一步提高现有城市候机楼安检、行李托运服务水平。充分利用获批通用航空政策试点城市的机遇，大力推进通用机场以及集疏运体系建设，推进镇江大路通用机场二期工程建设，完善固定基地运营服务功能，兼顾支线机场功能。加快推进句容、丹阳、扬中通用机场建设项目前期工作的开展

凸显智慧交通特色。包括推进运行交通工具低碳化，推进道路港口建设低碳化，推进重大交通设施低碳化，推进交通组织管理低碳化（见表11-2）。

表11-2 镇江智慧交通特色

智慧交通特色	智慧交通特色具体内容
推进运行交通工具低碳化	首先，加快老旧机动车淘汰报废工作。镇江市不仅全面淘汰黄标车等落后交通工具（已淘汰报废5731辆老旧机动车），还加速淘汰高耗能的老旧车辆及船舶，大力推广多式联运、甩挂等低碳运输方式。其次，实施公交服务系统工程。投放公共自行车5000辆，建设镇江市区公共自行车服务系统二期、三期工程；实行公交扶持，15公里内乘坐0.5元；新改建农村公路300公里，镇村公交开通率达100%。最后，推广使用液化天然气。镇江市投放150辆新能源公交车，50

续表

智慧交通特色	智慧交通特色具体内容
	辆新能源长途客车。基本实现 CNG（压缩天然气）出租车全覆盖（目前镇江市 CNG 出租汽车占比已达到 96.2%），增加 LNG（液化天然气）公交车，促进 LNG 在公交领域应用，力争三年内完成 100 艘船舶 LNG 改造
推进道路港口建设低碳化	一方面，镇江市加快推进交通运输部低碳高速公路示范项目镇江新区至丹阳高速公路、交通运输部低碳国省干线公路示范项目 312 国道镇江城区改线段和官塘低碳新城低碳城市道路示范项目建设。另一方面，镇江还加快低碳镇江港建设，港口生产单位吞吐量综合能耗下降 1.6% 以上。"一港七区"的沿江港口布局基本形成，货物吞吐量、集装箱吞吐量分别达到 1.41 亿吨和 37.5 万标箱
推进重大交通设施低碳化	一方面，镇江市全面推进城乡绿地、供排水、环保、电力、道路、路灯、市政管养基站等设施建设和管理，建成公共智能停车信息化管理系统和公共自行车服务系统。另一方面，通过建设京沪高铁镇江段，镇江新区通用机场，运河"四改三"，312 国道南移，丹徒、镇江新区、丹阳、句容南站汽车客运站等重大基础设施工程，实施宁句城际句容站与城市公交枢纽站接驳，使镇江市基本形成"规模适度、能力充分、内联外通、布局合理、衔接顺畅"的交通基础设施体系。2014 年，镇江市公路网、干线铁路网密度分别达到每 100 平方公里 188.8 公里和 6.8 公里，分列江苏省第三和第一。再者，抢抓"一带一路"和长江经济带建设机遇，发挥镇江江海联运港区和京杭大运河转运组合优势以及公、铁、水、空综合交通优势，创新与沿江沿海城市合作与联动发展机制，全力打造水路、铁路、公路及转运枢纽，加快提升要素集聚能力，使镇江在长江经济带建设中发挥更大作用，将其打造成为贯穿沿江、联系京沪、沟通苏南苏北的重要交通枢纽
推进交通组织管理低碳化	镇江市依靠智慧交通，提高智慧镇江的智能管理水平，不断创新社会管理模式。一方面，镇江加快信息技术在公路运输领域的研发应用，逐步实现智能化、数字化管理。重点加强以高速公路客运为骨干的现代客运信息系统、客运公共信息服务平台、货运信息服务网、物流管理信息系统建设，促进客货运输市场的电子化、网络化，实现客运信息共享，提高运输效率、降低能源消耗。另一方面，镇江市加快公路运行监测系统建设，逐步实现路网管理的可视、可测、可控，提高路网整体通过能力。再者，镇江市大力推进联网高速公路不停车收费与服务系统建设，增加高速公路 ETC 车道，扩大干线公里 ETC 的覆盖范围，实现更大范围联网不停车收费。此外，镇江市采取智能道路信号控制，对路面人流、车流实施引导、控制，加强路口管理，建立单行道系统和自行车专用道路系统，加快公交路权优先系统建设

二　打造智慧商贸中心

通过商贸集聚区的规划布局和载体、集聚区、配套建设，以及商贸服务能力提升，镇江城市商贸集聚功能得以增强，智慧商贸中心的地位日益凸显。

（一）建设重点商贸集聚区

优化现代商贸空间格局。重点围绕现代商贸服务领域，着力打造一批具有较强集聚带动能力的现代服务业集聚区。加快镇江主城及丹阳、句容、扬中的城市中央商贸集聚区建设，提升丹阳眼镜市场、汽摩配市场，扬中电气工业品城、丁卯市场群，句容特色农产品市场以及正阳汽配城等专业市场水平，加快发展特色商街、品牌直销购物中心、城市商业综合体等平台和载体，建设区域性商贸流通中心。镇江市中心城区依托北部滨水区，积极打造旅游休闲商贸区。以丹阳城区及南部乡镇为重点，强化与苏锡常融合发展，加快发展商务商贸等产业，发展商贸等服务经济，将镇江建设成为江南水乡特色鲜明的现代化工业商贸。通过进一步强化现代商贸业的规划布局引导，打造特色市场，建设特色街区，提升镇江城市中央商务区建设水平。

构建商贸服务载体和集聚区。一方面，结合丹阳、句容、扬中的城市商贸中心定位，建设一批具有镇江特色的工业商贸强镇，重点规划建设中国（丹阳）眼镜城、丹徒新城市商圈、镇江城际商圈和青年广场商圈等现代商贸集聚区等；重点建设丁卯商业商贸集聚区、大港中心商贸区，以增强镇江经济技术开发区承载力；重点规划建设大市口中央商贸商务集聚区和长江路金融商务集聚区等，培育和发展镇江商务金融业务和产业。另一方面，加快镇江市核心区金融、商务、娱乐、休闲等服务载体建设，吸引企业总部进驻，强化城市核心商圈。

培育商贸配套产业园区。作为支撑区域商贸产业发展的配套产业，镇江着力推进绿色物流基地建设。首先，镇江市利用先进物流技术和信息平台，提高物流活动中包括运输、储存、包装、装卸、加工配送等各个环节的运作水平。其次，镇江市鼓励采用绿色包装，推进物流包装的标准化、集装化和周转化。最后，镇江市大力发展联运业务，促进复合直达型物流运输方式，降低运输过程中的损耗。在"十二五"期间，镇江市加快培育支撑商贸主业永续发展的相关配套产业园区（见图 11 - 2），包括京口现代物流园区、润州南山创意产业园、淘车乐汽车城、丹徒高新技术创业园

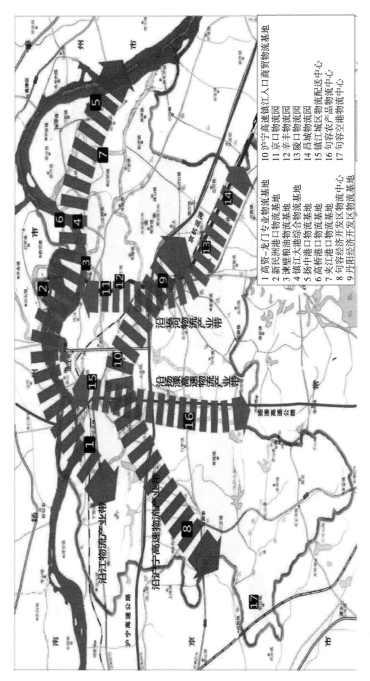

图 11 – 2　镇江物流产业带示意图

资料来源：李明星等《〈镇江市现代物流业发展"十二五"规划〉研究报告》（镇江市经济和信息化委员会委托项目）。《镇江市现代物流业发展"十二五"规划》，http：//fgw．zhenjiang．gov．cn/xxgk/zwgk/fzgh/zxgh/201108/t20110831_576362．htm。

和句容市宝华软件产业集聚区等。通过打造高端商贸配套服务集聚高地，客观上提升了镇江市的商贸服务能级。根据"服务业提速发展工程"，镇江市拟打造长三角区域物流中心，建成交易额超百亿元的物流基地3～5家。

（二）提升商贸服务能力

传统服务业转型升级。为了促成物流业转型升级，一方面镇江市通过加快培育一批有一定规模的骨干物流企业，提升企业的服务增值能力和集约化经营程度，从而提升整体产业规模，增强企业竞争力。通过创新物流发展模式和物流增值服务，镇江市拟打造长江经济带重要物流基地和港口物流枢纽。另一方面，镇江市通过构建高效的物流信息标准化平台（包括通关信息平台、物流信息平台、电子商务平台等），广泛采用计算机网络技术等现代化物流技术手段，实现物流全过程的信息化管理，推动物流业信息化建设。镇江市拟整合港区资源，重点建设物流综合保税区和物流特色园区，形成交易额超百亿元的物流基地。目前，镇江市现代物流等服务行业呈现良好发展势头，正逐步成为全市服务业发展新的增长点。

物流业与商贸业联动发展。通过加强资源整合协调，镇江市正有计划地推进商贸服务型特色物流园区建设，重点规划建设惠龙港国际钢铁物流基地、镇江新区综合保税区、华东农产品物流园、扬中临港物流园等。通过建立集"运输—仓储—商贸"于一体的综合物流基地（重点建设惠龙港国际钢铁物流基地），发挥江海河联运和临港产业集聚优势，推动集聚航运、船代、货代、贸易、公路物流、危化品物流、冷链物流、供应链管理等商贸流通服务业的发展，从而积极发展商贸物流。通过加快城镇信息化基础设施建设步伐，促进镇江城市商业网点向乡镇延伸。通过进一步提升对本地及周边制造业和商贸业的综合物流服务水平，镇江市充分发挥了物流业对制造业和服务业的支持和带动作用，着力将镇江打造成为国内知名的区域物流中心。

三　建设智慧低碳社区

所谓智慧低碳社区，也就是绿色健康生活社区。目前，镇江拥有市级以上绿色社区 104 家，80% 的社区建成了生态文明示范点。其成功经验如下。

（一）夯实绿色社区基础设施建设

布局社区体育设施。坚持城乡一体发展，以市、县（市、区）级大型全民健身中心为骨干，以街道（乡镇）全民健身活动中心为枢纽，以社区（行政村）全民健身点为重点，以居民小区（自然村）体育设施（晨晚练健身点）为基础，以学校等企事业单位向社会开放的健身设施、社会经营性健身场馆（俱乐部）为补充，初步建成市、县（市、区）、街道（乡镇）、社区（行政村）、居民小区（自然村）五级全民健身设施网络，逐步实现城乡公共体育设施均等化。

完善社区文化设施。加大对公共文化领域的投入，加强文化基础设施建设，提升文化服务能力。推进文化艺术中心、文化广场等重大文化设施改造和建设，新建一批特色博物馆（纪念馆）、剧场和城市雕塑，建成新镇江市图书馆，实现社区文化活动中心全覆盖。完善特色文化街区及文化服务网点布局。实施文化惠民工程，继续扩大向社会免费开放文化公共设施范围。在全面实现"县有两馆、乡有一站、村有一室"的基础上，健全城市区级两馆、街道文化活动中心，对社区文化活动室进行整合、优化和信息化改造，全市公共文化设施网络覆盖率达到 100%，打造城市"15 分钟文化圈"和农村"10 里文化圈"。

运行社区管理平台。第一个是运行智慧社区综合治理平台。镇江移动公司与镇江市政法委、京口区政府合作打造"网格＋网络"智慧社区综合治理平台（见专栏 11 - 1）。第二个是借鉴和构建社区智能服务管理综合平台（见专栏 11 - 2）。

| 专栏 11 - 1 |

"网格＋网络" 智慧社区综合治理平台

该平台依托移动 4G 网络和工作手机，结合社区网格化管理，实现城市社区"网格＋网络"的高效综合治理。平台汇集了公安、司法、工商等 20 多个政府部门的信息，通过三维地图方式展示，实现人员档案管理、社区维稳、应急处理、便民服务与街道政务办公等功能，搭建成区域自治、网格长协调、社区化管理三级基层管理体系。例如，社区工作人员可利用平台开展在线视频沟通、教育和心理疏导，对社区内的特殊人员进行结对帮扶；遇小区内突发事件，小区居民可上传视频至平台，方便司法人员和社区工作人员及时了解案发情况。

资料来源：于萍萍、张玉军《镇江移动打造智慧社区治理平台》，http：//www.cnii.com.cn/city/2014 - 07/23/content_1408134.htm。

| 专栏 11 - 2 |

社区智能服务管理综合平台

紧密配合镇江市"新社区工程"，在省级绿色社区、市级绿色社区中进行试点，逐步构建包括食品溯源、智能医疗、智能看护等子系统的社区智能服务管理综合平台，通过管理模式创新和实体服务运营支撑体系优化，实现对社区中的基础设施、居住环境等的综合治理。该平台计划能够提供以下服务：一是信息查询，平台能够通过筛选、查找等功能，快速查阅需要的内容；二是信息交互，平台能够针对社区居民的询问给予信息反馈；三是感官体验，借助于智能交互终端，社区居民能够得到真实的感官体验；四是智能服务，平台能够针对社区居民的行为、习惯与特征予以智能分析，并制定个性化的社区服务方案，主动向用户推送与之相适应的社区配套服务。

资料来源：《江苏：健全社区综合服务管理平台》，http：//www.xjpeace.cn/zonghezhili/shgl/201411/t20141113_573318.htm。

（二）构建绿色社区重要举措

建立社区环境管理服务体系和公民参与机制。在创建"全国首批生态文明建设先行示范区"和"江苏省生态文明综合改革试点城市"的过程中，通过加强与全省首个由居民自发组织、民政部门登记、环保部门指导、在社区落实的"绿之行"环保协会的联系，镇江市政府积极组织和推动环保志愿者队伍建设，动员更多的人参与到环保宣传、垃圾分类、节水节能、绿化美化、卫生防疫等环保工作中来。从2012年开始，镇江市京口

"绿之行"环保协会以实施"和谐五色"环保工程（由"红色志愿、橙色活力、黄色减噪、绿色低碳、蓝色生态"五部分组成）（见专栏 11 - 3）为抓手，进一步创新、巩固和提升社区环保工作。通过广泛地动员社会力量和社会资源，在镇江市不仅提高了社区居民参与社区建设的积极性和主动性，形成了人人参与环境保护的渠道和社会氛围，引导人们改变了传统生活习惯，追求绿色生活方式，落实生态文明理念，客观上也提高了绿色社区管理效率，更提升了生态文明建设的质量。

| 专栏 11 -3 |

实施"和谐五色"环保工程

所谓"红色志愿"，是指京口"绿之行"环保协会的统一标识，为志愿者配备了红帽子、红袖章、红徽章，努力打造以"红帽子"为标志的社区环保协会，提升环保工作内生动力。所谓"橙色活力"，是指组织青少年开展环保宣教活动，彰显环保事业发展活力。协会先后联合江苏大学环境学院开展"拼车"宣传活动，联合江大环保志愿者倡导废旧物品的回收再利用，联合市外国语学校开展"骑行世业洲"活动，在江滨实验小学润阳分校设置绿色环保教育阶梯教室，安排环保课程，举办专题讲座，与阳光大地幼儿园合作开展"普及环保知识保护山川河流"活动。所谓"黄色减噪"，是指协会通过社区公约和实时监督"双管齐下"的办法，加强小区噪声管理工作。所谓"绿色低碳"，主要是倡导居民节能减排，低碳环保，努力建设让居民满意的绿色阳光社区。通过广泛开展绿色家庭创建活动，涌现了一批节能、节水，盆景、花卉等特色家庭苑落，社区绿色家庭覆盖率达到 95%。所谓"蓝色生态"，主要是开展垃圾分类收集试点工作，举办禁止垃圾焚烧圆桌对话会议，协商解决龙吟坊商业街油烟扰民问题等，并推动问题街创成了镇江市首条环保示范街。

"绿之行"环保协会指导组建了镇江环保志愿者服务队、江苏大学志愿者服务队、镇江高等专科学校志愿服务队、企业环保志愿者服务队和镇江绿色三山环保公益服务中心，定期组织社区单位和社区居民共同开展了"我给电子垃圾找个家"、"小鱼治水"以及"周末卫生日"和"城市清洁日"等环保主题志愿服务活动 30 多项，参与志愿服务活动的志愿者达 5000 多人次。

资料来源：《京口一项目获环保部环境公益奖》，http：//hbj. zhenjiang. gov. cn/hbxw/snyw/201312/t20131211_1131692. htm。

　　分类建设功能不同的绿色社区。根据 2015 年镇江市《关于推进智慧民生信息服务体系建设的指导意见》（以下简称《意见》），镇江市智慧社区服务内容包括：①社区服务：建设"网上居委会"，提供咨询指导、帮困解难、家政服务等便民服务；及时发布社区新闻、活动等动态信息；提供社区居民交流平台。②智慧物业：实现停车位、闭路监控、门禁系统、电梯管理、绿化、保安巡逻等相关社区物业的智能化管理；建设智能快递柜，为社区居民提供快递包裹存储服务。③智慧养老：利用物联网技术，通过各类传感器，远程监控老人的日常生活；在紧急情况下，通过呼叫装置实现及时救助。基于《意见》的信息化服务导向和绿色环保的理念，镇江市因地制宜、"因区而异"分类建设各具特色的智慧低碳社区（见表 11 - 3）。"十三五"期间，镇江市力争建成省级绿色社区 35 家、市级绿色社区 20 家。[①]

表 11 - 3　智慧低碳社区创建特色内容

分类标准	智慧低碳社区特色内容
根据低碳建设标准	加强噪声污染治理，全面实施区域噪声管理，积极开展"宁静城市"、"宁静社区"等绿色社区示范建设
根据循环经济发展载体建设要求	镇江市正在创建循环经济示范社区
根据评审主体级别不同	镇江市组织社区积极申报市级绿色社区和江苏省省级绿色社区
根据镇江市"新社区工程"	结合现代服务业聚居区，重点规划建设京口大禹山创意新社区，发展软件信息和科技服务

　　推进环保社区示范创建。具体包括低碳小区试点、绿色社区示范创建、循环经济示范社区创建以及海绵城市小区试点创建四个方面。抓好低

---

① 《关于"十二五"环保宣传教育工作和"十三五"打算的汇报》，http：//hbj. zhen-jiang. gov. cn/zwgk/jhzj/201509/t20150910_1583540. htm。

碳小区试点创建。镇江市推广绿色建筑，应用雨水收集、太阳能路灯等降碳低碳技术及分布式能源和可再生能源，有计划、有组织地开展"低碳进社区活动"、"低碳减排、绿色生活"系列活动，开展低碳减排的宣传、绿色生活的倡导、小区的绿化维护、废旧电池的回收、节约用水、垃圾分类等活动，提高小区绿化率，降低小区碳排放，在社区形成一种自觉节俭消费、崇尚绿色生活和低碳减排的浓厚氛围。抓好绿色社区示范创建。镇江市通过制定完善的激励机制，使得"绿色学校"、"绿色社区"、"生态村"等系列创建活动成为广泛动员全社会重视环保、节约资源、保护环境的有效载体，形成上下联动、合力推进机制（见专栏 11 - 4）。"十三五"期间，镇江市用自然保护区、湿地公园、文化场馆等开展生态文明教育基地建设，争取打造 5 ~ 10 个生态文明教育基地，为公众接受生态科普和生态道德教育提供便利。① 抓好循环经济示范社区创建。示范社区建设以节能、节水、废弃物分类回收、循环经济理念宣传等为重点内容。根据镇江各辖市、区循环经济发展水平的不同和区情差异，镇江市由点到线及面、循序渐进地推进循环经济示范社区建设，由"面向企业"发展为"面向园区"，从"社区示范"扩展到"社会推广"。抓好海绵城市小区试点创建。海绵城市试点小区通过海绵城市生态排水工程（包括停车场建设、宅前路和主路两侧人行道的透水铺装、楼前楼后的雨水花园、管线下地及景观改造）以及节能改造（包括屋顶平改坡、隔热窗节能改造、外墙保温层改造、公共照明维护改造、美化沿街店招等），正在努力达到"小雨不积，大雨不涝，水体不黑臭，热岛有缓解"的海绵城市建设标准要求。

| 专栏 11 - 4 |

绿色社区示范创建典型案例

京口区阳光世纪花园社区创成"省级绿色社区"，2013 年社区的"和谐五色环保项目"在环保部主办的第二届全国"远洋社区环保公益奖"评奖活动中获得二等奖。镇江市凤凰新村社区从 2008 年开始，就在辖区居民中每年开展一次"绿色家庭"评比活动。社区通过一年一度的"绿色家

---

① 《关于"十二五"环保宣传教育工作和"十三五"打算的汇报》，http：//hbj. zhenjiang. gov. cn/zwgk/jhzj/201509/t20150910_1583540. htm。

庭"评选活动，旨在推动"绿色家庭"活动的深入开展，充分发挥小区内各家庭在"绿色社区"建设中的积极作用，努力营造人与自然和谐相处、协调发展的良好环境。该社区迄今共产生了150多户"绿色家庭"。其中，2015年共有张秀华等19户家庭获得此殊荣。

资料来源：《京口一项目获环保部环保公益奖》，http://hbj. zhenjiang. gov. cn/hbxw/snyw/201312/t20131211_1131692. htm。

强化社区可再生资源回收利用。一是增强回收利用意识。镇江市鼓励社区居民个人和家庭养成资源回收利用习惯，自觉进行垃圾分类。二是提高再生资源利用率。按照布局合理、网络通畅、环境洁净、管理规范等原则，镇江市在城乡社区和非居民区一定服务半径范围内设立可再生资源回收站点，农村回收网点可按照居民户数设置简易收购站点或固定收购站点。对企事业单位等非居民区再生资源的回收，采取回收企业站点定时、定点上门回收的方式，由封闭式分类回收车运输至交易市场。推动可再生资源回收企业进行在线回收电子交易。镇江市推广社区"跳蚤市场"和"换物超市"，做好家庭闲置物品和废旧物品的合理处置，在全市规划建立了30个社区跳蚤市场，健全了城市社区和农村乡镇再生资源回收网络，构建了镇江市完善的资源再生利用体系。

推进社区生态文明宣传教育。具体举措包括开展学习型社区宣传活动，完善社区传媒的宣传方式，利用新媒体深化社区生态舆论宣传，利用新媒体深化社区环保舆论宣传，加大循环经济知识普及的宣传力度等。其他保障措施包括：加强镇江市社区绿化美化建设，提升社区物业管理水平；大力推进镇江市节水型社区建设，构建节水型社会；市完善社区卫生机构，进一步健全医疗卫生服务体系，为建设绿色社区创造有利条件，奠定软件和硬件基础（见表11-4）。

表11-4　镇江推进社区生态文明宣传教育举措

活动名称	推进社区生态文明宣传教育具体内容
开展学习型社区宣传活动	开发一批满足社区居民学习需求的环境教育课程资源，组织编写居民喜闻乐见，符合居民工作、生活需要的社区环境教育读本。在社区内积极开展学习型家庭、绿色家庭、生态型家庭的评选活动，组织社区内部和社区之间的生态文明知识竞赛，提高社区居民的学习热情。在"十二五"期间，镇江全市社区大力开展低碳系列宣传活动，提高了社区居民环保的文化素质和文化素养

续表

活动名称	推进社区生态文明宣传教育具体内容
完善社区传媒的宣传方式	借助于"市民素质提升工程",使得社区试点示范创建活动成为生态文明宣传的有效载体。其中,镇江市各级党委机关报、广播电视台、政府门户网站开设生态文明建设专栏,及时发布环境质量信息,增加环保公益广告,普及生态文明知识,树立生态文明建设先进典型,曝光重大环境违法和生态破坏事件。结合每年"3·22"世界水日、"4·22"世界地球日、"6·5"世界环境日、"9·16"国际臭氧层保护日、科普宣传周等重要活动,社区积极开展相关宣传、进行主题文化表演、派发宣传材料等。镇江市各个社区充分发挥社区内部各类宣传栏的作用(包括利用已有宣传栏和设置新宣传栏),张贴生态文明建设有关宣传材料,并且做到宣传材料每月更新一次;综合运用系列报道、新闻特写、纪实短片等多种报道形式,加强对社区居民普遍关注的生态环境热点问题的舆论引导
利用新媒体深化社区生态舆论宣传	2016年,润州区黄山社区开展了以"祭哀思,还清明"为主题的清明节活动,社区还在华都名城小区北大门的LED显示屏上打出了"祭哀思,还清明"的倡议书。社区开放QQ群作为平台,收集百姓祭奠留言,鼓励居民使用手机微信、短信,电脑网络等表达对已故亲人的思念,帮助居民实现悼念亲人的愿望;同时,社区志愿者在现场还准备一个"思念信箱",鼓励大家把对亲人的哀思写成信件投递到里面,志愿者帮忙收集整理后统一烧毁。这种做法既满足了社区居民缅怀亲人的需求,客观上也减少了污染,实践了绿色环保理念
利用新媒体深化社区环保舆论宣传	镇江市环保局微博及时发布当天的空气质量日报、环保类新闻、环保法律法规、环保小常识以及转发各地环保相关的信息;利用镇江金山网、市环保局网站和城市客厅广场大屏幕,循环播放环保局自己制作的3个环保公益小短片、秸秆禁烧动漫片和《共建美好家园》环保歌曲,取得了良好的社会反响。2016年"6·5"期间,镇江市环保局积极协调当地公交公司,共建"环保号"公共交通,利用城市公共交通载体,打造移动环保课堂,向乘客传播环保理念
加大循环经济知识普及的宣传力度	镇江市通过各种宣传手段,强化社区居民循环经济意识,为发展循环经济营造良好的社会氛围。充分发挥宣传优势,大力开展形式多样的资源节约和环境保护的宣传活动,切实增强镇江市社区居民的循环经济发展意识,引导全社会树立正确的消费观,形成崇尚节约、保护环境的良好社会风尚。在镇江市委市政府的倡导下,驻镇的江苏大学等高校增设了循环经济方面课程,镇江市在幼儿园、中小学广泛开展国情教育、节约资源和保护环境教育活动,将循环经济理念和知识作为基础教育的重要内容

第三节　美丽和谐乡村建设

2013年12月,中央城镇化工作会议明确提出,要让城镇化农民"望得见山、看得见水、记得住乡愁"。镇江市从培育乡村特色经济、开展乡村生态建设、强化乡村环境综合整治等方面，建设镇江市美丽和谐乡村。

一　培育乡村特色经济

（一）加快农业现代化进程

创新和推广新型农业组织化模式。镇江市勇于创新，成功刻画了"句容戴庄模式"。在此基础上，镇江市以行政村为范围建立农村社区经济合作社，积极推广"科技人员＋村委会＋合作社＋农户"的新型农业组织化模式。通过发展"龙头企业＋合作社＋基地＋农户"的产业化发展模式，镇江市加快发展一批基地型、加工型和市场型的现代农业龙头企业。

加快载体和基地建设。一是打造现代农业产业园区。二是建设生态农业示范区。作为循环型农业示范区建设的发源地，镇江市在句容、丹阳、丹徒等地已有生态农业示范区建设的基础上推广精准农业生产模式，加快生态农业示范园等建设，逐步完善生态农业结构，使之成为集现代化农业生产、农业科技研发与推广、科普教育及旅游观光于一体的生态农业示范区。三是从事生态食品基地的建设。镇江市积极推广无公害、绿色、有机食品基地的建设，大力开展无公害、绿色、有机食品农产品认证，整体打造"无公害农产品基地市"和"农产品质量安全区"。

培育特色农产品品牌。重点发展优质粮油、特色园艺、特种养殖、高效林业、休闲农业五大特色农业产业。围绕五大特色农业，镇江市着力打造一批设施水平高、研发能力强、市场营销优、带动能力强的现代农业示范园区、农产品加工集中区和生态食品基地等农产品市场体系。镇江市通过建立健全与农产品质量和现代农业发展要求相适应的农业标准化体系，推进农业标准化示范区建设。通过加强地理标志产品认证，注重对区域特色农产品的保护。镇江市重点培育丹阳、句容、丹徒三大花卉苗木优势产区；做大沿宁镇山脉茶区、茅山丘陵茶区、中部低山丘陵茶区三大特色茶区，整合金山翠芽、茅山长青、墅山翠萝、吟春碧芽等重点品牌，拓展茶叶产业发展新空间；以做大做强葡萄、桃、梨、草莓"四大名旦"为重点，开发丘陵山区特色时鲜果品优势区域。

发展乡村循环经济。习近平总书记指出：循环利用是转变经济发展模式的要求，全国都应该走这样的路。① 针对"农村地区的循环经济发展相对滞后"的窘况，镇江市加快循环型农业建设，探索种养结合、生态养殖、废弃物资源化利用等生态循环农业模式，创建更具代表性的循环经济示范社区、示范企业、示范园区，进一步增强镇江群众的认可度和参与度，优化全社会认同的循环经济发展环境。一是依据循环经济发展的减量化、再利用、资源化原则，镇江市积极发展以节地、节水、节肥、节药、节种、节能和资源综合循环利用为特征的精准农业；推广稻鸭共作技术，发展无公害农产品；采用喷灌和滴灌等先进灌溉技术，提高灌溉系数；实施新一轮沃土工程，采用配方施肥技术，推广高效复合肥和有机肥的使用，全面提升土地生产力；使用低毒低残留农药，减少资源的消耗以及对农村生态环境的影响。二是推广秸秆肥料化、能源化和基料化等利用方式，扩大秸秆—食用菌链条的发展区域，推进"秸秆—成型—工业燃料"和"秸秆—气化—热气电"等生态循环技术的发展，保持镇江市在秸秆肥料化方面的江苏省领先水平；促进现有秸秆气化站的健康发展，并逐步扩大农村居民用户使用沼气的规模；建设秸秆发电项目，并将发电后的废灰用作生产钾肥、保温材料，制作硬质防潮免烧砖等。

（二）发展生态旅游新兴业态

为了改变历史上形成的"镇江旅游业发展滞后"的短板，镇江市在"十二五"期间通过打造旅游精品工程、丰富旅游产品市场以及优化旅游环境，努力将旅游业打造成为镇江市服务业第一产业。

坚持旅游资源的开发与环境保护相结合。在旅游资源的开发过程中，镇江市充分考虑环境因素，以低碳理念推动产业转型升级，做强现代旅游等特色服务业主导产业。在旅游发展的过程中，镇江市重视环境保护，合理规划和管理土地资源。根据国家 5A、4A 级风景旅游区标准，镇江市实施风景旅游区 ISO14000 环境管理体系认证；有序推进依法治旅，加大旅游执法力度，建立旅游市场联合监管机制，依法规范市场秩序，教育整顿或依法取缔个别违规经营旅游企业，不断推进依法治旅进程，实现旅游业的

---

① 杜尚泽：《习近平到青海考察：以保护生态环境为前提搞开发》，http：//rmrbimg2. peo-ple. cn/html/items/wap - share - rmrb/#/index/home/3/normal/detail/1804246831465472_cms_1804246831465472/normal。

可持续发展。多年来，镇江坚持"生态立市"理念，不断提升绿色发展水平，先后获得"中国优秀旅游城市"、"国家智慧旅游试点城市"等称号。

强化旅游质量监管。联合工商、宣传等部门开展旅游合同专项整治和旅游广告专项检查，突出抓好旅游安全生产，重点抓好节假日和重要活动期间的旅游安全检查及旅游安全生产专项整治等行动。开展"美丽镇江、文明旅游"系列活动。在旅游饭店开展文明餐桌、道德讲堂等活动，要求旅行社建立游客"行前说明会"制度，与游客签订"文明旅游承诺书"。

加强旅游人才培训。镇江市组织导游资格考试、新任领队考试、导游年审培训及饭店管理培训等，举办各类导游服务技能大赛，评选出一批"金牌导游员"、"青年岗位能手"和"巾帼建功标兵"，多位选手在全国或省级导游大赛中获奖。

建设一批具有镇江特色的文化旅游名镇。镇江市科学规划城镇体系，优化镇村布局，统筹规划和建设一批具有镇江特色的文化旅游名镇。中心城区与句容之间以优质的生态旅游为特色打造西部生态休闲区，句容拟建成以休闲度假旅游等为特征的现代化宜居城市，着力打造国内知名的旅游目的地城市。2017 年，旅游综合收入拟突破千亿元，旅游业增加值达到 360 亿元，初步形成国内旅游目的地城市。到 2020 年，新增 1～2 个全国休闲观光农业与乡村旅游示范点，培育 2～3 个全国特色景观旅游名镇（村）或中国最美休闲乡村，建成 100 个以上省级星级乡村旅游点和 40 个省级以上休闲农业示范点，基本建成乡村旅游产业体系；旅游接待人次超 7370 万人次，年均增长 8.5% 左右；全市旅游业总收入达 1250 亿元，年均增长 15%；旅游增加值占全市 GDP 的比重超过 8%；游客人均逗留 1.8 天，人均消费 1750 元。按照"十三五"规划，镇江旅游产业将被打造成服务业第一支柱产业。[①]

二 开展乡村生态建设

（一）优化乡村生态空间布局

镇江市分类引导村庄建设，打造一批城郊新村、平原田园乡村和特色

---

① 《镇江市旅游业发展"十三五"规划》，http://www.zhenjiang.gov.cn/xwzx/tzzj/cygh/201604/t20160426_1735277.html。

生态山村。通过加强对九里、柳茹、华山、儒里、西冯等特色村落的保护，促进农业、旅游、文化的融合发展；通过突出以镇村整治为主要内容的生态环境修复，将镇江市的西南片区建成苏南丘陵山区科技文化、休闲旅游度假区和生态文明示范区。

（二）推进乡村生态主题建设活动

加强乡村生态宣传教育。镇江市将生态文明教育纳入镇江市科技、文化、卫生"三下乡"活动内容，以村为单位开展生态培训，重点普及生态农业生产、生态乡村生活等主题，促进生态文明理念向镇江广大乡村辐射传播，提高农村居民生产生活活动中的生态文明意识。建设公共活动空间景观。镇江市因地制宜，充分体现当地的民风、民俗，并结合时代发展要求，实施水域景观改造，创造丰富多彩、个性鲜明的乡村风貌。开展绿色村庄建设。镇江市将村旁、宅旁、路旁、水旁作为绿化重点，营造自然生态的田园风景，形成点线面相结合的村庄绿化格局；鼓励农户选择适生树种和不同季相的林果花卉、经济林木，发展庭院绿化。

（三）实施生态旅游系列工程

生态旅游示范区建设工程。主要工作包括：发挥旅游规划引领作用，完善基础设施培育旅游产业，推进旅游项目建设，强化生态旅游示范区品牌效应（见表 11 – 5）。

表 11 – 5　镇江市生态旅游示范区建设工程

主要工作	工作内容
发挥旅游规划引领作用	镇江市制定和实施了《镇江市旅游业发展"十三五"规划》，《镇江市旅游产业发展总体规划》（2013～2020 年），《镇江市旅游公共服务体系规划》，《丹阳创建（国家级）旅游产业创新发展试验区总体规划》，京口、润州、句容、扬中等市（区）旅游发展规划及"三山"、茅山、江心洲等景区和度假区系列旅游规划，基本形成全市旅游规划体系。根据《镇江市旅游产业发展总体规划》（2013～2020 年），构建"一核·三区·四带"的镇江市旅游空间结构，重点培育六大旅游产业集聚区（包括"三山"文化休闲旅游集聚区、镇江城西休闲度假旅游集聚区、茅山养生度假文化旅游集聚区、句容宝华生态休闲旅游集聚区、丹阳商务休闲旅游集聚区、江岛山水生态休闲旅游集聚区）

续表

主要工作	工作内容
完善基础设施培育旅游产业	加强休闲农业和特色旅游村的道路、电力、饮水、厕所、停车场、垃圾污水处理设施、信息网络等基础设施和公共服务设施建设，完善休闲农业和乡村旅游配套设施。以句容乡村旅游集聚区为重点，加快旅游绿道慢行系统建设。通过建设旅游集散中心，形成可达性强的公交网络，完善交通配套设施，优化旅游交通标识牌，构建"全域旅游"综合交通体系；通过推动以"盘山、亲水、环湖、围岛、入街"为主题的旅游绿色步道建设，结合公共自行车系统，形成独具山水特色的镇江休闲慢行系统；通过积极培育旅游交通企业，组建旅游汽车公司或旅游车队，推动自驾游基地和房车营地建设，积极开展落地自驾旅游和异地租赁业务，健全镇江市自驾游服务体系
推进旅游项目建设	"十二五"期间，镇江市大力推进旅游项目建设，共完成重点旅游项目投资近500亿元。市区"三山"风景区、南山风景区、西津渡古街、长山文化产业园（含中国米芾书法公园）、世业洲省级旅游度假区、新区圌山温泉度假区、新区城市中央公园、丹阳水晶山省级旅游度假区、中国眼镜城、天地石刻园、句容茅山5A级景区、茅山湖省级旅游度假区、赤山湖国家湿地公园、茶博园、岩藤农场、扬中园博园、长江渔文化生态园、滨江湿地公园等一批重点旅游项目相继建成或提升。"十三五"期间，镇江市将重点开发休闲农业与乡村旅游项目，主要包括：建设乡村旅游十镇（村）百区（点），打造句容天王乡村旅游精品，开发其他休闲农业与乡村旅游项目（包括江苏芳满庭生态农业科技园、世业洲万亩果蔬基地、江心洲伊人岛生态农业观光园、句容伏热花海、句容花果原乡有机农博园等休闲农业与乡村旅游项目）
强化生态旅游示范区品牌效应	镇江市确定了"镇江，一个美得让您吃醋的地方"的旅游新品牌，旅游形象持续优化。通过服务业提速发展工程，着重打好旅游节庆品牌，做大做强生态休闲观光旅游产品，打造国内知名旅游目的地，形成两家5A级景区和一家国家级旅游度假区，增强镇江市旅游的核心竞争力、远程号召力与品牌影响力。"十二五"时期，通过重点规划建设"三山"旅游配套集聚区、茅山旅游配套服务区、世业洲旅游度假区、水晶山旅游度假区等一批具有较强集聚带动能力的现代旅游服务业集聚区，镇江旅游产业品牌效应显著提高。2015年，镇江市共接待国内外旅游者4808万人次，实现旅游总收入621.23亿元，居全省第五位。镇江市被《半月谈》杂志评为"中国十佳最具投资潜力文化旅游目的地城市"，丹阳被批准为首个国家旅游产业创新发展实验市，句容成为全国首批休闲农业与乡村旅游示范县、江苏省乡村旅游综合发展实验区 镇江"三山"和句容茅山成功创成国家5A级旅游景区，西津渡、恒顺醋文化博物馆、中国米芾书法公园等创成国家4A级旅游景区；世业洲、茅山湖、水晶山建成省级旅游度假区；南山风景区成为省级生态旅游示范区；句容戴庄村成为全国特色景观旅游名村及中国最美休闲乡村；句容戴庄有机文化体验园、丹徒联创农业生态园、丹阳江苏超力生态园、扬中长江渔文化生态园等被评为江苏省四星级乡村旅游区（点）。截至2015年底，镇江市共有A级旅游景区43家，其中国家5A级旅游景区2家、4A级旅游景区6家；国家重点风景名胜区1家，省级风景名胜区2家；国家森林公园2家；省级旅游度假区3家；全国工农业旅游示范点78家，省工业旅游示范点6家，省四星级乡村旅游点20家；星级饭店38家，其中五星级饭店3家；省星级旅行社30家。到2016年底，镇江市西南片区建设成为休闲旅游度假区

镇江南部生态文明先导区建设工程。按照创新、集约、生态、低碳和产城融合的理念，镇江市全力打造现代旅游产业集聚的生态文明先导区，重点发展旅游观光等新型生态产业。通过利用茅山镇区位、生态环境基础，加强公共服务配套，积极培育商贸服务、休闲娱乐和旅游度假功能，吸引人口集聚，努力建设旅游服务型城镇。进入"十三五"时期，镇江市旅游业转型明显加速，产业融合与业态创新不断深化，旅游产品种类不断丰富。旅游业为镇江市产业结构调整和国民经济增长做出了重要贡献，同时在促进就业创业和惠民利民等方面发挥了重大作用。

生态旅游协同发展工程。镇江市通过城市山体保护修复与游园和旅游服务设施建设协同推进，完成青山碧水蓝天提升任务；通过引导旅游经济与休闲农业协同发展，建设句容市边城现代农业旅游观光园；通过"互联网＋乡村旅游"协同模式，建设镇江江心洲现代农业产业园；通过微博等网络媒体宣传促销与驴妈妈等网站合作营销的协同营销模式，不断创新营销手段，被携程网评为年度全国"十大最佳自助游目的地"，在新华网、中国社科院等联合发布会上荣获"旅游网络形象奖"；借助于信息化和现代旅游业的协同运行，网上购买电子门票、360°实景选房、领取智能房卡、入住智慧房间、旅行社开发APP等智慧旅游业态，助力镇江市跃升为国家智慧旅游服务中心。镇江市旅游业与城市、乡村、文化、科技及相关产业融合程度不断提高，"旅游＋"正成为产业融合升级的创新空间和主攻方向。通过整合旅游资源来推动文化与旅游等产业的融合发展，镇江将建设成为长三角的文化创意名城、旅游文化名城。

智慧旅游培育工程。自从2010年在全国率先创造性地提出"智慧旅游"概念以来，镇江市着力抓好智慧旅游项目的研发、推广、应用与建设。一是通过优化智慧旅游展示与体验中心、市旅游调度中心、市旅游咨询服务中心，镇江市全方位打造国家智慧旅游服务中心平台。2012年被国家旅游局确定为"智慧旅游试点城市"，2013年镇江市旅游局荣获"中国智慧旅游最佳创新实践奖"。二是通过推出智慧旅游门户网站、手机WAP网站、客情实时统计分析系统（升级版）、电子标签嘉宾证、二维码技术触摸屏、旅游版网络游戏、旅游电子地图等智慧旅游项目，建成镇江智慧旅游微信平台、微博平台、旅游商务网等。随着移动互联网、物联网以及大数据的广泛应用，镇江市一站式"智慧旅游"服务逐渐完善。江苏马上游科技股份有限公司在新三板上市，成为国内智慧旅游第一股；"亚夫在线"农业电子商务项目落户镇江市，已优选300余家农业大户、家庭农场和企业加盟；"马上游镇江"被评定为省级智慧旅游优秀项目；镇江江心洲现代农业产业园"互联网+乡村旅游"模式荣获省级"旅游+互联网"模式创新优秀项目。

三　强化乡村环境综合整治

（一）完善乡村环境基础设施

通过推广应用节水节电节燃气等降碳低碳技术、分布式能源和可再生能源，实施垃圾分类，提高村庄绿化率，镇江市积极推进第一批30家低碳村庄试点建设；通过进一步加大对农村生态文明建设的投入，强化镇江市农村环境基础设施建设。2016年润州区政府实施城郊农村环境整治，主要涉及蒋乔、官塘桥、韦岗街道、工业园区及南山联合社区的农村环境卫生保洁及垃圾清运全部实现市场化运作，总面积250万平方米，总投资760万元。镇江市致力于推进农村公路整治工作，每年新改建农村公路300公里。镇江将全市所有乡镇污水处理厂纳入监测范围，有计划地对农村分散式污水处理设施进行抽检；在试点村庄建设一批农村生活污水处理设施及配套管网、生活垃圾收集转运设施、氮磷生态拦截工程。镇江城镇污水处理率达到95%，生活垃圾无害化处理率达到100%，村庄生活污水处理率不低于70%。充足的运营经费和严格的执法监管，确保了镇江农村环境基础设施的长效稳定运行。

（二）实施特色小镇建设

2014年10月，时任浙江省省长李强在参观"云栖小镇"时，首次公开提及"特色小镇"。2015年初，浙江正式提出"特色小镇"概念，其定义为以新机制、新理念、新载体推进产业集聚、产业创新和产业升级，融合具有产业、文化、旅游、社区功能的创新创业发展平台。[①] 国家发展改

---

① 《特色小镇之"余杭经验"：谋远虑解"近忧"强服务成核心》，http：//finance. si-na. com. cn/roll/2016－11－03/doc－ifxxmyuk5758444. shtml。

革委发布《关于加快美丽特色小（城）镇建设的指导意见》，旨在促进大中小城镇协调发展，充分发挥城镇化对新农村建设的辐射带动作用。镇江市学习借鉴浙江成功经验，创新镇江发展模式，规划建设一批特色小镇，推动形成新的区域经济增长点，对引领镇江市经济社会发展具有重要意义。

明确产业定位。镇江市选择自然条件优越、历史文化悠久的小镇，在开展国家生态文明建设示范镇村和美丽村庄建设基础上，培育一批特色小镇。镇江市特色小镇聚焦低碳环保、循环经济产业，以健康、旅游、"互联网＋"、文化创意等支撑未来发展的产业为核心，兼顾香醋等地方经典特色产业，坚持产业、文化、旅游"三位一体"和生产、生活、生态融合发展。原则上每个核心产业只规划建设一个特色小镇。

实施规划引领。镇江市的特色小镇坚持"一镇一主业"，最终形成"一镇一风格"。每个特色小镇规划面积控制在 3 平方公里左右，其中建设用地规模控制在 1 平方公里左右。每个小镇原则上按照 3A 级以上景区标准建设，旅游类小镇原则上按照 5A 级景区标准建设。此外，每个小镇还将建设"小镇客厅"（展示平台），展示特色小镇形象。镇江市特色小镇建设按照"宽进严定"的原则统筹推进，通过自愿申报、培育审核、验收命名等程序，认定市级特色小镇。对已认定的特色小镇还将进行年度考核，连续两年不合格将自行退出。

建设目标定位。坚持高标准规划，努力把镇江的特色小镇打造成为机制创新的新高地、"互联网＋新经济"的策源地、生态生活生产融合的新亮点、文化旅游的新去处和工作能力展示的新平台。根据《关于开展特色小镇规划建设试点的指导意见》，在"十三五"期间镇江市力争建成市级特色小镇 30 个左右，其中 10 个以上争创成国家级、省级特色小镇。至 2017 年，镇江市拟建成 10 个美丽宜居镇（丹阳、句容各 3 个，扬中、丹徒各 2 个），50% 以上乡镇（涉农街道）拟建成国家级生态文明建设示范乡镇。

尝试创建路径。《关于开展特色小镇规划建设试点的指导意见》提出了特色小镇六种创建路径，即对产业特色明显、集聚度较高的"三集"园区，整区直接转型创建；对产业集聚度相对偏低的"三集"园区，找准核心产业，划定核心区域培育创建；提升地方经典特色产业培育创建；深度挖掘地方历史文化培育创建；突出绿色发展理念，聚焦低碳环保、循环经济产业和美丽宜居镇村培育创建；围绕创新经济发展，在"互联网＋"、文化创意等领域培育建设。①

(三) 推行乡村环境整治试点

选择综合整治试点村庄。镇江市落实"六整治六提升"、"三整治一保障"要求，选择 356 个规模较大的规划布点保留行政村（含涉农社区、居委会），开展农村环境综合整治试点。其中，市辖区整治试点如下：丹阳 97 个、句容 117 个、扬中市 55 个、丹徒 87 个。截至 2015 年，镇江市完成了 3975 个村庄的环境治理，5 个国家级农村环境连片整治项目顺利完成，创成 65 个省级"三星级康居示范村"。

强化综合整治试点成效。镇江市积极推进村庄环境综合整治与设施建设，提升整治水平，巩固整治成效，全面开展康居乡村建设，彻底扭转了"旅游资源的建设和服务设施建设滞后"的局面。一是狠抓农业面源污染治理，因地制宜开展乡村污水处理，结合高骊山、十里长山旅游区域建设规划，建设就地污水处理设施及其污水管网，新建生态循环农业示范工程 45 处、规模养殖场沼气工程 39 处，重点整治石马旅游区域以及旅游风景区的餐饮企业，连片农田面源氮磷流失生态拦截工程得到国家发改委和农业部的充分肯定。二是积极开展村庄河道、沟渠的生态化治理，鼓励生态施工；根据文化旅游休闲区开发旅游专项规划，2017 年启动并实施镇江市"十三五"旅游规划中的系列生态旅游建设项目。

提升综合整治试点质量。一是切实维护农村居住、生产、生态、文化等多种特色功能，推动镇江市在融入现代化过程中保持更多田园风光、乡村风情和乡土风韵，建设一批最美乡村和特色景观村庄。二是积极推进"水美乡村"创建，每年建设一批"水美乡镇"和"水美村庄"；创建一批省级康居示范村和市级美丽宜居小镇、美丽宜居村庄。三是充分发挥农村环境整治示范效应，进一步扩大整治覆盖面积。到 2017 年，镇江市村庄环境整治达标率达 98%。

(四) 统筹规划城中村改造

镇江市通过综合推进现代化住宅小区与城市综合体建设，以加快实施

---

① 《关于开展特色小镇规划建设试点的指导意见》，http：//www.jsdpc.gov.cn/sxckllist/201609/t20160906_423027.html。

镇江市的旧城区、城中村改造。围绕彰显山水花园城市特色，镇江着力"开放主题山、打造景观水、构建绿道网、保护生态洲、建设康居村"，完成了北部滨水区、西津渡历史文化街区提升改造，开展了南山绿道、跑马山公园建设和西入口综合整治等。镇江村庄环境整治基本完成，农村污水、生活垃圾等废弃物收集处理能力大幅提升，人居环境"脏、乱、差"状况有效改观，新治村、前巷村、后白镇、世业镇等先后入选农业部"美丽乡村"创建试点。

参考文献

〔美〕霍尔姆斯·罗尔斯顿：《环境伦理学》，杨通进译，中国社会科学出版社，2000。

江泽慧：《弘扬生态文化，推进生态文明，建设美丽中国》，http：//opinion. people. com. cn/n/2013/0111/c1003 - 20166858. html。

《习近平：建设美丽乡村不是"涂脂抹粉"》，http：//news. xinhuanet. com/politics/2013 - 07/22/c_116642787. htm。

《习近平在中央城镇工作会议上发表重要讲话》，2013 年 12 月 16 日，http：//www. hq. xinhuanet. com/focus/2013 - 12/16/c_118567236. htm。

《美丽镇江"低碳生态转型"》，http：//news. sina. com. cn/green/2015 - 05 - 16/155931840326. shtml。

《关于"十二五"环保宣传教育工作和"十三五"打算的汇报》，http：//hbj. zhenjiang. gov. cn/zwgk/jhzj/201509/t20150910_1583540. htm。

杜尚泽：《习近平到青海考察：以保护生态环境为前提搞开发》，http：//rmrbimg2. people. cn/html/items/wap - share - rmrb/#/index/home/3/normal/detail/1804246831465472_cms_1804246831465472/normal。

《关于印发镇江市循环经济发展"十二五"规划的通知》，镇政办发〔2011〕192 号，http：//fgw. zhenjiang. gov. cn/xxgk/zwgk/fzgh/zxgh/201108/t20110831_576364. htm。

《镇江市旅游业发展"十三五"规划》，http：//www. zhenjiang. gov. cn/xwzx/tzzj/cygh/201604/t20160426_1735277. html。

《特色小镇之"余杭经验"：谋远虑解"近忧"强服务成核心》，http：//finance. sina. com. cn/roll/2016 - 11 -03/doc - ifxxmyuk5758444. shtml。

《关于开展特色小镇规划建设试点的指导意见》，http：//www. jsdpc. gov. cn/sxckllist/201609/t20160906_423027. html。

第十二章
镇江生态文明建设的经验与局限

2014年12月13日习近平总书记亲临镇江视察，称赞"镇江低碳工作做得不错，有成效，走在了全国前列"。镇江超前谋划发展战略，敢为人先，勇于创新，多措并举，勤于实践，责权明晰，善于管理等，为国内外生态文明建设探索出许多可复制可推广的"镇江经验"。

第一节　规划引领，谋划生态文明建设新格局

生态文明建设是一场涉及思维方式、价值观念、生产方式和生活方式的重大变革。形成全民绿色发展共识，超前谋划生态文明发展战略，科学编制生态文明建设规划，是镇江生态文明建设的关键举措。

一　绿色发展成为共识

生态兴则文明兴，生态衰则文明衰。镇江市委市政府始终坚持以人为本原则，自觉把生态文明理念贯穿到经济社会发展各领域，真正使绿色发展成为最公平的公共产品和最普惠的民生福祉。开展生态文明建设，走"生态领先，特色发展"之路，便成为必然选择。镇江市委市政府以强烈的政治责任感和历史使命感履职尽责，在充分讨论和科学论证的基础上，决定了不同时期镇江生态文明建设的目标任务和重点举措。同心同德，解放思想，以大视野绘制绿色发展新蓝图，以大作为加快生态文明建设步伐，形成了"绿水青山就是金山银山"的全民共识，为镇江生态文明建设奠定了强大的思想基础。

二 确立生态领先的发展战略

生态文明优先的理念，迅速落实到战略选择和发展规划的行动中。2014 年底，镇江市委六届九次全会明确了"生态领先、特色发展"的战略定位，牢固树立生态文明建设在经济社会发展中的战略性、基础性地位。以生态彰显城市魅力，以生态吸引生产要素，以生态促进经济社会发展。推动生态文明建设走在全国前列，把镇江打造成生态标杆型城市，建成经济发达与生态宜居协调融合、山水花园与都市风貌相映生辉、人与自然和谐共生的美好家园，成为镇江生态文明建设的发展目标。

三 科学编制生态文明建设规划

优化空间布局。目标导向，规划先行。镇江市高质量地编制完成了《镇江市生态文明建设规划》，明确了生态文明建设的指导思想、基本原则、目标任务和重点内容，为全市生态文明建设指明了方向和路径。强化生态空间保护开发，率先编制《镇江市主体功能区规划》。按照新型城镇化和城乡发展一体化的要求，把主城区规划为"一区、一网、三带、十载体、多节点"的空间布局。全面实施主体功能区制度，出台《关于推进主体功能区规划的实施意见》，配套颁布产业准入、环境准入、规划引导、财政支持、土地管理、分类考核六个配套政策；合理配置生态空间与建设空间，把全市划分为优化开发、重点开发、适度开发、生态保护四大区域。为实施主体功区规划，镇江实践了在县一级细分主体功能区单元，落实主体功能区规划的全国"样本"①，为全国推动更多的县市规划和落实主体功能区提供了实践经验。编制完成《镇江市生态红线区域保护规划》，全市划定总面积近 860 平方公里的省级及市级生态红线区域 71 个。2008年镇江同步启动了生态镇村创建工作，打造了一大批具有江南水乡特色的美丽乡村。

调优产业结构。制定产业发展"负面清单"和指导目录，所有产业和项目，均需按照功能规划定位进行布局。划定 20 个先进制造业特色园区，

---

① 国家信息中心网：《从镇江做法看主体功能区规划如何"落地"》，http://www.sic.gov.cn/News/460/5154.htm。

30个现代服务业集聚区和30个现代农业产业园区，2014年全市高新技术产业产值占规模以上工业产值比重位居全省第一。推进产业集中集聚集约发展，加大污染减排工作力度，全市实施污染减排重点工程，淘汰老旧机动车，有序关闭化工、小建材等不达标企业等。

制定未来发展目标。不忘初心，继续前进。"十三五"时期镇江要实现"五个明显提升"，即：人民生活、发展质量、创新活力、城市品质和社会文明明显提升，谱写生态领先特色发展新篇章，高质量实现"十三五"规划目标，高水平全面建成小康社会，加快建设"强富美高"新镇江。

第二节　先行先试，探索生态文明建设新路径

创新镇江低碳城市建设路径，推动重点领域试点示范，管控重点企业和区域，整合利用国内外优质资源等。

一　创新低碳城市建设路径

打造了全国第一朵"生态云"。镇江低碳建设不断创新，以全国低碳试点城市建设为抓手，率先提出2020年达到碳峰值的目标，打造了全国第一朵"生态云"。依托云神工程，在低碳城市建设管理云平台的基础上，整合国土、环境、资源、产业、节能、减排、降碳等数据资源，利用云平台提升大数据时代地方政府的基础能力，提高生态文明建设的信息化管理水平。积极探索"四碳"创新，在全国首创开发了城市碳排放核算与管理平台，通过运用云计算、物联网、智能分析、地理信息系统等先进信息化技术，整合多部门数据资源后，镇江可以全面、直观地掌握温室气体排放状况。率先开展固定资产投资项目碳排放影响评估，实施碳评、能评、环评等"多评合一"。

"九大行动"构建全方位低碳建设体系。优化空间布局、发展低碳产业、构建低碳生产模式、扩大碳汇建设、推广低碳建筑、发展低碳能源、推动低碳交通、加强低碳能力建设、构建低碳生活方式，形成了九大低碳行动序列，并细化落实具体项目，有序增加每年的具体目标任务。

打造"近零碳岛"示范区。以生态低碳为规划理论之一，将零碳策略

贯彻于区域规划和产业发展规划中，支持世业洲和扬中市建立全国零碳示范区，以绿色无污染塑造区域形象，打造区域品牌。

二 推动重点领域的试点示范

按照全面推广、重点突破的工作思路，镇江市注重典型案例引导。在特定领域和区域开展试点，及时推广成功经验，总结失误原因。在低碳建设方面，镇江市在工业、交通运输企业、景区、机关、学校、小区和村庄等碳排放及碳汇建设七大领域，选择165家单位开展低碳试点工作。在低碳产业、低碳生产模式、碳汇建设、低碳建筑、低碳能源、低碳交通、低碳能力建设七大领域，选择25个典型项目作为低碳示范项目重点推进。积极开展低碳景区、低碳小区、低碳学校、低碳机关和低碳村庄等低碳试点创建标准研究，逐步建立低碳试点标准体系，并按此标准对低碳试点单位进行考核评估。在产业低碳化方面，重点围绕新能源、新技术应用、高端装备制造、新材料等，积极谋划推进一批碳减排潜力大、投资强度高、带动效益好的典型样板工程，以点带面放大示范效应。例如，扬中市围绕企业、公共机构和居民三大光伏应用重点领域，开展企业屋顶规模化应用、连片开发，建设一批应用示范园区；实施光伏扶贫工程，鼓励企业免费为贫困家庭安装光伏发电，加大微电网、渔光互补、风电、生物质能、新能源汽车等项目推广应用，积极争创国家和省市级试点示范。

三 加强对重点企业和区域的管控

促进重点企业监管常态化。在资源约束条件下，镇江市对企业进行分类管理，精准施策，对全市51家大气污染防治重点企业实行驻厂监督，对19家碳素生产加工企业进行环保专项执法检查，建立10家重点燃煤企业巡查监控机制，对10家重点企业实行巡查制，联合执法。推动施工场地标准化建设。创建省级标准化文明示范工地，开展全市建筑工地扬尘集中整治"双百日"行动，将施工企业施工扬尘控制工作开展情况纳入企业信用评价系统；对市区渣土车按照"六统一"要求标准化改造，密闭化运输率达100%。突出重点片区的环境整治。大力推进谏壁地区和西南片区环境综合整治，关停并转不达标的企业，强制淘汰落后产能，建成索普化工区西侧隔离带（索普公园）。开展"一湖九河"水环境综合整治，实施控源截污、清淤疏浚、环境整治、引水活水、生态修复和景观提升，水系贯通工程全部启动，水体管护已形成常态化、市场化机制，河道总体形象逐步趋好。推进园区循环化改造。镇江市共有国家级和省级循环化改造园区 4 家，其中镇江经济技术开发区国家级园区循环化改造 12 个重点项目建设已完成 85% 以上，丹徒、丹阳、句容 3 个经济开发区省级园区循环化改造已完成 80% 以上。

四　整合国内外优质资源

注重开放合作，整合国际资源，借鉴国际经验，探索符合镇江区情的生态文明建设方案。积极参加国际活动，2015 年 9 月，应邀参加第一届中美智慧型低碳城市峰会。2015 年 12 月，参加第 21 届联合国应对气候变化巴黎大会，镇江作为唯一的中国城市举办了"城市主题日"边会。2016 年 6 月，参加第二届中美智慧型低碳城市峰会和世界第七届清洁能源部长级会议，镇江参会代表分别做了高级别论坛演讲和主旨发言，向世界展示了镇江低碳发展的实践和经验。深度开发中美气候峰会和联合国巴黎气候峰会的成果，在低碳技术、低碳能源、低碳交通等领域加强国际交流合作。加强与国内外生态文明建设领域的专家团体和组织机构的交流合作，与美国加州、德国 GIZ、瑞士环境发展合作署等机构建立了良好的合作关系。参加"低碳中国行"、两岸应对气候变化学术研讨会、联合国气候变化大会等国际活动，推广镇江经验，发出中国中等城市的声音。2016年 11 月，镇江举办了国际低碳技术产品交易博览会，筹建镇江绿色低碳发展研究和国际合作中心（镇江国际低碳技术交流平台），参加第 7 届世界清洁能源部长级论坛，申报应对气候变化国际城市联合组织（C40）等，既把镇江低碳发展的经验和做法推向世界，又借势全球资讯和资源，加快镇江生态文明建设进程。

第三节　机制变革，培育生态文明建设新动能

强化"一把手"领导机制，构建全民参与机制，建立多层级生态文明建设促进机制，优化考核补偿倒逼机制，实施目标明确的联动工作机制和系统优化的生态文明建设体制机制。

一 强化"一把手"领导机制

以低碳理念引领镇江城市特色发展,以优化组织结构推动生态文明建设。在生态文明建设过程中,镇江市形成了"党政一把手负总责,主要领导亲自抓,分管领导具体抓,四套班子共同抓"的生态保护领导机制。2014年,镇江把"一湖九河"水环境综合整治列为"一把手"工程,创新城市河道管理工作机制,推广城市河道"河长制"管理模式,各辖市区党政"一把手"兼职河长,以加强组织领导,明确任务,落实责任。

二 构筑生态文明建设的全民参与机制

积力所举无不胜,众智所为无不成。不断增强全社会生态文明意识和生态自觉,建立政府主导、企业主体、全民参与的生态文明建设社会行动体系,坚持走经济建设与生态文明相辅相成的可持续发展之路。在生产领域,制定推行绿色产业、绿色园区、绿色企业以及绿色产品标准。在消费领域,制定推行绿色宾馆、绿色饭店以及绿色商店标准。在社会领域,制定推行绿色学校、绿色医院以及绿色社区标准,开展"绿色十佳"评选创建活动,开展低碳教育进课堂、"地球熄灯一小时"、"低碳生活进我家"等各种形式的低碳体验活动。推广公共自行车出行,投放更多的新能源公交车等绿色交通工具等。培育和发展了一批低碳认证、咨询等中介机构。大力开展绿色低碳生态文明建设的宣传,倡导低碳生活方式。在中国镇江网和金山网设置低碳城市建设专栏,建立"美丽镇江·低碳城市"新浪机构微博,公布"镇江微生态"微信公众号,每周发送低碳手机报,在市区重要地段、全市党政机关和企事业单位的电子屏、公交车车身、重要路口行人遮阳篷等地,投放低碳公益广告,让低碳生活、低碳发展理念深入人心。

三 建立多层级生态文明建设促进机制

建立了生态补偿、生态保护财政转移支付和税收共建共享激励三大机制。生态补偿机制以辖市区、乡镇(街道)作为补偿对象,分重点性补偿、基础性补偿和激励性补偿三部分。设立市级和辖市区两级主体功能区生态补偿"资金池"。自2014年市级财政统筹年度新增税收财力10%、各辖市区年度财力增量的 5% 均纳入市级主体功能区生态补偿"资金池"，争取中央和省里的生态补偿转移支付资金充实"资金池"。各辖市区相应设立本级的生态补偿"资金池"，专项用于主体功能区生态补偿。在生态保护转移支付机制方面，立足公共服务均等化，通过纵向财力转移和横向财力集中等方式，调整优化市区财政分成体制，加大主体功能区投入力度，构建适合主体功区建设目标的财政转移支付保障机制。在税收共建共享激励机制建设方面，明确跨功能区的引荐项目实施税收共享和项目搬迁税收分成标准。为使生态补偿标准具有可操作性，镇江市制定了具体的主体功能区生态补偿资金计算方法和生态红线区域名录。

四　持续优化考核评价机制

建立科学的考核评价体系，将资源消耗、环境损害、生态效益等 10 项指标纳入经济社会发展总体规划和考核评价体系，作为年度考核的"一票否决"指标。强化绿色考核，优化调整国民经济和社会发展指标体系，着重突出绿色 GDP 概念，发挥生态绿色低碳的导向和支撑作用，增加二氧化碳排放总量、空气质量、地表水、城镇绿化覆盖率等生态指标，加大单位 GDP 能耗、污染排放等指标权重。探索建立分类考核机制，按照主体功能区规划和不同区域定位，支持各地发展具有特色的区域经济和生态保护，设置相应的特色发展指标和主体功能区建设指标考核体系。制定了产业发展"负面清单"和指导目录。率先实施双控考核制度，率先制定《镇江市固定资产投资项目碳排放影响评估暂行办法》，同时考核碳排放总量和排放强度。建立信息透明制，定期向人大、政协和公众通报生态文明建设情况，对涉及生态文明建设的重大规划项目和重大决策，召开听证会和论证会，并进行社会公示，接受群众评议和监督。引入第三方评价机构和专业力量，专业考评生态文明建设推进情况。

五　实施目标明确的联动工作机制

生态文明建设是一项系统工程，需要持续推进，实施目标明确的联动工作机制，是镇江的实践经验之一。围绕《镇江市国家生态文明先行示范区建设方案》，明确了空间布局、产业结构、绿色循环低碳发展等 8 大任务和 50 项指标体系，推进 52 项重点示范项目建设。围绕《镇江市生态文明建设重点任务实施方案》，镇江市每年均安排 100 个左右生态环境类重点项目。在低碳城市建设方面，镇江市自 2013 年起每年制定《镇江低碳城市建设工作计划》，全面实施优化空间布局等低碳九大行动，把低碳九大行动细化为年度具体项目①，明确重点任务的时间节点和关键措施，明晰责任分工，挂图作战，发挥考核导向，形成良好氛围。2014 年启动企业投资项目"多评合一"工作，在全国率先探索建立"多评合一"制度，把能评、环评、碳评、安评等 7 项关键性评估改变为"并联"审批，把地质灾害和地震安全评估事项由项目评估转变为区域评估。2015 年建立市区"多规合一"项目规划审核平台。"多评合一"改革提升审批效率，减轻企业负担，受到国务院调研组的充分肯定，随之成为全国样板。

第四节　立体保障，强化生态文明建设新支撑

生态文明建设是一项系统性的工程，既需要科学的工作机制，更需要构建立体化的支持系统。强有力的组织保障、制度保障、财政保障等，是生态文明建设的镇江特色。

一　强大的组织保障

强有力的组织保障，是镇江推动生态文明建设的关键。镇江实行"党政一把手负总责、主要领导亲自抓、分管领导具体抓、四套班子共同抓"，镇江市委书记和市长亲自推动低碳城市建设，市委书记从政治上给予保证，实行问责制；市长组织生态文明建设规划和推动实施等工作，推进生态文明综合改革，实施主体功能区规划，监督生态补偿资金、排污权有偿使用等配套政策落实到位，解决一系列具体问题。专门成立了市生态办，核定了编制，推进五大方面 22 项体制机制创新，探索可复制、可推广的"镇江经验"。

---

① 2013 年是 106 项，2014 年是 120 项，2015 年是 126 项，2016 年是 146 项。低碳建设成效显著，在碳排放指标、碳排放强度、下降量以及总量增速等方面都逐年降低，且能保持区域经济持续发展。

二　健全制度保障

深入推进省生态文明建设综合改革试点，完善体制机制，构建"生态领先"的制度保障。充分发挥体制优势，镇江结合实际情况，将国家关于主体功能区规划与低碳绿色发展两大战略结合起来，确立了建设低碳城市的发展方向和目标，协同推进绿色低碳与可持续发展，创造了三大效益多赢局面。持续改革行政审批制度，在全国率先实行项目审批"多评合一"和区域评估，审批时间减少了60%。持续优化管理制度，加强低碳管理能力建设，发挥低碳城市建设管理云平台的作用，即时监控地区、行业、产业和企业的排放及效率等。

三　强化要素保障

确保财政资金保障。为推动主体功能区制度落地，镇江设立了 1.1 亿元的生态补偿"资金池"，采取"重点性补偿"、"基础性补偿"和"激励性补偿"三种方式，将 85% 的补偿资金用于适度开发和生态平衡区域。积极争取多种国家和省级财政专项资金，2016 年度北汽镇江公司等 117 个项目共争取省级工业和信息产业转型升级专项引导资金 9633 万元，资金总量位列全省第六。设立市县级财政引导资金，扬中在全省县级市中率先设立财政引导资金，对光伏发电项目进行补贴奖励，促进了一大批"金屋顶"工程迅速启动①。强化智力资本支持。加强与国内外高校合作，目前与清华大学、上海华东理工大学等初步达成意象，共同筹建低碳产业技术研究院和镇江低碳发展研究国际合作中心，开展镇江低碳城市建设战略、技术研究以及合作交流等工作，打造镇江低碳城市建设的重要智库。

四　重视载体建设

建设生态城镇化示范区。全面启动规划面积 230 平方公里的生态城镇化示范区建设，按照世界先进的生态城市建设理念，以绿色发展为主线，注重新型城镇化与生态文明建设相结合，推行低强度、高密度的开发新模

---

① 截止到 2016 年 3 月，扬中市已备案建设屋顶光伏发电项目 38 个，装机容量 38.98 兆瓦，15 家企业、132 户居民得到了市财政补贴。

式，实现建设面积不增加、耕地面积不减少，建成现代产业集聚、科技人才汇集、城乡统筹发展、生活品质优越的生态文明先行区。建设"近零碳"示范区。在扬中和江心洲等条件优越区域，率先启动"太阳岛"绿色能源示范工程，推进可再生能源开发利用，提升光伏装机总量，着力打造成国家高比例可再生能源示范基地，实现"无煤化"和本地用电绿色供给。建设官塘国家级低碳示范区，确立 99 个低碳指标，力争到 2020 年，二氧化碳减排率达 49%，单位 GDP 二氧化碳排放比 2010 年下降 70%。与瑞士共建 20 平方公里的中瑞镇江生态产业园，该园将建设成为具有国际影响力的高端生态产业聚集区、生态技术研发区、中瑞自由贸易示范区和低碳智能宜居区，成为中国城镇化和工业化进程中可借鉴的实践样本。加强县、镇、村生态文明建设，丹阳市、句容市、扬中市、丹徒区均被环保部授予国家生态市（区）称号；2015 年底全市累计建成国家级生态镇（含涉农街道）39 个，国家级生态镇占比为 100%，创成国家级生态村 10 个，建成市级以上生态村 480 个，占比超过 80%。建成省、市级绿色学校 485 所，市级以上绿色社区 104 家。重视争创各类国家级试点基地。镇江市先后成为国家级低碳交通试点示范城市、国家级循环经济教育示范基地、国家循环经济标准化试点、餐厨废弃物资源化利用和无害化处理试点城市、全国首批生态文明先行示范区、国家"海绵城市"建设试点市、国家级生态城区建设示范区等，享受各类国家和省级财政支持。建立低碳城市建设管理和服务云平台。率先在全国建成"镇江城市碳排放核算管理云平台"，形成智能化的"数据采集—汇总核算—分析发布—监管控制"的运行体系。2016 年年底全面建成镇江生态文明建设管理和服务云平台，"生态云"主要包含数据、管理、服务、交易、查询 5 大中心，整合全市资源环境数据，实现土地、水、山体、岸线等资源资产信息化，空气、水、固体废弃物监测的实时化，生态建设全程可视化，安全信息预警的动态化，全方位提升管理水平和科学决策能力。同时，依托"生态云"，建设全省排污权交易和碳排放交易中心，提供交易服务。

第五节　生态文明建设的局限与展望

生态文明建设永远在路上。"十二五"时期，镇江生态文明建设水平虽居全国领先地位，但依然存在法治环境不健全、市场力较弱等发展中的问题。

一　法治环境仍需持续强化

生态立法滞后。我国《环境保护法》建立在传统的"非持续发展"模式上，忽视了自然环境在人类生存发展中的价值和权利。立法目的与立法内容均体现了"经济优先"的立法倾向。镇江市 2015 年 8 月获得了地方立法权，对地方法治建设、社会经济发展具有里程碑意义。镇江首部地方立法是《镇江市金山焦山北固山南山风景名胜区保护条例》，制定了风景区工矿企业等搬迁改造的实施计划，风景区和外围保护地带内不得建设破坏视线走廊的建筑物，划定了湿地保护范围，施工单位应遵守的建筑工程绿色施工有关规定等。但没有制定颁布环境污染治理的全生命周期的法规条例，没有颁布主体功能区专门条例，系统推动生态文明建设的地方法规条例还处于起步阶段，环保部门职责的局限性依然存在。生态保护领域司法与行政错位，生态司法保护功能发挥不足。生态保护领域公法私法的错位，引致大规模的自然资源破坏与产权不清、管理体制混乱等问题，难以追究刑事责任，降低了法律的尊严，助长了破坏自然资源的行为。公民遵守生态法制观念仍需加强。在人与自然的法律关系中，守法更依赖自觉而不是权利义务。在公有制条件下，自然资源权利主体更为抽象，环境守法的社会基础更为薄弱。

二　环境治理的行政主导模式亟须转变

我国生态环境保护一直强调行政为主导，政府起决定性作用，虽然取得了很大成就，但行政主导下的生态文明建设存在很大局限。例如，重污染防治轻源头防控，环境行政主导易形成部门分割，环境保护部门与相关产业部门和地方的权力冲突，单一的财政投入无法满足环境治理的巨大需求等。镇江市也存在上述问题，客观上需要建立市场化的运作机制，探索建立环境成本合理负担机制和污染减排激励约束机制，实施主要污染物排污权有偿使用和交易管理制度，按照"谁投资、谁经营、谁受益"的原则，构建多元化生态投入机制，充分发挥市场主体的作用。

三　生态文明建设制度仍需完善

落实主体功能区规划，遵守生态保护红线，必须从制度、体制和机制入手，建立基础性和根本性的制度保障。建立健全自然资源资产产权和用途管制制度。建立自然资源和生态空间用途管制制度，保障自然资源和生态空间的合理用途，确保准确执行主体功能区和生态环境功能区的定位，处理好开发与保护的关系。建立自然资源资产负债表制度。建立自然资源资产负债统计、衡量与核算指标体系，摸清自然资源的家底，为未来绩效评估提供基础性依据。基于国土生态安全现状及动态分析评估，预测未来国土生态安全要素发展趋势，构建生态保护红线监测预警体系。根据不同类型生态保护红线的保护目标与管理要求，制定差别化产业准入环境标准，完善基于生态保护红线的产业环境准入机制，引导自然资源合理有序开发。实施生态保护红线区域补偿机制。探索多样化的生态补偿模式，按照"谁受益，谁补偿"的原则，建立不同地区间横向的生态补偿机制。建立生态保护红线考核与责任追究机制。逐步建立差异化的生态保护红线评估体系，逐步将生态保护红线评估结果纳入各级党政领导干部的综合考评体系中。

四　主体功能区协调发展机制亟须构建

主体功能区建设是对发展资源配置的重新分配和规划，必将对原有的行政区划、资源分布、产业布局产生影响，如何串联不同功能区的建设，形成资源配置的良性互动，理顺地方政府、企业和市场之间的关系，客观上需要建立区域协调发展机制。一方面，要通过立法手段颁布主体功能区专门条例，协调主体功能区规划之间以及主体功能区规划与其他规划之间的矛盾。另一方面，要完善主体功能区考核机制体系。进一步厘清和丰富面向生态文明的主体功能区建设的相关理论，建立健全相关配套的法律体系，促进不同主体功能区之间的合作互助，建立科学合理的差别化绩效考核体系。根据不同主体功能区的定位和生态文明建设的特点，建立科学合理的差别化绩效考核体系，对主体功能区绩效实行分类评价。

参考文献

国家信息中心网：《从镇江做法看主体功能区规划如何"落地"》，http：//www.sic.gov.cn/

News/460/5154. htm。

镇江市人民政府:《坚持生态领先，推进特色发展——镇江市生态文明建设情况汇报》，
2016 年 9 月 6 日。

夏锦文:《让绿色成为镇江发展的鲜明底色》，2016 年 2 月 18 日，http：//js. qq. com/
a/20161118/036640. htm。

后 记

近年来，镇江市生态文明建设成效显著，生态文明建设实践探索可圈可点，在低碳城市建设和发展循环经济等方面独具特色。2014 年 12 月 13 日，习近平总书记亲临镇江视察，称赞"镇江低碳工作做得不错，有成效，走在了全国前列"。因此，研究镇江生态文明建设路径，探索镇江生态文明建设模式，总结镇江生态文明建设经验，为其他城市提供可资参考借鉴的经验，具有十分重要的现实意义。

本书具体编写分工如下：江苏大学马志强教授和江心英教授共同统领本书研究和编写的全局工作，指导本书研究提纲的设计工作，论证研究内容，协调研究分工，制订书稿的写作结构。具体章节的编写分工如下：第一章，朱永跃（江苏大学）、李明星（江苏大学）；第二章，张书凤（江苏大学）、马志强（江苏大学）；第三章，江心英（江苏大学）、朱宾欣（江苏大学）；第四章、五章，江心英；第六章、七章，江心英、马泽君（江苏大学）；第八章，李明星、蔡露（江苏大学）；第九章，江心英、张海峰（镇江市经济学会）；第十章，张书凤、马志强；第十一章，李明星、薛玉刚（镇江市社科联）；第十二章，江心英、张海峰。全书由马志强、江心英统稿。江苏大学李钊博士、曹春平博士负责书稿文字的校对工作。镇江市发展和改革委员会、镇江市经济和信息化委员会以及镇江市哲学和社会科学联合会等单位提供了丰富的资料，镇江市哲学和社会科学联合会潘法强主席、镇江市发展和改革委员会周德荣副主任、镇江市经济和信息化委员会滕飞处长参加了座谈调研活动。在此，谨一并致以诚挚谢忱！

最后，衷心感谢社会科学文献出版社的大力支持，感谢责任编辑谢蕊芬、孙智敏的热情相助。

编者

2016 年 12 月

图书在版编目（CIP）数据

生态文明建设：镇江实践与特色／马志强，江心英
主编．-- 北京：社会科学文献出版社，2017.8
（苏南现代化研究丛书）
ISBN 978 - 7 - 5201 - 0611 - 5

Ⅰ.①生…　Ⅱ.①马…②江…　Ⅲ.①生态环境建设
- 研究 - 镇江　Ⅳ.①X321.253.3

中国版本图书馆 CIP 数据核字（2017）第 070850 号

· 苏南现代化研究丛书 ·

生态文明建设
——镇江实践与特色

主　　编／马志强　江心英

出 版 人／谢寿光
项目统筹／谢蕊芬
责任编辑／谢蕊芬　孙智敏

出　　版／社会科学文献出版社 · 社会学编辑部（010）59367159
　　　　　地址：北京市北三环中路甲 29 号院华龙大厦　邮编：100029
　　　　　网址：www.ssap.com.cn
发　　行／市场营销中心（010）59367081　59367018
印　　装／北京季蜂印刷有限公司

规　　格／开　本：787mm × 1092mm　1/16
　　　　　印　张：20.5　　字　数：333 千字
版　　次／2017 年 8 月第 1 版　2017 年 8 月第 1 次印刷
书　　号／ISBN 978 - 7 - 5201 - 0611 - 5
定　　价／89.00 元

本书如有印装质量问题，请与读者服务中心（010 - 59367028）联系